Die Praxis
der
Papier-Verarbeitung

Praktisches Handbuch

für das gesamte Gebiet der Papier verarbeitenden Industrien

Herausgegeben
unter Mitarbeit namhafter Berufspraktiker,
Chemiker und Ingenieure

von

Walter Hess

Mit Tafeln von Arbeitsproben aus der Praxis,
65 Abbildungen von Maschinen und Geräten,
sowie Konstruktionszeichnungen und Schnitten

M·KRAYN
BERLIN·W
1930

Druck der Deutschen Verlags-Anstalt in Stuttgart

Inhalt

Zur Einführung

Die neuzeitliche gewerbliche und technische Literatur weist eine Menge zum Teil hervorragender Werke über die verschiedenartigsten Erzeugnisse des graphischen und der verwandten Gewerbe auf. Das Gebiet der Papierverarbeitung in einem Fachbuch in seiner Gesamtheit dargestellt zu einem Lehr- und Nachschlagebuch ist bis zu dieser Erscheinung noch unerschlossen, und doch hat gerade diese Industrie in den letzten Jahrzehnten einen ungeheuren Aufschwung genommen.

Dem bereits in der Praxis stehenden Fachmann bietet das vorliegende Werk eine Fülle beachtenswerten Materials zur Erweiterung seines Gesichtskreises und zur Vertiefung des bereits Bekannten. Das Gebiet der papierverarbeitenden Industrie ist ein so ungewöhnlich umfangreiches, daß wohl schwerlich jemand dasselbe in allen seinen weitverzweigten Nebenbetrieben *vollkommen beherrschen* kann.

Dieses Werk ist von dem Gesichtspunkte ausgehend geschaffen worden, daß *nicht nur* der Fachmann aus einem neu erscheinenden Buche Anregung schöpfen und sein Wissen vertiefen will, sondern auch der Nichtfachmann und der zu fördern so unendlich wichtige Nachwuchs für unser Fach, sofern er über die Durchschnittsbildung hinaus ist, fühlt oftmals das Bedürfnis, über das eine oder andere, was in der Erscheinungen Flucht der Zufall im täglichen Berufsleben in seine Hände spielt, Belehrung zu finden, um so sein fachliches Wissen bilden und fördern zu können.

Gerade in der papierverarbeitenden Industrie gibt es eine außerordentlich große Anzahl von Personen, die zwar in diesem Gewerbezweig beruflich tätig sind, von der Fabrikation und ihren Erfordernissen in allen Einzelheiten leider aber nur wenig wissen, weil ihnen die Voraussetzungen fehlen, die erforderlichen Ursprungsquellen hierzu genügend zu ergründen.

Ein Geschäft kann nur dann den Beweis für seine Beständigkeit erbringen, wenn es Personen zu Mitarbeitern zählt, die es verstehen, stets mit der Zeit gleichen Schritt zu halten; deren Wissen so beschaffen ist, daß sich ein unbedingtes Erfordernis zu nutzbringender Arbeitsleistung bei seiner Zweckanwendung ergibt.

Es ist von außerordentlichem Werte für jeden, der dem Fache dienen will, die Voraussetzungen der Gestehung der einschlägigen Warenerzeugnisse eingehend kennenzulernen. Nicht jeder ist in der Lage, in den *Fabrikationsabteilungen* tätig sein zu können. Für diejenigen, welche solchen Vorteils nicht teilhaftig sind, dürfte das Erscheinen dieses Werkes eine willkommene Gelegenheit sein, eine längst empfundene Lücke auszufüllen, um sich über alle technischen Vorgänge bei der Be- und Verarbeitung von Papieren zu Gegenständen aller Art zu unterrichten, wie sie in der Gegenwart zur Befriedigung der Kulturbedürfnisse dienen. Der Wert, der zuweilen selbst in theoretischer Vorbildung liegt, ist nicht zu unterschätzen, besonders wenn sie aus der Praxis hervorgeht und wechselwirkend für dieselbe bestimmt ist. Die hier zusammengetragenen Darstellungen aus den berufensten Federn sind Niederschläge von Fachwissen und Erfahrungen aus der Werkstattpraxis, zur praktischen Nutzanwendung für den eigenen Betrieb geeignet.

Das vorliegende Werk soll weniger Anspruch darauf machen, *wissenschaftliche* oder lexikalische Abhandlungen zu bieten, die wohl als Nachschlagebuch für gebildete Laien oder behördliche Zwecke von unbestreitbarem Wert sein mögen, als vielmehr *praktisch brauchbare* Anregungen zu geben, und zwar in einer gemeinverständlich geschriebenen Form *als erstes Werk überhaupt, welches alle Zweige der Papierverarbeitung* oder Darstellungen bringt, die in sich abgeschlossen das Wesentlichste bringen, das zu kennen erforderlich ist zu ersprießlicher und fördernder Berufsarbeit.

Wenn auch die wesentlichsten Arbeitsmethoden nebst den uns vor allem interessierenden technischen Einrichtungen ausschlaggebend für die Schaffung dieses Werkes waren, so konnte dennoch natürlich nicht der kleinste Handgriff eingehend geschildert werden, weil dies nur auf Kosten der Übersichtlichkeit möglich gewesen wäre.

Dennoch gibt diese Zusammenstellung der Arbeitsverfahren in der papierverarbeitenden Industrie jedem Leser eine Vorstellung davon, was sie leistet und wie sie sich mit der Herstellung von Artikeln zur Befriedigung täglicher Erfordernisse des praktischen Lebens abzufinden versteht.

Das Werk ist so angelegt, daß trotz der Kürze doch die wesentlichsten Umstände der Fabrikation einer eingehenden Betrachtung und Erschließung unterzogen werden konnten.

Es sei an dieser Stelle erwähnt, daß es mein Bestreben gewesen ist, in dem Rahmen dieses Werkes vor allem eine eingehende Behandlung der technischen Vorgänge, die ein Arbeitsverfahren bedingen, zu geben, weniger auch eine Beschreibung aller der Maschinen, die zu irgendwelchen Vorrichtungen zur Erleichterung der Handarbeit, sowie Ersatz der menschlichen Wirkungstätigkeit in der Praxis, benützt werden.

Die Praxis kennt eine Menge wirklich nutzbringender und brauchbarer Hilfsmaschinen in bester Ausführung, die ein zielbewußtes praktisches Arbeiten ermöglichen. Von Zeit zu Zeit kommen neue Einrichtungen auf den Weltmarkt, die unter Umständen Aufsehen erregen und nicht selten überhaupt neue Arbeitsmethoden schaffen, welche oftmals für die Fabrikation von weittragender Bedeutung sind.

Aber auch die rein manuellen Arbeitsverfahren in den verschiedensten Betrieben der Papierverarbeitung kennenzulernen und aus der Feder der berufensten Praktiker dargestellt zu sehen, war für mich bei der Schaffung dieses *Standardwerkes für die Papierverarbeitung* ein Leitgedanke.

Die Hinweise auf die technischen Fortschritte in den Fachzeitungen, die wir alle beruflich Tätigen lesen sollen und müssen, weisen ständig auf die Erfahrungen der Praxis hin und geben Anregung für die Verbesserung der Arbeitsverfahren. Soweit es sich um konstruktive Einzelheiten neuer Maschinen oder Verbesserungen an bestehenden Einrichtungen handelt, erhält jedermann auf Anfordern die einschlägigen Druckschriften von den Maschinenfabriken. Ich habe mich daher bei der Beschreibung maschineller Einrichtungen auf das notwendigste Maß beschränkt und den größeren Wert auf die praktischen Darstellungen der einzelnen Arbeitsvorgänge gelegt.

Ein Stab von erprobten und vor allem in der praktischen Berufsausübung erfahrenen Mitarbeitern war notwendig, um die Beiträge aus den einzelnen industriellen Gebieten vollkommen zu gestalten. *Jedes Gebiet ist, soweit es nicht meiner eigenen Feder entstammt, gestützt auf eine mehr als 25jährige Berufspraxis in verschiedenen Betrieben der Papierverarbeitung, von einem praktisch tätigen und erfahrenen Fachmann in eigens für diesen Zweck geschaffenen Originalabhandlungen behandelt worden,* der in den meisten Fällen auch gleichzeitig als Mitarbeiter führender Blätter der Papierverarbeitung mit Erfolg tätig ist. Es zeugt von dem frischen Geist in den Werkstätten und Fabriken unseres Faches, sich nicht mehr wie früher abzuschließen und sich bei der Erörterung der Herstellungsverfahren mit dem Scheine des Geheimnisvollen zu umgeben. Heute weiß bereits ein jeder, wie die meisten Dinge in der Industrie hergestellt werden. Daher darf man auch offen und frei über alle Fortschritte der Technik und die Arbeitsvorgänge sprechen, die zur Aufbereitung der Ware dienen.

Allen denen, die mithalfen an der Vollendung dieses Werkes, welche alle kleinlichen Bedenken über Bord warfen und mich als Herausgeber in den Stand setzten, brauchbare Werte für den Fachmann und Belehrung für den Nachwuchs zu schaffen, sei an dieser Stelle verbindlichst gedankt.

Nicht in letzter Linie richten sich meine Dankesworte an diejenigen Herren Fabrikanten, welche die Vorlagen zu den Illustrationen sowie Unterlagen zur Besprechung von Maschinen und Arbeitsverfahren bereitwilligst zur Verfügung stellten.

Der schönste Lohn für die mühevolle Arbeit soll das Bewußtsein für mich sein, mit dem Erscheinen dieses Werkes eine Lücke in der Fachliteratur ausgefüllt und der Industrie der Papierverarbeitung damit einen Dienst erwiesen zu haben.

In der Erwartung, daß recht viele Berufskollegen Anregungen aus dem Gebotenen schöpfen und zur Weiterarbeit auf dem gewonnenen Arbeitsfelde angespornt werden möchten, soll dieses Werk aufgelegt werden.

Der Herausgeber.

Die verschiedenen technischen Möglichkeiten zur Veredelung der Papiere

Das Satinieren

Das Fundament für jede Arbeit des graphischen Gewerbes ist nun einmal das Papier: Für die meisten Fälle der Praxis muß das Papier einen Veredelungsprozeß durchmachen, damit es für die Zwecke der Verarbeitung verwendungsfähig ist.

Um dem zur Aufnahme von Druckfarben bestimmten Papier den ihm eigenen Charakter zu verleihen, wird es meist nach erfolgter Klebung der Rohstofflagen mit Streichmasse versehen, oder bei Prospekt- und Druckpapieren wird die Oberfläche satiniert, d. h. in einem Arbeitsvorgang maschinell geglättet.

Die Stoffteile werden bei der Satinage zusammengepreßt, wodurch eine gleichmäßige geschlossene Oberfläche erreicht wird, wie sie eine Voraussetzung ist für die Erfordernisse verschiedener Reproduktionsverfahren. In den Papierfabriken wird diese Arbeit auf Kalandern verrichtet.

Der Kalander hat stets mehrere heizbare Walzen, während die Satiniermaschine nur ein Walzenpaar führt, unter deren Berührungspunkt die zu glättenden Bogen (Papier oder Karton) hindurchgelassen werden. Papiere, die satiniert werden sollen, werden zwischen hochpolierte Stahl- oder schrammenfreie Zinkbleche (# 10 oder # 11 in Paketen von 8 Blechen = 7 Bogen; oben und unten kommt je 1 Preßspan) zwischen den Walzen durchgelassen, um die erforderliche Glätte zu erhalten. Die Behandlung der Oberfläche des Papierbogens wird sich vielfach nach der Art seiner weiteren Verarbeitung richten, und daher tut jeder Besteller gut, neben besonderen Wünschen an die Beschaffenheit des Papiers dem Lieferanten zu sagen, wozu er dasselbe gebraucht.

In der Papierverarbeitung wird die nachträgliche Satinage in der Hauptsache angewendet, um den stumpfen Bronzeflächen nach erfolgter Bronzierung noch einen besonders schönen Glanz zu geben (Achtung! Nur gute Bronzen verwenden), wobei es gleichgültig ist, ob es sich dabei nur um glatt durchgelegte Flächen oder um solche handelt, die zeichnerischen Darstellungen der verschiedenen Art als wirksamer Hintergrund zu dienen berufen sind.

Das Polieren und Talkumieren

Jedem Fachmann wird bekannt sein, daß das stumpfe Aussehen gedruckter Bogen nicht nur durch die verschiedenen Arten des Lackierens, Aufdruck von Glanzfirnis oder durch die Gelatinierung behoben wird, sondern auch dadurch, daß man vermittels der Polierung einen Glanz auf der Oberfläche des Papiers erzeugen kann, der der Lackierung und Gelatinierung an Ausdrucksfähigkeit aber bei weitem nachsteht. Der Zweck der Polierung ist im wesentlichen darin zu suchen, daß die Druckfarben durch den eigentümlichen Hochglanz intensiver wirken. Das Polieren erfolgt mittels besonderer Talkumier- und Poliermaschinen, obwohl in kleineren Betrieben auch noch die Handpolitur ausgeübt wird; doch erfolgt die Maschinenpolitur der Druckbogen sehr rasch und zufriedenstellend.

Um jedoch eine tadellose Hochglanzpolitur zu erzielen, muß schon bei der Fabrikation der Papiere oder Kartons darauf Rücksicht genommen werden, daß die Streichschicht auch für die Politur geeignet ist, denn wenn diese Schicht beim Polieren ein graublaues Aussehen erhält, dann ist das Papier für diese Arbeit unbrauchbar. Demnach muß bei der Bestellung ganz besonders darauf hingewiesen werden, daß das Papier nach dem Druck poliert werden soll, damit die Fabriken in der Lage sind, nur polierfähig gestrichene Papiere oder Kartons zu liefern.

Ferner müssen die Druckfarben gleichfalls für die Politur geeignet angerieben sein, da sich die allgemein im Handel befindlichen Farben dafür nicht eignen, d. h. keinen ansprechenden Hochglanz ergeben. So dürfen z. B. keinerlei glanzerzeugende Beimischungen, wie flüssiges Sikkativ, Glanzfirnis, Blattgoldfirnis oder Bologneserkreide, letztere als Mattierungs- und Trockenmittel usw., verwendet werden und ist einzig und allein nur eine Wenigkeit reines Bienenwachs erforderlich, welches geschmolzen und so der Farbe zugegeben wird. Des ferneren ist der Druckereiraum in einer nicht zu niedrigen Temperatur zu halten, damit die Farbe vermöge des Wachszusatzes geschmeidig, d. h. druckfähig erhalten bleibt. Die Farben müssen auf den Abdrücken sehr gut und satt decken und ein stumpfes Aussehen haben, denn mit Glanz auftrocknende Farben ergeben keine befriedigende Hochglanzpolitur, auch ist zur Bereitung der Druckfarben im wesentlichen mehr schwacher als starker Firnis zu verwenden, wodurch die Farben ihre eigentliche Polierfähigkeit erhalten.

Bezüglich der Konstruktion der Maschinen zum Bürsten oder Polieren der Bogen sei erwähnt, daß diese nicht nur zum Polieren, sondern auch zum alleinigen Talkumieren verwendet werden können, so daß das Abreiben frischer Drucke ohne Politurerzeugung statt der üblichen Handabreibung vorgenommen werden kann. Die Konstruktion der Maschine ist derart, daß ein Kolben, an dessen Ende sich eine Wischvorrichtung befindet, vermittels einer Transmission hin und her bewegt wird, während der Bogen von der anderen Richtung langsam vorgeschoben wird, so daß die Glättung streifenweise erfolgt.

Das Gummieren

ist eine praktische Erfahrung voraussetzende Arbeit. Jahre intensiver Arbeit waren dazu notwendig, um im Verein mit der Technik Hilfsmittel zu schaffen, die ein vollendetes Ergebnis gewährleisten. Es kommt aber nicht allein auf die mechanischen Hilfsmittel an, um eine gute Arbeit zu erzielen, sondern auch auf die genügende Erfahrung der bedienenden Personen und nicht zu allerletzt auf den zur Verwendung kommenden Klebstoff. (Papier krümmt sich immer nach der gummierten Seite.) Die an eine gute Gummierung gestellten Ansprüche gipfeln darin, daß das gummierte Papier nicht rollt, eine möglichst dünne aber klebefähige Schicht aufweist und nicht hygroskopisch ist, also nicht das Bestreben hat, die Feuchtigkeit der Luft aufzunehmen, wodurch besonders bei dünnen Papieren das Einrollen begünstigt wird.

Die verschiedenartigen Maschinen für den Zweck des Gummierens können an dieser Stelle nur angedeutet werden.[1]) Darunter sind die großen Gummier- und Lackiermaschinen nach dem Trommelsystem zu erwähnen, die sich vorwiegend für die Massenarbeit eignen. Ferner sind die Anleim- und Gummiermaschinen nach dem Einwalzen- und Zweiwalzensystem zu erwähnen, die aber nicht sämtlich als zulänglich für eine gute Gummierung betrachtet werden können; insbesondere nicht solche Maschinen, wo die Walzen in offenen Schlitzen der Maschinenseitenteile laufen, ohne jede zwangsweise Führung und ohne eine genügende Regulierung der Auftragsschicht.

Bei der Wahl des Klebestoffes ist außerordentlich sorgfältig zu verfahren. Nicht jedes Gummiarabicum, nicht jeder Cordofan ist für die

---

[1]) Eine ausführliche Würdigung des maschinellen Klebevorganges, insbesondere unter Benutzung der Jagenbergschen Klebemaschinen, ist in dem Buche enthalten: Heß, Die Praxis der Pappen-Verarbeitung (Band 1), 2. Aufl. Verlag M. Krayn, Berlin W 35.

Über Klebemittel und die Klebetechnik unterweist erschöpfend ebenfalls das Buch des Herausgebers: Heß, Die Buchbinderei in der Papierverarbeitung. Verlag des Allgemeinen Anzeigers für Buchbindereien, Stuttgart.

Gummierung unbedingt geeignet. Es empfiehlt sich, nur die besten Qualitäten zu wählen, und vorher eingehende Versuche anzustellen. Im allgemeinen wird gutes Gummiarabicum in einem größeren Behälter unter Wasser gesetzt. Nachdem die Masse einige Tage gestanden hat, rührt man gut um, siebt das Ganze, um Fremdkörper, wie Baumrinde, Holzstückchen usw., zu beseitigen, die in jedem Naturprodukt vorhanden sind. Gummiarabicum hat, wie alle Naturprodukte, die Eigenschaft, in aufgelöstem Zustande sauer zu werden. Dies wird durch einen geringen Zusatz von Alaun oder Formalin verhindert, nur darf nicht zuviel dieser Chemikalien benutzt werden, weil sie auch gleichzeitig die Eigenschaft haben, Gummi zu härten, also unlöslich zu machen. Unter Berücksichtigung des Preises von Gummiarabicum ist es ratsam, auch Ersatzprodukte zu berücksichtigen, die die Nachteile von Gummiarabicum nicht zeitigen. Obgleich sie nicht ganz ohne Nebenerscheinungen verwendet werden können, ist man doch dazu übergegangen, diese Ersatzprodukte in größerem Umfange zu benutzen. Diese künstlichen Klebemittel als Ersatz für Gummiarabicum lassen sich leichter auflösen, ein Sieben ist unnötig, die Verwendungsmöglichkeit ist einfacher und ein Sauerwerden des Produktes findet nicht statt. Wohl ist im allgemeinen eine leichte Schimmelpilzbildung in aufgelöstem Zustande festzustellen, die darauf zurückzuführen ist, daß die Ware, ohne die Geschmackfreiheit einzubüßen, nicht scharf genug mit haltbarmachenden Chemikalien durchsetzt werden kann. Die Schimmelpilzbildung ist aber unschädlicher Natur und nimmt dem Klebstoff keineswegs seine guten Eigenschaften. (Dextrin, den man kocht, wird gegenwärtig fast allgemein verwendet.)

Ferner bildet das Trocknen der gummierten Bogen eine häufig beklagte Schwierigkeit. Man hat verschiedene Wege eingeschlagen, die das Trocknen der Bogen begünstigen oder vereinfachen sollen. Man kann aber nicht behaupten, daß alle die angewendeten Mittel glücklich gewählt wären. Die gebräuchlichste Art der Trocknung ist diejenige auf Horden. Aufeinanderstellbare Rahmen nehmen die gummierten Bogen auf und sorgen infolge genügender Abstände dafür, daß reichlich Luft über die Oberfläche der gummierten Bogen zum Zwecke der Trocknung streichen kann. Auch hat die Industrie große Trockenvorrichtungen geschaffen, die ebenfalls aus Horden zusammengesetzt sind, nur mit dem Unterschied, daß die Horden in einem Gestell mechanisch hochgeführt werden und zuerst an der Decke vorbeigeführt werden. Am entgegengesetzten Ende der Trockenvorrichtung fallen die Horden einige Zentimeter herunter und machen den Weg zickzackweise bis zum Fußboden durch. Durch diese Vorrichtung werden die gummierten Bogen auf einen verhältnismäßig kleinen Raum beschränkt, einen langen Weg geführt und durch die Luft getrocknet. Eine entsprechend höhere Temperatur des Arbeitsraumes ist natürlich zu empfehlen, um den Trockenprozeß zu verkürzen. Zu hohe Temperatur krümmt die Bogen und können sie daher im Apparat leicht Rollen bilden! Schließlich werden auch Maschinen in Verbindung mit sogenannten Parforce-

Abb. 1. Präzisions-Gummier- und Lackier-Maschine, Modell C. L. M. (Erzeugnis der Jagenberg-Werke, Düsseldorf)

Trocknungen hergestellt. In Verbindung mit einer Gummiermaschine wird eine Transportbahn gebracht, die auf einer Länge von 5 bis 10 m einen das Band umschließenden Heizkasten hat. Die heiße Luft wird durch das Gas oder elektrische Heizung erzielt und entsprechend auf direktem Wege oder indirekt durch Ventilatoren auf die Transportbahn geführt. Die Einwirkung einer Hitze von 60 bis 100 Grad ist wohl in der Lage, auf einem verhältnismäßig beschränktem Wege die Papierbogen zu trocknen, nur rollt sich das Papier, oder es wird wellig, oder die Hitze zieht Bläschen. Auf jeden Fall ist das Resultat unbefriedigend und unzulänglich. Diese Erscheinung ist schließlich auch nicht schwer zu erklären, denn es wird durch die Parforce-Trocknung verhindert, daß das Papier die auf der Oberfläche befindliche Feuchtigkeit annimmt, somit wird eine ungleichmäßige Ausdehnung herbeigeführt, die ein Rollen und Werfen des Papiers zur unerläßlichen Be-

Abb. 2. Gummier- und Lackiermaschine
der Firma Friedrich Heim & Co., G. m. b. H., Offenbach a. M.

dingung macht. Diese Erfahrungen haben überall wieder dazu geführt, daß die Lufttrocknung bei gummierten Papieren ausschließlich zur Verwendung kommt.

Selbstverständlich bietet die Lufttrocknung aber nicht immer unbedingte Garantie dafür, daß ein Rollen oder Werfen der Papiere ausgeschlossen ist, denn es kommt einerseits auf die Dicke der Auftragsschicht an, andererseits darauf, nach welcher Richtung hin das Papier geschnitten ist. Das Papier hat stets eine gewisse innere Spannung, die durch Einwirkung von Feuchtigkeit gelöst wird und zum Ausdruck kommt. Schließlich verringert sich die Klebstoffauftragung durch den Wasserzusatz und zieht das Papier ebenfalls mit zusammen. Dies bedingt ein Rollen des Papiers. Trotz dieser Erscheinung werden aber überall nichtrollende gummierte Papiere angeboten und gehandelt. Es gibt nun verschiedene patentierte Verfahren, nichtrollende gummierte Papiere herzustellen. Das einfachste und bequemste aber ist es, die Bogen mit der trockenen Auftragungsschicht nach außen, rechtwinklig über eine Kante zu ziehen, wodurch die Klebstoffschicht mikroskopisch fein gebrochen wird, also die ursprüngliche Form des Papieres wieder erreicht ist.

Gerade bei der Gummierungsarbeit ist es wichtig, die Mischung des Gummiarabicums oder des Ersatzmittels richtig zu wählen. Es empfiehlt sich weniger, das Produkt sehr dünnflüssig und in dickerer Auftragungsschicht zu benutzen, sondern vielmehr eine dickflüssigere Form und in recht dünner Auftragungsschicht: 1. geht die Trocknung bedeutend rascher vor sich, 2. wird das Papier viel weniger dadurch beeinflußt und 3. kann man bei nicht allzu dünnen Papieren sogar das nachträgliche Ausrecken umgehen.

Rand- und Streifengummier-Maschine

Fast in jeder Buchbinderei kommen Arbeiten vor, bei denen eine Rand- oder Streifen-Gummierung notwendig ist, die im allgemeinen von Hand ausgeführt wird. Für diese Arbeiten existieren nun heute einfache, aber sehr leistungsfähige Maschinen, über die an dieser Stelle einige Worte geschrieben werden sollen. Die bekannte *Jagenberg-Gummier- und Anleim-Maschine, Modell „Vorwärts“* der Firma Jagenberg-Werke A.-G., Düsseldorf, mit unverdecktem Einlegetisch und nach vorn laufendem Transportband wurde dahingehend vervollkommnet, daß durch Auswechselung von zwei Walzen ohne weiteres eine Rand- oder Streifengummierung möglich ist. Für die Besitzer solcher Maschinen sei darauf hingewiesen, daß die notwendigen Teile jederzeit nachbezogen werden können. Die normale Einrichtung gestattet eine Randbeleimung in Maximalbreite von 50 mm; sie ist jedoch durch die Verstellung der seitlichen Anlegewinkel von 1 bis 50 mm veränderlich. Führungsscheiben und Rollen bewirken eine absolut gradlinige Durchführung, so daß die Gummierung selbst bei 1 bis 2 mm Breite unbedingt parallel zur Kante verläuft. Sollen beispielsweise Papierblätter an zwei Rändern zu gleicher Zeit beleimt werden, so ist lediglich ein zweites Leimscheibenpaar erforderlich, wobei noch zu berücksichtigen ist, daß diese Leimscheiben sowohl als die Führungsrolle seitlich leicht verstellt werden können. Wird eine streifenweise Gummierung verlangt, die also mit der Kante des Papierblattes nicht abschließt, so sind lediglich Leimscheibenpaare in entsprechender Anzahl und Breite erforderlich, die sich ebenfalls auf der Achse seitlich verschieben und selbstverständlich auch gegen andere Breiten auswechseln lassen. Diese *Rand- oder Streifen-Gummier-*

Maschine arbeitet äußerst rationell, denn die Einlegerin hat weiter nichts zu tun, als ein Blatt nach dem anderen in die Maschine zu führen, während am Ende des Transportbandes ein weiteres Mädchen die Blätter zum Trocknen schuppenartig auslegt. Ist genügend Raum vorhanden, dann kann das Transportband so lang gewählt werden, daß bei dünner Gummierung bereits am Ende des Transportbandes der Leim trocken ist. — Wer auf das Transportband verzichten kann und sich mit geringer Leistung begnügt, findet auch in der *Jagenberg Kleinanleim-Maschine „Liliput"* ein Modell, welches sich ebenfalls für Rand- und Streifen-Gummierung bestens eignet. Diese Maschine ist vorstehend abgebildet. Die Streifengummierung fällt auf Grund der äußerst zuverlässigen Arbeitsweise des Jagenberg-Zweiwalzen-Systems schön und gleichmäßig aus, d. h. die Leimstreifen sind am Rand scharf

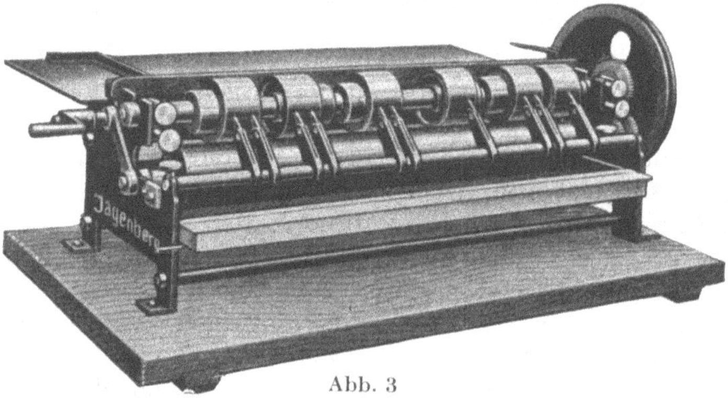

Abb. 3

begrenzt und wulstfrei. Auch für vorhandene „Liliput"-Anleimmaschinen kann die Rand- oder Streifen-Gummiereinrichtung jederzeit nachgeliefert werden. Handelt es sich darum, Karton oder Pappe zu gummieren, so macht sich eine Druckwalzenpartie erforderlich. Besonders gute Dienste hat die Rand-Gummier-Maschine „Vorwärts" bei der Herstellung von Schreibmaschinen-Postkarten mit angehängten Durchschlagblättern geleistet, denn es ist lediglich notwendig, den Kartonstreifen mit einem schmalen Klebstoffrand zu versehen und die trockenen Durchschlagblätter beim Stapeln dazwischen zu legen.

Gummiermaschinen

Als zeitgemäß sind die Prakma-Gummier-Maschinen zu erwähnen, deren verschiedene Ausführungsformen allen Ansprüchen gerecht werden.

Diese Maschinen sind eine ausgesprochene Präzisionsarbeit. Die Auftragwalzen laufen in auswechselbaren Bronzebuchsen. Die Auftrageschicht wird bei der Prakma zentral durch einen einzigen seitlichen Hebel fein reguliert, wobei die Stärke der Auftragung erfahrungsgemäß äußerlich an der Stellung des Zentralhebels erkennbar ist. Mit der Bewegung dieses Hebels ist auch die automatische Einstellung der Führungsorgane verbunden, so daß selbst bei starkem, plötzlichen Wechsel der Auftragungsschicht die Einführungswalzen nicht mit Klebstoff beschmutzt werden können. — Diese Prakma-Maschinen haben auch Einrichtungen zum mechanischen Reinigen der Auftragewalzen, die ein Herausnehmen der Gummierwalzen und umständliches Abwaschen nach jedem Gebrauch überflüssig machen. (Erfolg: Klebstoffersparnis und Schonung der empfindlichen Auftragewalzen, die oft genug durch Fallenlassen beim Waschen beschädigt werden.) Die

Abb. 4. „Prakma"-Anreibe-Maschine mit Untergestell, eingebautem Elektromotor und Vorgelege

Abb. 5. „Prakma"-Spezial-Maschine zum Streifengummieren für Schreibmaschinen - Postkarten, Etikettenbogen u. dergl.

genannten Maschinen sind an allen wesentlichen Teilen nachjustierbar und auf lange Lebensdauer berechnet.

Prakma-Maschinen werden nach dem Ein- und Zweiwalzensystem gebaut in der Erkenntnis, daß beide Systeme ihre besonderen Eigenschaften haben, die für bestimmte Arbeiten notwendig sind. Es ist bekannt, daß bei Anwendung eines gutgearbeiteten Abstreichers eine so hauchdünne Auftragungsschicht erzielt werden kann, wie es bei Maschinen mit abwickelnden Walzen gar nicht möglich ist. Selbstverständlich ist aber auch, daß Maschinen nach dem Einwalzensystem mit Abstreicher eine sorgfältige Behandlung und Klebstoffe ohne ungelöste Teile und frei von Fremdkörpern verlangen, während die Maschine nach dem Zweiwalzensystem weniger empfindlich ist, dafür aber, wie schon gesagt, grober aufträgt.

Die Prakma-Maschine nach dem Einwalzensystem eignet sich auch hervorragend für die Einrichtung zum streifenweisen Auftragen von

Klebstoffen. Die Vollwalze wird durch eine messingüberzogene Welle von äußerster Genauigkeit ersetzt. Auf dieser Welle finden beliebig viele verstellbare Auftragescheiben Platz, die bei ihrer Präzision auch zu größeren Breiten zusammengestellt werden können. Diese Auftragescheiben werden durch Flanschen gehalten und seitliche Abstreicher, die mit den Scheiben verstellt werden können, sorgen dafür, daß die Kanten der Gummierstreifen scharf und sauber sind. Die für das Streifengummieren nicht benötigten Scheiben erhalten unterhalb sogenannte Leimverdrängerkästen, derart, daß die auf diese Weise trockenlaufenden Scheiben zur Stützung und Führung des zu gummierenden Papiers oder dergleichen benutzt werden in Verbindung mit oberhalb angeordneten Führungsrollen, die ihrerseits den einseitigen Zug der Klebstoffstreifen ausgleichen.

Abb. 6. Hochleistungs-Auftragmaschine zum Gummieren, Anleimen und Kleben

Diese Spezialmaschine ist vielseitig verwendbar, u. a. für Etikettenbogen, für Schreibmaschinen-Postkarten mit Klebstreifen usw. Durch einfaches Austauschen der Streifengummiereinrichtung gegen eine Vollwalze ist eine hochwertige Maschine zum Gummieren ganzer Flächen geschaffen.

Die Prakma-Gummiermaschine nach dem Zweiwalzensystem ist hauptsächlich für Flächengummierung bestimmt, sie ist von besonders schwerer Bauart und hat ebenfalls die patentierte Prakma-Zentral-Auftragungs-Regulierung durch Betätigung eines einseitigen Hebels, der aber auf seiner Bewegung über ein Zahnsegment nicht nur die Einführungsorgane kontrolliert, vielmehr auf seinem Endweg die Schöpfwalze stillsetzt und gleichzeitig einen Abstreicher gegen die Auftragwalze bringt, um den gesamten darauf befindlichen Klebstoff abzustreichen, also dem Behälter restlos wieder zuzuführen.— Dieser Abstreicher dient nur der mechanischen Reinigung, während die Auftragungsschicht durch den Abstand der beiden Gummierwalzen geregelt wird.

Die genannten Maschinen können auch in Verbindung mit Fließbändern gebracht werden. — Einrichtungen für die Behandlung von Pappen mit Klebstoff sind ebenfalls vorgesehen.

Wo gummiert wird, kommen gewöhnlich auch Klebe- oder Kaschierarbeiten vor, wobei das sogenannte Anreiben eine große Rolle spielt. Hiefür hat Prakma eine hervorragende neue Anreibemaschine geschaffen mit zwangsläufig geführten und angetriebenen Walzen, die auch bei einseitigem Durchlassen des Arbeitsgutes ihre parallele Stellung zueinander behalten. Der Anreibedruck ist durch ein Handrad zentral einstellbar.— Die Prakma-Anreibemaschine ist auch für Fließbandzuführung geeignet, so daß für den ganzen Anreibeprozeß einschließlich Einführung und Abnahme keine Zeit zu berücksichtigen ist.

Das Krauswerden der Ränder bei Randgummierung und Randklebung[1])

Das Krauswerden der Ränder beim Randgummieren, Ankleben von Blättern und Beutelklebung ist in der Struktur des Papiers begründet. Sobald die Gummier- oder Klebenaht in der Querrichtung der Papierbahn liegt, entstehen, besonders bei dünneren Papierarten, nach dem Auftrag des Gummier- oder Klebemittels, infolge starker Dehnung des Papiers, mehr oder weniger kleine Fältchen, die eine einwandfreie Gummierung oder glatte Klebung nicht aufkommen lassen. Bei diesem Übelstand, z. B. beim Ankleben von Blättern, spielt nicht allein die Beschaffenheit der Papiere, sondern auch die Art des Klebemittels eine Rolle. Bei Verarbeitung von dünnem Papier und Verwendung kleisterartiger Klebstoffe kommt das Krauswerden der Ränder besonders stark zum Ausdruck. Es kann deshalb gar nicht oft genug darauf hingewiesen werden, daß bei Anklebeblättern und bei gummierten Erzeugnissen die mit Klebestoff zu versehende Seite stets in der Längsrichtung der Papierbahn liegen soll. Bei Beutelzuschnitten für Flach- und Faltenbeutel wird, vorausgesetzt, daß es die wirtschaftliche Ausbeute zuläßt, der Zuschnitt so ausgeführt, daß die längere Klebenaht mit der Längsrichtung der Papierbahn läuft, während das Krauswerden an den kurzen Beutelseiten mit in Kauf genommen werden muß.

Anleimen, Gummieren und Lackieren von Papier in Bogen und Rollen

Während das Glätten, Färben und Streichen des Papieres in den Papier erzeugenden Unternehmungen vorgenommen wird, sind Anleimen, Gummieren und Lackieren Arbeitsprozesse, die in den Werkstätten der Papierverarbeitung selbst ausgeführt werden. Soweit das Papier nicht für Druckzwecke verwendet wird, wird es zu einem sehr großen Teil in Kartonnagenfabriken und Papierverarbeitungswerken zu Packungen umgewandelt, oft derart, daß es mit irgendeiner Pappe oder einem Karton zusammengeklebt wird, wodurch zwei Zwecke verfolgt werden. Einmal soll die Verpackung durch die Verwendung des

[1]) Aus dem Journal für Buchbindereien, Leipzig, No. 9, 1930.

Kartons eine besondere Festigkeit erlangen und zum anderen soll durch Aufkleben eines Papierüberzuges die Schachtel ein wirkungsvolles und schöneres Äußere erhalten. Dieses Bekleben von Pappe und Karton mit Papier ist hauptsächlich bei billigem Kartonmaterial notwendig. Das gummierte oder beleimte Papier wird entweder aufkaschiert, d. h. das Papier wird sofort mit Hilfe der feuchten Leimschicht aufgeklebt, oder das Aufkleben des beleimten oder gummierten Papieres kann auch erfolgen, nachdem die Leimschicht wieder getrocknet ist. In letzterem Falle muß die Klebefähigkeit des getrockneten Leimes durch Hitze wieder erzeugt werden. Die Verbindung des gummierten Papieres mit dem Karton erfolgt zu diesem Zwecke unter Verwendung von besonderen Zieh- bzw. Prägewerkzeugen auf ent-

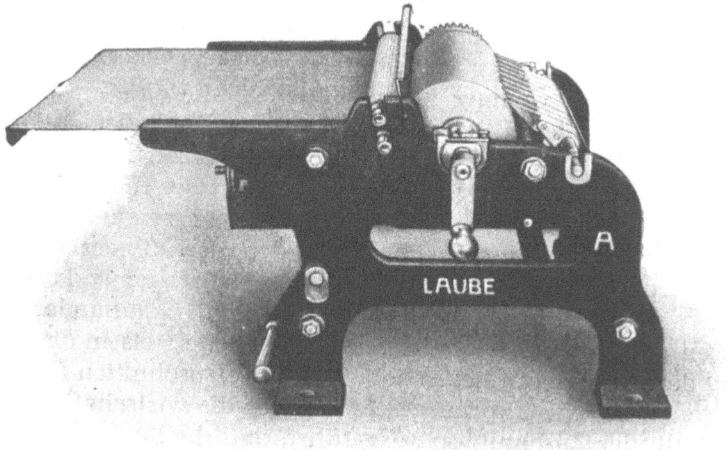

Abb. 7. Anleimmaschine „Laube“ Type A für Handbetrieb

sprechenden Zieh- und Prägepressen. Das letztgenannte Arbeitsverfahren wird in umfangreicher Weise verwendet bei der Herstellung von Kappenschachteln, Vorsteherandschachteln, verschiedenen Pappformen, wie Ostereiern, Früchten usw.

Das Bestreichen des Papieres mit Leim für die Zwecke der allgemeinen Verarbeitung in der Buchbinderwerkstatt oder im Kartonagenbetrieb wird in der Fachwelt als Anleimen oder Anschmieren bezeichnet. Im Gegensatz zu der Bezeichnung Gummieren legt man auf die Feinheit und Glätte des Auftrages keinen allzu großen Wert. In erster Linie muß das Aufstreichen genügen, um ein intensives Zusammenkleben des Papieres mit dem Karton zu ermöglichen. Für dieses Anleimen des Papieres hat die einschlägige Industrie außerordentlich praktische Maschinen herausgebracht, die im wesentlichen wie folgt konstruiert sind:

Die Bogen werden auf einem Anlegetisch an die Maschine herangebracht, durch Einführungswalzen erfaßt und gleichmäßig sogenannten Leim- oder Auftragswalzen zugeführt, die aus einem Behälter Klebstoff entnehmen. Nachdem auf den Bogen mit den rotierenden Walzen Klebstoff übertragen worden ist, wird der Bogen durch sogenannte Abnehmer, die mit ihren Spitzen auf der Leimauftragswalze aufliegen, wieder von der Walze entfernt und entweder durch Hand von der bedienenden Person oder durch ein automatisch arbeitendes Transportband aus der Maschine entfernt. Im Prinzip besitzt fast jede Anleimmaschine die vorerwähnten Bestandteile, natürlich in allen

Abb. 8. Anleim- und Gummiermaschine „Laube" Type H

möglichen Variationen, je nach dem Verwendungszweck der Maschine und den an sie gestellten Anforderungen. Nachstehend zeigen wir eine Anzahl derartiger Klebstoffauftragmaschinen, und zwar je eine Maschine nach dem Ein-, Zwei- und Dreiwalzensystem. Für kleinere Arbeitsbreiten und besonders für die Verwendung von Kaltleim ist die Einwalzen-Anleimmaschine durchaus als zweckmäßig zu betrachten. Sie hat den Vorteil, daß sie sehr einfach in ihrer Konstruktion ist und daher selbst für den kleinsten Betrieb in bezug auf Bedienung, Reinigung und vielseitige Verwendbarkeit keinerlei Schwierigkeiten bietet. — Die *Anleimmaschine „Laube", Type „A"*, für Handbetrieb, zeigt, wie aus nebenstehender Abbildung ersichtlich, die vorerwähnten Merkmale der *Einwalzenmaschine*. Charakteristisch für diese Maschine ist, daß die Einstellung der Leimauftragsstärke durch zwei Stellschrauben vorgenommen wird, die sich unter dem Einführungstisch befinden. Im übrigen ist die Maschine ohne jedes Werk-

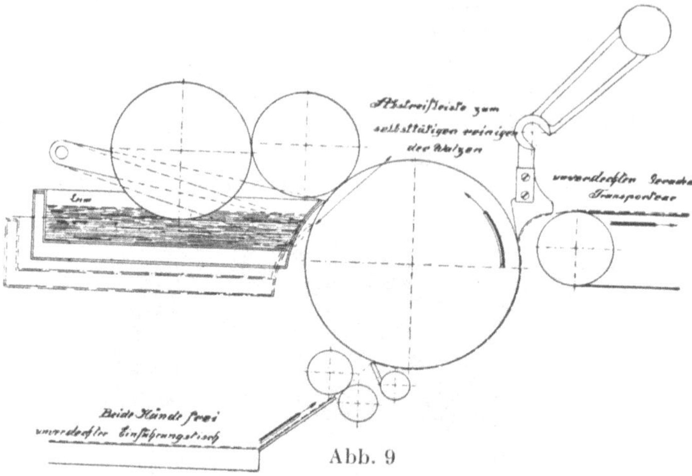

Abb. 9

zeug auseinandernehmbar. Höheren Ansprüchen wird die *Anleim- und Gummiermaschine „Laube“, Type „H“, Zweiwalzensystem,* ge-

Abb. 10. Gummier- und Lackiermaschine Type D
mit langem Transporttuch

recht. Diese Maschinenausführung ist hauptsächlich zu empfehlen für größere Arbeitsbreiten und besonders dort, wo Warmleim verarbeitet werden soll. Die Einstellung der Leimschicht geschieht durch eine Zentralleimauftragsregulierung über die ganze Walzenbreite der Maschine. Die Stärke der Leimauftragsschicht wird nicht durch ein Abstreiflineal, sondern durch die Entfernung der Walzen zueinander reguliert. Um die Maschine für allerhöchste Beanspruchung geeignet zu machen, sind sämtliche Teile, die mit dem Leim in Berührung kommen, aus feinstem Messing hergestellt, wie Einführungswalzen, Auftragswalzen und die Abstreifer. Bis zu einer Walzenbreite von 500 mm kann die Maschine als Tischmodell geliefert werden; für größere Arbeitsbreiten ist die Ausstattung der Maschine mit eisernem Untergestellt, wodurch eine größere Stabilität der Maschine erreicht

Abb. 11. Heißluft-Schnelltrockenapparat „Laube" (D.R.P.)

wird, sehr zu empfehlen. — Als Gummier- und Lackiermaschine findet die sogenannte *Dreiwalzen-Gummier- und Lackiermaschine „Laube", Type „D"*, viel Verwendung. Diese Maschine kann sowohl für Warm- als auch für Kaltleim verwendet werden. Zur Verarbeitung von Warmleim ist die Type „D" eine ganz ideale Maschine, da die Zuführung des Papieres unterhalb des Leimkessels erfolgt. Dadurch wird vermieden, daß die Einführungswalzen schwitzen, wodurch die eingeführten Bogen oftmals feucht werden und leicht zerreißen. Das nebenstehend abgebildete Schema läßt deutlich die Papierbogenführung in der Maschine erkennen und zeigt gleichzeitig die Walzenverteilung bzw. die Anordnung des Leimkastens und der Abstreifer. Auf dieser Maschine können Bogen jeden Formates bis zu der jeweiligen Arbeitsbreite ohne jede Umstellung der Maschine verarbeitet werden. Diese Maschine ist besonders dort zu verwenden, wo auf die

Glätte und Feinheit des Auftrages ganz besonderer Wert gelegt wird. Die Type „D“ ist infolge ihrer außerordentlich präzisen Arbeitsweise auch für das Lackieren von Papierbogen sehr zu empfehlen. Die

Abb. 12. Rändelmaschine „Laube“ Type C 4

nebenstehende Abbildung zeigt die zweckmäßige Verwendung dieser Maschine unter Benützung eines langen Transportbandes, von dem die gummierten Papierbogen von den Arbeiterinnen abgenommen

Abb. 13. Einfaches Überziehbrett „Laube“ Type CT

und weiter verarbeitet werden. Obwohl das Transportband der Maschine durch den selbsttätigen Abtransport der gummierten oder lackierten Bogen bereits große Vorteile bietet, hat es sich als zweckmäßig erwiesen, diese Maschine mit einem sogenannten *Heißluft-Schnell-Trockenapparat* zu kombinieren, wodurch erreicht wird, daß die gummierten oder lackierten Bogen in kürzester Zeit und bei geringstem Platz- oder Raumbedarf vollständig trocken aufgestapelt werden können. Bei einer Trockengeschwindigkeit von 8 bis 10 Metern pro Minute durchlaufen die Bogen die Trockenkammer und können nach Verlassen dieser trocken und nicht rollend sofort in Stößen abgelegt werden. Die abgebildete Trockenvorrichtung, die für Gas-, elektrische oder Dampfbeheizung geliefert wird, hat den großen Vorteil, daß die

Abb. 14. Schachtelüberziehmaschine Type C U

Erwärmung der Trockenkammer *indirekt* erfolgt, wodurch vermieden wird, daß die bei der Verbrennung entstehenden Gase und Dämpfe in die Trockenkammer und ebenfalls in den Werkraum gelangen. Infolge der indirekten Erwärmung des Trockenapparates wird weiterhin erreicht, daß der Gas- bzw. Stromverbrauch äußerst niedrig ist, wodurch die Trocknung durch Trockenapparat ganz besonders rationell ist. Die patentierte Konstruktion dieser Maschine schließt jede Explosionsgefahr aus.

Sofern in der Papier verarbeitenden Werkstatt *Papier in Rollen* beleimt oder gummiert werden soll, müssen Maschinen verwendet werden, die einen sogenannten Bobinenhalter besitzen und bei denen das Papiermaterial nicht über einen Einführungstisch eingeführt, sondern von der Bobine direkt nach den Leimwalzen geführt wird. Das Papier wird, nachdem es den Leimauftrag erhalten hat, entweder wieder aufgerollt oder sogleich in Stücken verarbeitet. Für diesen Zweck verwendet man hauptsächlich *Rändel- und Überziehmaschinen* wie umstehend abgebildet. Die *Rändelmaschine „Laube", Type „C 4"*, Zweiwalzensystem, bietet durch die ideale Anordnung der Leimwalzen Gewähr, daß auch bei Warmleimverarbeitung der Leimauftrag ganz gleichmäßig und sparsam ist. — Um den beleimten Streifen auf ein gewisses Format schneiden und weiter verarbeiten zu können, wird mit der Rändelmaschine ein sogenanntes *Überziehbrett* verwendet, das, wie die Ausführung *Type „C T"* zeigt, gesondert auf den Tisch gestellt werden kann oder das als sogenannte *Schachtelüberziehmaschine, Type „C U"*, mit der Anleimmaschine ein einheitliches Ganzes bildet. Durch eine besondere Anordnung der Bobinenhalter ist es möglich, gleichzeitig mehrere Streifen zu beleimen und weiter zu verarbeiten. Die praktische Konstruktion sowie die denkbar einfache und bequeme Handhabung dieser Maschinen gewährleisten große Leistungen und demzufolge auch hohe wirtschaftliche Vorteile.

Man kann wohl sagen, daß die heute auf dem Markt befindlichen Anleim- und Gummiermaschinen allerhöchsten Ansprüchen gerecht werden und außerdem zu einem sehr mäßigen Preis zu erwerben sind, so daß auch der kleinste Betrieb diese vorteilhaften Maschinen verwenden kann.

Das Grundieren

Die Anwendung des Wortes Grundieren ist vielfach eine irrige. Im allgemeinen gilt als feststehend, daß das Grundieren eine Hilfsarbeit ist, die dazu dient, für nachfolgende Aufbringung irgendwelcher anderen chemischen Verbindungen (Druckfarben) eine unterlegende Schicht zu bilden.

Das Verfahren wird sinngemäß zu produktiver Gestaltung auf maschinellem Wege ausgeführt.

Der Heißpräger grundiert seine Stoffe, wie Papier, Kaliko, Buchbinderleinen u. a., der Steindrucker druckt eine Firnisschicht auf seine Bogen vor deren weiteren Verarbeitung, um die Farben auf der Papieroberfläche zum Stehen zu bringen. Es ist also gewissermaßen ein Hilfsmittel zu einer Leimungsverbesserung. Wenig geleimte Papiere müssen vorgrundiert werden, um zu vermeiden, daß nachträglich aufgebrachte Farben unmittelbar wegschlagen, d. h. in der Oberfläche des Papierstoffes versinken und das Papier ein stumpfes, mattes Aussehen annimmt. Um das zu vermeiden, überdruckt man die Bogen nach erfolgtem Ausdruck aller Farben auf der Schnellpresse mit einer Sikkativschicht.

Die Grundiermasse ist ein dünner Überzug mit in Wasser gelöster Gelatine. Die Schicht ist so dünn, daß sie, obwohl wesensverwandt, im Gegensatz zum eigentlichen Gelatineverfahren bei Anwendung der Glasplatte keinen Glanz auf der Oberfläche des Papiers ergeben würde. Wollte man sich genau ausdrücken, so müßte man statt vom Grundieren stets in solchen Fällen von einem Gelatinierverfahren sprechen.

Gelatinieren ohne Glas wird angewendet als Überzug, um dem Druck einen matten Glanz zu verleihen.

Schellackieren dagegen wendet man an, wenn ein Schutzmittel gegen Feuchtigkeit und äußere Einflüsse gebraucht wird.

Weihnachtskrippen oder Aufstellreliefs mit Fälzen, welche als Klebeleisten dienen sollen, grundiert man mit Gelatine oder mit Schellack.

Das Grundieren findet fast ausnahmslos Anwendung bei sehr vielen Erzeugnissen der Chromolithographie, wie beispielsweise bei Plakaten, mechanischen Karten, die größeren Raum einnehmen, Weihnachtskrippen oder ähnlichen Artikeln. Den Glanz auf der Oberfläche der hierfür in Frage kommenden Artikel kann man auch durch Harzlacküberzug erzielen, am häufigsten jedoch findet man die Anwendung des soeben besprochenen Verfahrens. Das Aufstreichen des Harzlackes vermittels eines Pinsels ist nicht zu empfehlen, da bei diesem Verfahren keine glatte Fläche zu erzielen ist.

Dieses Verfahren ist bei zartfarbenen Naturpapieren nicht zu gebrauchen, da die Anwendung in der Praxis die Erscheinung zeitigt, daß nach erfolgtem Aufstrich die Oberfläche des Papiers gelblich austönt.

Transparente

Als Dekorationen finden Transparente gern da Verwendung, wo es sich um Lichteffekte handelt. Ein durchsichtig gemachtes oder bereits durch die stoffliche Zusammensetzung präpariertes Papier, das die Lichtstrahlen, die von einer Seite dagegengeworfen werden, auf der anderen durchscheinen läßt, entspricht diesem Zweck. Im letzteren Fall finden meist Seidenpapiere Verwendung, und zwar lassen sich aus diesem verschiedene Zusammenstellungen dadurch schaffen, daß aus einem Bogen solchen Papiers durch Auflage einer Schablone oder von Hand Ornamente oder Schriften ausgeschnitten werden. Auf diesen Bogen wird dann ein entsprechend großes Stück andersfarbigen Papiers geklebt, so daß selbst am Tage schon eine gewisse Farbenwirkung erzielt wird, und zwar durch die zwei verschiedenartigen

Papierfarben. Die Wirkung wird des Abends durch die Beleuchtung natürlich noch wesentlich erhöht.

Ist das Papier nicht lichtdurchlässig, so muß es besonders dazu präpariert werden, indem es mittels einer chemischen Lösung getränkt bzw. durchfettet wird.

Dies gilt nun nicht nur für Transparente, die mittels Verwendung des künstlichen Lichtes ihre Wirkung ausüben. Denn die meisten Transparente sind wohl für Tageslichtwirkung bestimmt. Eine besondere Abart derselben sind die sogenannten Transparentplakate, die aus Buntpapieren oder farbig bedruckten Chromos hergestellt und an den Schaufenster- bzw. Ladentürscheiben angeklebt werden.

Über die Herstellung dieser Transparentplakate berichtet der bekannte Chemiker F. Lüdecke, Kassel, in der Technischen Rundschau, Berlin, folgendes: Um aus Buntpapier Transparentplakate zum Ankleben an Schaufenster herzustellen, werden die fertigbedruckten Papiere mit sogenanntem Transparentlack getränkt. Derartige Lacke sind fette Öle, welche einen geringen Zusatz von Paraffin zur Erhaltung einer gewissen Elastizität bekommen. Ein sehr guter, elastisch bleibender Transparentlack wird weiterhin gewonnen, wenn man etwa 18 Teile gereinigten wasserfreien Kautschuk mehrere Tage in 10 Teilen Leinölsäure oder Holzölsäure quellen läßt und alsdann unter Zusatz von 60 Teilen hellem Leinölfirnis bei 150 °C bis zur völligen Lösung erhitzt. Hierauf läßt man bis auf etwa 80 °C abkühlen und verdünnt mit 12 Teilen Schwerbenzin. Sind die imprägnierten Papiere völlig durchgetrocknet und klebfrei, so bestreicht man die Anstrichseite der Transparentplakate mit den nachstehenden Leimlösungen: Man läßt 16 Teile Gelatine in 64 Teilen Wasser 12 Stunden lang quellen und löst dann durch Einstellen des Quellgefäßes in ein geheiztes Wasserbad. Ist der Leim völlig gelöst, so setzt man noch eine Mischung von 2 Teilen Glyzerin, 2 Teilen venetianischem Terpentin und 4 Teilen Leinölsäure in 12 Teilen denaturiertem Spiritus, 96prozentig, unter Umrühren zu. Vor Benutzung wird der Leim durch schwaches Anwärmen dünnflüssig gemacht. Vorteilhaft kommt dieser Leim in Verbindung mit stets frisch zu bereitendem Stärkekleister in Gebrauch, hergestellt durch Einrühren einer kalten Mischung von 30 Teilen Stärke und 20 Teilen Wasser in 50 Teilen kochendheißem Wasser. Die derartig geleimten Transparentplakate müssen mit einem in warmes Wasser getauchten Schwamm überstrichen und schließlich auf die gereinigten Schaufenster fest aufgepreßt werden, wobei die etwa entstehenden Luftblasen abzuquetschen sind. Es gibt hierfür den Gummiquetscher-Apparat.

Buntglaspapiere (Diaphanien)

werden im Steindruckverfahren auf sehr dünnem reinen Faserpapier fertiggedruckt; nach dem Druck werden die Bogen mit einem Etikettenlack getränkt, und zwar geschieht dies entweder durch Lackiermaschinen oder aber in der Weise, daß die Bogen mit der Hand durch ein Lackbassin gezogen und über diesem zum Abtropfen auf benagelte Latten gehängt werden. Nach dem Abtropfen müssen die an den Latten hängenden Bogen in Heißluftkammern aufgehängt und dort bei etwa 45 °R etwa 24 Stunden getrocknet werden. Die getrockneten Bogen werden hierauf mit Klebstoff zum Anheften an die Glasscheiben durch einen mit Gummi getränkten Schwamm mit der Hand — oder auch auf maschinellem Wege — bestrichen, und müssen abermals einige Stunden an der Luft trocknen, bis sie gebrauchsfähig sind. Als Klebemittel verwendet man einen dünnen Fischleim.

Das Durchsichtigmachen der Papiere

erfolgt vorteilhaft in zusammenhängenden Rollen, zu denen die einzelbedruckten Bogen nötigenfalls zu vereinigen sind, und zwar in der Weise, daß die Papierbahn von der Sammelrolle über eine Walze in ein den Transparentlack enthaltendes Gefäß eingeführt und hier durch eine zweite, sich kurz über dem Boden des Gefäßes befindliche Walze unter dem Niveau des Lackspiegels gehalten wird. Hinter dieser Walze befinden sich beim Austritt des Gefäßes zwei schräggehaltene Stahlblätter, durch welche die Papierbahn hindurchgeht, damit der überschüssige Lack abgestreift wird und wieder in das Gefäß zurücktropft. Die Papierbahn gelangt in einen Trockenraum, wo sie in zahlreichen Windungen mit warmer Luft in Berührung kommt, bis sie vollkommen trocken und klebfrei ist, worauf man die einzelnen Bahnen abschneidet und aufstapelt. (Nach Lüdecke in Techn. Rundschau, Berlin.)

Das Lackieren

Wie die drucktechnische Bearbeitung von Natur- und gestrichenen Papieren, so ist auch das Verhalten des Papiers zum Lackauftrag ein verschiedenes. Am häufigsten werden gestrichene Papiere lackiert, wenn sie mit Farbflächen bedruckt sind. Chromopapiere erscheinen an den unbedruckten Stellen durch den Lackauftrag gelblich gefärbt.

Im allgemeinen wird jeder Bogen nur einmal lackiert, um einen spiegelähnlichen Glanz zu erzielen. Soll ein höherer Glanz erzielt werden, so muß die Lackschicht zweimal aufgetragen werden.

Bezüglich der Masse des Auftrages ist zu sagen, daß es dafür bindende Vorschriften nicht gibt. Diese richtet sich vielmehr nach dem Abdruck und der Qualität des Papiers in bezug auf die Leimung. Je weniger Leimung, desto weniger Glanz läßt sich erzielen.

Spirituslack trocknet in jeder Konsistenz. Zu dicke Lackschichten erzeugen leicht Risse nach dem Trocknen. Diese können auch durch den Kreidestrich entstehen.

Das Richtige zu treffen ist Gefühlssache. Je dicker die Lackierschicht aufgetragen wird, um so größer ist die Wahrscheinlichkeit, daß die Schicht bricht; es ist jedoch möglich, daß auch eine dünne Lackschicht unter Umständen diesen Übelstand aufweist.

Lackierte Bogen können ohne weiteres mit kaltem' Wasser abgewaschen werden, ohne ihren Glanz zu verlieren. Es ist jedoch Bedingung, die Flächen nicht zu naß abzuwaschen, damit der Glanz nicht unter der Feuchtigkeit leidet.

Das Lackieren der Buntdrucke

(Chromos usw.) wird vorgenommen, um einesteils eine größere Widerstandsfähigkeit gegen die verschiedensten ungünstigen Beeinflussungen zu erzielen, und andernteils eine lebhaftere Wirkung der Farben bei hohem Glanz herbeizuführen.

Im wesentlichen geschieht das Lackieren der Buntdrucke in ganzen Druckbogen, da einzelne und schon beschnittene oder gestanzte Bilder sehr unsauber und ungleichmäßig ausfallen und die ganze Arbeit äußerst mühevoll und kostspielig sich gestaltet. In kleineren Betrieben wird das Lackieren zumeist mit der Hand vorgenommen, doch ist es für diese bei größeren Auflagen richtiger, weil billiger, wenn sie das Lakkieren den Lackieranstalten übertragen, welche diese Arbeit auf ihren Lackiermaschinen in kürzester Zeit erledigen.

Das nachträgliche Lackieren geschnittener oder gestanzter Bilder mit der Hand ist ein Unding, weil selbst bei der größten Vorsicht immer etwas Lack auf die Rückseite kommt und beispielsweise aufzuklebende Etiketts usw. sehr schwer festkleben, da der Lack das Klebemittel abstößt und infolgedessen kein festes Haften auf der Unterlage ermöglicht werden kann.

Dagegen sind geschnittene Druckarbeiten auf den neuesten Transportlackiermaschinen lackierbar und wird der Hergang in einem besonderen Anhang zu diesem Artikel beschrieben.

Für die Handlackierungen sind die fertiggedruckten und in den Druckfarben völlig trockenen, zu lackierenden Druckbogen unbeschnitten zu liefern, weil die überstehenden freien Papierränder als Ablagerungsstätte des austretenden Lackes dienen. Daß die zu lakkierenden Buntdrucke auf Papieren gedruckt sein müssen, die als lackfest zu bezeichnen sind, sei schon im voraus erwähnt, und muß stets bei Bestellung solcher Papiere unbedingt erwähnt werden, daß es *„lackfest“ oder lackierfähig sein muß,* und daß es nach dem Lakkieren gestanzt oder geschnitten wird. Immerhin sollte jedes als lackierfähig erhaltene Papier schon vor dem Druck auf seine Lackierfähigkeit durch eine Lackierprobe untersucht werden, denn wenn es hierbei das Aussehen wie Pauspapier erhält, also der Lack in das Papier schlägt, dann ist es für diesen Zweck nicht genügend geleimt, denn es schützt nur die sachgemäße starke Leimung, beziehungsweise starke Leimhaltigkeit gestrichener Papiere gegen das Ein- und Durchschlagen des Lackes.

Allerdings hat man gegen diesen Übelstand noch das Hilfsmittel des Vorgrundierens mit Leimwasser oder einer Abkochung von

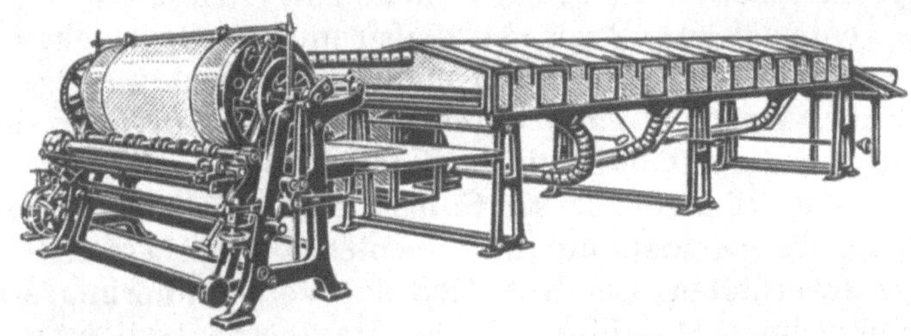

Abb. 15. Lackier- und Gummiermaschine für Bogen mit Trockenkanal der Radebeuler Maschinenfabrik August Koebig, G. m. b. H., Radebeul bei Dresden

isländischem Moos, mit welchen die bereits fertiggedruckten Bogen vor dem Lackieren überstrichen werden, wodurch eben die ursprünglich fehlende oder zu geringe Leimung der Papiere nachträglich verbessert wird. Doch ist diese Arbeit wiederum kostspielig und zeitraubend und es wäre natürlich weit richtiger gewesen, gleich ein absolut lackierfähiges Papier zu bestellen, beziehungsweise die Probelackierung auf dem unbedruckten Papier vorzunehmen, um zeitgerecht reklamieren zu können.

Zeigt das bedruckte Papier den Fehler, daß es nicht lackierfähig ist, d. h. schlägt der Lack in dasselbe und ergibt die Transparenz, dann ist die Vorgrundierung, wie erwähnt, unbedingt erforderlich und benutzt man zur Bereitung des Grundiermittels eine der beiden hier folgenden Vorschriften:

1. *Leimwasser:* Fluß- oder Regenwasser — aber niemals Brunnenwasser, wegen des etwaigen Kalk- oder Eisengehaltes — wird aufgekocht, abgekühlt und nachher mit so viel bester Speise- bzw. technischer Gelatine, die geweicht und erwärmt werden muß, in Stückchen geschnitten, versetzt, daß, nachdem die Gelatine einige Zeit auf-

gequollen und der Behälter im Wasserbade kräftig erwärmt ist, die völlig gelöste Gelatine beziehungsweise die Flüssigkeit zwischen den Fingern sich klebrig anfühlt. Wenn man einige Tropfen dieser Flüssigkeit auf Papier träufelt, muß sie einen glyzerin- oder sirupähnlichen streichfähigen Charakter haben. Die stark erwärmte Flüssigkeit preßt man dann zuerst durch dichte Leinwand, damit aller Schmutz und die Klümpchen zurückbleiben, füllt sie dann wieder in den gereinigten Behälter, bringt diesen wieder in das Wasserbad, und benutzt nun die ständig warmzuhaltende Lösung zur Vorgrundierung der Abdrücke.

2. *Isländisches Mooswasser:* Der Absud von dieser Pflanze wird hergestellt, indem ein größeres Quantum mit ganz heißem Wasser abgebrüht, der Behälter zugedeckt an einem warmen Orte mehrere Stunden stehengelassen wird, worauf die Flüssigkeit durch dichte Leinwand gepreßt wird, um alle Pflanzenteile zurückzuhalten.

Das zu wenig geleimte Papier wird also an den unbedruckten Stellen gesättigt und das Ein- oder Durchschlagen des Lackes endgültig verhindert, außerdem wird ganz wesentlich an Lack gespart, der beste Hochglanz und Gleichmäßigkeit der Lackierung erzielt, und wird aus diesem Grunde selbst bei lackierfähigen Papieren vielfach die Vorgrundierung angewendet, um mit leichterer Mühe einen brillanten Hochglanz zu erhalten. Der Aufstrich der Vorgrundierung erfolgt in Ermangelung einer Maschine mit der Hand und bedient man sich eines ziemlich großen Schwammes, wobei darauf zu sehen ist, daß der Aufstrich nicht zu dick und streifig, sondern höchst gleichmäßig und flächig erfolgt. Die grundierten Bogen sind flach in den Hürden des Auslegregals zum Trocknen auszulegen und ist die größte Sorgfalt darauf zu richten, daß unbedingt jede Staubaufwirbelung vermieden wird, damit eine Ablagerung von Schmutz auf den grundierten Bogen nicht stattfinden kann.

Das Trocknen der Grundierung darf niemals in stark erwärmten Räumen vor sich gehen, weil die Bogen sich dann zusammenrollen und schwer zu lackieren sind.

Wenn die ganze Auflage grundiert und getrocknet ist, nimmt man sie in den Lackierraum, preßt sie durch Auflegen eines schweren Dekkels und Gewichtes ein und beginnt das Lackieren, indem nur immer einige Bogen aus der Einpressung genommen und lackiert werden. Denn der Arbeitsraum, in dem das Lackieren erfolgt, muß im Gegenteil sogar ziemlich stark erwärmt sein, um ein anstandsloses, d. h. streifenfreies Lackieren zu ermöglichen und würden sich die grundierten Bogen uneingepreßt bald zusammenrollen.

Die Vorgrundierung bietet noch den Vorteil, daß man den Lack ganz dünn auftragen kann, wodurch ganz wesentlich an Lack gespart wird, und geht das Lackieren mittels eines breiten Lackierpinsels (Ätzpinsel) sehr leicht vonstatten, wenn mit einiger Aufmerksamkeit verfahren wird.

Der Spiritus- oder Etikettenlack wird als Extrakt Ia aus den Lackfabriken bezogen. Der Extrakt wird bis zu einem Drittel mit Spiritus verdünnt und schüttet man davon eine nicht zu große Portion auf einen Teller, legt mehrere grundierte Bogen auf eine größere Unterlage (Makulatur), taucht den etwa 5 cm breiten Lackpinsel (solche, die in Blechfassung als Ätzpinsel bekannt sind, verdienen den Vorzug) in den Lack, streicht den Überschuß am Tellerrand ab und überfährt in gleichmäßigen Strichen den zu lackierenden Bogen so, daß ein nochmaliges Überstreichen — was unbedingt vermieden werden muß — nicht nötig ist. Durch ein zweites Überstreichen entstehen dicke Streifen oder Striemen, die sehr unschön aussehen, man hat deshalb sorgfältig darauf zu achten, daß nur Strich an Strich von links unten nach oben und umgekehrt kommt, also etwa in dieser Art  der Pinsel geführt wird, wozu wohl einige Übung gehört. Der Unerfahrene, der zum erstenmal diese Arbeit leisten soll, sollte deshalb vorerst einige grundierte Fehldrucke lackieren, um sich etwas einzuüben.

Auf den grundierten Drucken geht das Lackieren ziemlich leicht von der Hand, wenn diese Arbeit geeigneten Leuten anvertraut wird. Doch auf ungrundierten, lackierfähigen Papieren gestaltet sich die Sache etwas schwieriger, indem erstens der Lackpinsel auf der wesentlich rauheren Oberfläche mehr Widerstand findet, zweitens mehr Lack erforderlich ist und demnach eine glatte, gleichmäßige Fläche nur von geschulteren Gehilfen erzielt wird.

Die lackierten Drucke sind von einer zweiten Person sofort auf die Hürden zu legen, und es ist von der allergrößten Wichtigkeit, daß der Arbeits- und Trockenraum in diesem Falle bis auf 16 bis 18 °C durchwärmt ist, denn dadurch ist es zu ermöglichen, daß sich der Lack anstandslos verstreichen läßt, d. h. keine Striemen und milchigen Streifen auftreten (Erstarrung des Lackes), und daß erst nur ein wirklicher brillanter Hochglanz trotz dünnen Lackanstriches bei rascher Trocknung erhalten wird. Je höher die Temperatur, desto schöner wirkt die Lackfläche. Lackieren im kalten Raum ergibt durchschnittlich Makulatur! Selbstverständlich ist während des Lackierens — genau so wie beim Grundieren — darauf zu sehen, daß Staubaufwirbelungen, Rauch- und Rußentwicklung sowie Zugluft vermieden wird. Lampen- und Ofenrauch sowie Ruß ergeben schwarze Punkte oder graue Streifen, ebenso aufgewirbelter Staub. Kalte oder Zugluft dagegen verursacht auf den frischlackierten Bogen milchige matte Striemen oder es bilden sich Risse oder Schlieren, und daß wegen der sich entwickelnden Spiritusdämpfe eine gute Lüftung vorhanden ist, sowie daß das Rauchen wegen der Feuergefährlichkeit des Spirituslackes zu unterbleiben hat, dürfte bekannt sein.

Sollte der Lack im Teller nach längerer Zeit durch die ziemlich rasche Verdunstung des Spiritus dick geworden sein, so ist er mit einem entsprechenden Quantum zu verdünnen und mit einem Holzspan gut zu verrühren. Doch hüte man sich, die Verdünnung zu übertreiben, weil mit gar zu dünnem Lack kein intensiver Hochglanz zu erhalten ist, und darf überhaupt und auf keinen Fall die Gewichtsmenge des Spiritus bei der Verdünnung des Extraktes überschritten werden, gleichviel ob es sich um grundierte oder ungrundierte Drucke handelt.

Ist beim Lackieren der Fehler gemacht worden, daß zuviel oder zu dicker Lack aufgetragen wurde, so kann es beim späteren Stanzen oder Schneiden der Bilder vorkommen, daß die Lackschicht stellenweise abplatzt oder auch einreißt, wodurch viel Ausschuß entsteht, und ist nur die Lackierung geeignet und gut, die nur dünn, ohne Pinselstriche zu zeigen, erzielt wird; denn nur diese ist geeignet für die weitere Verarbeitung und kann auch z. B. bei Plakaten als dauerhaft bezeichnet werden.

Das Trocknen des Lackanstriches geht sehr rasch vonstatten, doch empfiehlt es sich, die Drucke mehrere Stunden ruhig liegen zu lassen, damit eine gründliche Durchtrocknung stattfinden kann, wodurch dann auch die Dauerhaftigkeit des Hochglanzes gewährleistet wird. Ferner ist insofern mit der größten Sorgfalt zu verfahren, daß die trockenen Bogen beim Zusammenlegen nicht herumgeschoben oder aufgestoßen werden, weil hierdurch der Hochglanz sehr leicht Schaden leidet, und sollten lackierte Auflagen — die an sich schon durchschnittlich ziemlich wertvoll sind — wesentlich rücksichtsvoller behandelt werden, als wie man dies sehr oft in den Werkstuben zu beobachten Gelegenheit hat.

Ein wichtiger Punkt, der das Gelingen der ganzen Buntdruckauflage in Frage stellen kann, ist der, daß sämtliche Farben zuerst sehr gut ausgetrocknet sein müssen — denn auch darin wird sehr stark gefehlt —, indem an solchen Stellen, wo die Farben nicht trokken sind, beim Aufeinanderlegen der lackierten und dem Anschein nach trockenen Lackschicht Erhitzungen eintreten, die das nachträgliche Aneinanderkleben verursachen.

Es ist noch zu erwähnen, daß im allgemeinen aufzukaschierende Plakate niemals vor dem Aufkleben zu lackieren sind, sondern daß man sie stets nach dem Aufziehen und gänzlichem Austrocknen des Klebemittels lackiert, da die Lackschicht vor dem Aufziehen eine Isolierschicht bilden würde, die das Trocknen der Klebemittel verhindert, und es wirkt schließlich die Feuchtigkeit auch nachteilig auf den Hochglanz ein. In diesem Falle ist ferner ein Zusammenkleben der Plakate zu befürchten, weil sich durch die eingeschlossene Feuchtigkeit eine Erhitzung bildet, die die Erweichung des Lackes und folglich das Aneinanderkleben verursachen kann. In Klebe-Anstalten werden auch lackierte Bogen geklebt.

Wenn auch in großen Betrieben, wie eingangs erwähnt, das Lakkieren vermittels der Spezialmaschinen vorgenommen wird, so kommen doch Fälle vor, wo z. B. in der Buchbinderei und Kartonnagenfabrikation entweder gestanzte oder geschnittene Bilder erst nachträglich lackiert werden sollen, und werden diese dann erst nach dem Aufkleben und völligen Trocknen der Klebemittel lackiert. Das etwa nötige Gelatinieren kann entweder nach oder auch vor dem Aufkleben erfolgen. Allerdings muß das Lackieren in diesen Fällen recht vorsichtig geschehen, damit die Unterlagen geschont werden.

Es ist noch besonders zu erwähnen, daß lackierte Buntdrucke oder Papiere niemals gefalzt oder gebrochen werden dürfen, weil dadurch das Brechen oder Zerplatzen an den Bruchstellen eintritt.

Daß alle Druckfarben, die für nachträglich zu lackierende Buntdrucke verwendet werden, absolut lackfest sein müssen, soll nicht unerwähnt bleiben.[1]) Denn nicht absolut lackierfähige Farben, d. h. *spirituslösliche Farben* laufen während des Lackierens aus, d. h. sie werden vom Lack angegriffen und zur Auflösung gebracht, und es ist Sache der Druckereien, diesem Umstand ganz besondere Sorgfalt zu widmen. Allerdings können nicht lackierfähige Farben dennoch lackiert werden, wenn die Vorgrundierung mit Leim- oder isländischem Mooswasser oder durch das Überstreichen mit essigsaurer Tonerde erfolgt, wodurch zwischen der Lackschicht und der Druckfarbe eine Isolierschicht geschaffen wird.

Als lackierfähig gelten im allgemeinen alle Streichpapiere, wenn der Anstrich sehr gut leimhaltig, also wenig saugfähig ist. Ebenso sind sehr gut geleimte Naturpapiere — die wohl selten für Lackierungen verwendet werden — geeignet, doch soll man stets, wie bereits gesagt, bei der Bestellung auf absolute Lackierfähigkeit hinweisen.

---

[1]) *Normen über die Lackierechtheit der Druckfarben.* Der Normenausschuß für das graphische Gewerbe (Geschäftsstelle: Wirtschaftsamt des Deutschen Buchdrucker-Vereins, Leipzig C 1, Ranftsche Gasse 14) gibt in einem Normblatt Angaben über Prüfmethoden der Druckfarben heraus. In dem Merkblatt sind über die Lichtechtheit, Wasserechtheit, Lackierechtheit, Alkaliechtheit, Deckfähigkeit und Trockenfähigkeit je Norm-Prüfmethoden angegeben. Besonders wird es unsere Leser interessieren, was an Prüfungsvorschriften über die Lackierechtheit der Farben angegeben ist. Dieser Abschnitt lautet: Lackierechtheit ist die Widerstandsfähigkeit des fertigen Druckes gegenüber einer Lackierung, die in der Regel durch alkoholartige Harzlösung erfolgt. Es sind Typen aufgestellt worden für lackierechte und lackierunechte Farben. Zur Prüfung des fertigen Druckes auf Lackierechtheit gilt folgende Norm-Prüfmethode: Ein Streifen von $10 \times 2{,}5$ cm des fertigen Druckes wird in einem Reagenzglas von etwa 2,8 cm Durchmesser mit 60 cm^3 98%igem Alkohol übergossen. Nach einer Stunde beobachtet man, ob der Alkohol angefärbt ist, trocknet die Probe bei 50 Grad und vergleicht sie mit dem Original. Lackierechte Drucke lassen den Alkohol ungefärbt und die Druckprobe unverändert. — Das gesamte Merkblatt kostet 40 Pf. und Porto.

Ferner ist noch auf die absolute Trockenheit der Buntdrucke das Augenmerk zu richten, und es ist auf alle Fälle besser, wenn die Farben richtig ausgetrocknet sind, bevor die Lackierung vorgenommen wird. Das Abreiben mit Talkum usw. ist ein Notbehelf und ist, wenn dazu gegriffen werden muß, auf ein recht sorgfältiges Abstauben der Vorder- und Rückseiten vor dem Grundieren bzw. Lackieren zu achten.

Auf einige Fehler, die sich nach dem Lackieren zeigen, sei hier noch aufmerksam gemacht: Bei Bronzedrucken tritt zuweilen eine Schwärzung (Oxydation) der Bronze ein, und dies ist, abgesehen von schlechter Beschaffenheit der Bronze, auf ungeeigneten Spirituslack zurückzuführen, weshalb, wie eingangs dieses Artikels erwähnt, derartige Lacke oder Extrakte nur aus den großen Lackfabriken oder Buchbindereifachgeschäften bezogen werden sollten.

Ferner kommt es vor, daß die Lackierungen von Bronzedrucken keinen Hochglanz auf den Goldflächen zeigen, und liegt der Grund nur darin, daß eine zu grobe und minderwertige Bronze verwendet wurde, statt daß man eine feine und schmierig gemahlene gebrauchte. Bei zu groben Bronzen ersäuft der Lack und läßt derselbe an diesen Stellen nur einen stumpfen Rückstand zurück.

Ein zweimaliges Kalandrieren bronzierter Abdrücke ergibt ein schönes blattgoldähnliches Aussehen nach dem Lackieren.

Beim Lackieren mit der Maschine muß der Spirituslack bzw. der Extrakt dieselbe Konsistenz wie bei Handlackierung haben. Ebenso müssen die Drucke oder Papiere lackierfähig sein, andernfalls sind sie gleichfalls auf der Maschine mit Leim- oder isländischem Mooswasser vorzugrundieren, um das Einschlagen des Lackes zu verhindern. Selbstverständlich darf der Spirituslack niemals mit etwas anderem als wie Spiritus verdünnt werden, da er andernfalls eine Zersetzung erleidet, die ihn vollständig unbrauchbar macht.

Das Lackieren auf maschinellem Wege geschieht in der Weise, daß die Bogen an den Zylindern, ähnlich wie bei den Schnellpressen, angelegt, über eine oder mehrere mit Lack versehene Walzen geführt werden, wodurch die Oberfläche der Buntdrucke oder Papiere mit einer Lackschicht versehen werden. Das Trocknen der äußerst gleichmäßigen Maschinenlackierung auf der Oberfläche erfolgt durch das Hinzutreten warmer Luft und ergibt spiegelähnlichen Glanz. Die Greiferseiten, die auf der Schnellpresse unbedruckt bleiben, werden auch auf der Lackiermaschine nicht mitlackiert, was für das Ablegen der Bogen wesentlich von Nutzen ist.

Der mit Spiritus verdünnte Lack muß sehr sparsam abgegeben werden, weil dick lackierte Bogen ein je nach dem Charakter der Papiere unfeines Aussehen annehmen. Je dünner der Lack aufgetragen ist, um so besser ist die Wirkung, und um eine solche zu erzielen, ist es vor allem Bedingung, daß das Papier hinsichtlich der Leimung den

Ansprüchen der Technik genügt. Es muß das Papier also genügend geleimt, d. h. lackierfähig sein, um das Einschlagen des Lackes zu verhindern, denn eine zu schwache Leimung gibt dem Papier die Eigenschaft, die Lackierung, mit der die Oberfläche überzogen wird, in sich aufzunehmen. In solchen Fällen müssen die Bogen mit Leimwasser vorgrundiert werden, um das Einschlagen des Lackes zu verhindern.

Da der Lack bzw. Extrakt aus dementsprechenden Chemikalien hergestellt ist, darf die Verdünnung nur mit Spiritus erfolgen, weil andere Flüssigkeiten, etwa Terpentin, Damar- oder Kopallack usw., sofort einen chemischen Prozeß durchmachen würden, der den Lack unbrauchbar machen würde.

Ein fast unüberwindbares Hindernis war es bisher, einzelne, d. h. geschnittene, Stücke zu lackieren, weil hier keine freien Papierränder zum Fassen für die Greifer vorhanden waren, so daß aus den bisherigen Maschinen sowie mit der Hand das Lackieren solcher Drucke ein Unding war, wenigstens wurde diese Arbeit sehr erschwert und lakkierte man entweder von Hand oder aber man mußte Anlegemarken ankleben. Es dürfte einleuchten, daß das keine Annehmlichkeit genannt werden konnte.

Der sich um Verbesserungen an Maschinen der Papierverarbeitung sehr verdient gemachten Firma Jagenberg-Werke Akt.-Ges. in Düsseldorf ist es gelungen, die von derselben erbaute Rotationsgummiermaschine so umzuändern, daß sie in einer besonderen Ausführung speziell zum Lackieren dicker Plakate, Bleche oder dgl. benutzt werden kann, und zwar wird bei dieser Maschine der Pappbogen vertikal zu- und an den Auftragwalzen vorbeigeführt. Alsdann wird er unterhalb der Maschine derart angewendet, daß er mit der Gummier- oder Lackseite oben liegend durch ein rotierendes Transportband aus der Maschine herausbefördert wird.

Trocknen der lackierten Papierbogen

Über das Trocknen der lackierten Papierbogen sei folgendes bemerkt: Die lackierten Bogen sind von der Maschine weg, einzeln zum Trocknen auszulegen, wobei sich die Bogen oder einzelne Stücke nicht berühren dürfen. Die Trockenvorrichtungen (Regale oder dgl.) sind bekanntlich so eingerichtet, daß die Bogen wagerecht liegen, weil ein Aufhängen an Klammern usw. völlig ausgeschlossen ist. Die Hürden der Auslegregale sind einfach Rahmengestelle, die mit Bindfaden kreuzweise überspannt sind oder mit dünnen Holzleisten kreuzweise versehen werden, wodurch die Rahmen mehr Festigkeit gewinnen, während die Bindfaden im Laufe der Zeit an Spannung verlieren. Die

Regale enthalten 25 und mehr solcher Hürden, wodurch es ermöglicht wird, eine ziemliche Anzahl lackierter Bogen auszulegen, ohne daß sie sich berühren oder die Lackschicht einer Beschädigung auszusetzen.

Das Lagern lackierter Druckbogen wird sehr zweckmäßig in der Weise vorgenommen, daß die Last des Aufeinanderlagerns durch Zwischensetzen von Holzklötzen zwischen geringe Lagen Bogen mit starken glatten Brettern vorgenommen wird. Dadurch wird das Eigengewicht abgeschwächt und ist das auch für das Abtragen einzelner Lagen von Vorteil. Ein Aufeinanderdrücken lackierter Bogen muß unter allen Umständen vermieden werden. Wo keine besonderen Vorrichtungen getroffen sind, müssen lackierte Bogen selbstredend so ausgelegt werden, daß zwei lackierte Seiten keinesfalls aufeinander zu liegen kommen.

Der Verwendung der besprochenen Art, lackierten Bogen die geeignete Zeit zum *natürlichen* Trockenprozeß zu geben, hat die Radebeuler Maschinenfabrik August Koebig, Radebeul-Dresden, durch Erbauung ihrer Bogentrockenapparate einen neuen zweckmäßigen Ersatz gegenübergestellt, der geeignet ist, das Interesse der einschlägigen Kreise auf sich zu lenken.

Dieser Trockenapparat dient dazu, Pappen und Papierbogen, welche aus der Klebe-, Farb-, Gummier- oder Lackiermaschine usw. kommen, zu trocknen.

Der Apparat besteht aus einem *in Eisenkonstruktion* ausgeführten Gestell, in welchem Trockenrahmen von Holz und mit Band bespannt, abwechselnd hin und her und dabei hoch und nieder laufen. Durch die hierdurch bedingte fortwährende Luftveränderung erfolgt das Trocknen schnell und gleichmäßig. In besonderen Fällen wird durch Erwärmung und Ventilation des Trockenraumes der Trockenprozeß noch beschleunigt.

Die Anzahl der Trockenrahmen richtet sich nach der gewünschten Leistung, während das Verhältnis der Höhe zur Länge des Apparates den vorhandenen Räumlichkeiten angepaßt wird.

Die Größe der Trockenrahmen richtet sich nach der Maximalgröße der zu trocknenden Bogen, doch werden die Rahmen meistens so groß genommen, daß zwei oder auch noch mehr Bogen auf einen Rahmen gehen.

Die Bedienung des Apparates ist sehr einfach. Die Bogen werden an der vorderen Seite aufgelegt und auf derselben Seite oder dem entgegengesetzten Ende abgenommen, wozu je nach Anzahl und Größe der Bogen zwei bis drei Mädchen erforderlich sind.

Die Anordnung des Trockenapparates auf dem Fußboden schließt trotz der vielen praktischen Vorteile doch den einen Nachteil in sich, daß Platz verloren geht; da aber in jedem industriellen Unternehmen jeder Quadratmeter mehrere Mark Miete kostet, so ist es in jedem

Abb. 16. Bogen-Trocken-Apparat der Firma Jagenberg-Werke, Düsseldorf

Falle als ein Vorteil zu begrüßen, wenn man an Raum sparen kann. Diesem Umstand hat die oben genannte Firma insofern Rechnung getragen, als sie den Bogentrockenapparat zum Trocknen lackierter, gummierter, gefärbter oder geklebter Bogen zum Anbringen an der Decke gebaut hat. Vorausgesetzt muß natürlich werden, daß die Saalhöhe eine entsprechende ist und ein Montieren der Vorrichtung an der

Decke ermöglicht. Der Platz unter derselben ist fast ganz für die Aufstellung anderer Maschinen und für die Passage frei. Der Aufstieg für die Rahmen kann noch, anstatt in die Mitte des Apparates, an die Seiten desselben verlegt werden.

Das beste Mittel, gute Ware zu erhalten, ist natürlich die schnelle Trocknung der lackierten Bogen vermittels geeigneter Lufttrockenvorrichtungen.

Die Firma Aug. Koebig, Radebeul-Dresden, baut einen Trockenapparat, der an Einfachheit jede bisher bekannt gewordene Trockenvorrichtung übertrifft. Der Apparat ist einfach konstruiert, nimmt wenig Raum ein und trocknet außerordentlich schnell mit warmer Preßluft.

Der Apparat wird auf einem Gestell so montiert, daß der 3 m lange Rahmen über den Transportgurt, welcher die Bogen oder endlose Bahnen trägt, zu stehen kommt. Ein mit dem Rahmen verbundener Ventilator drückt einen starken Luftstrom in den Rahmen hinein, woselbst die Luft durch Luftverteiler in zweckmäßiger Weise an Heizapparaten vorbeigleitet und in angewärmtem Zustande direkt auf den unmittelbar darunter durchgehenden Bogen geblasen wird. Die Verteilung des Luftstromes erfolgt derartig, daß der Bogen flach auf das Transportfach gedrückt wird und nicht wegfliegen kann.

Die Erwärmung des Luftstromes erfolgt durch die innerhalb des Rahmens zweckmäßig angeordneten Heizkörper (Gasbrenner oder Dampfleitung); erstere sind vorzuziehen, da durch Anwendung der Druckluft, die vom Ventilator abgeleitet wird, Preßgas mit hohem Heizeffekt erzielt wird. Die angewärmte Luft wird vom Ventilator abgesaugt und zirkuliert permanent, wodurch eine sparsame Ausnutzung der warmen Luft ermöglicht ist.

Viele lithographische Anstalten und Druckereien hätten schon längst eine Gummier- und Lackiermaschine aufgestellt, wenn nicht bisher das Trocknen der Bogen ein unüberwindliches Hindernis geboten hätte.

Mit wieviel Schwierigkeiten es verbunden ist, vorher gummiertes Papier zu verarbeiten, und wie unangenehm es ist, ganze Druckauflagen außer dem Hause lackieren zu lassen, ist allgemein bekannt.

Infolgedessen wird es jeder Fachmann freudig begrüßen, eine einfache, wenig Platz einnehmende Einrichtung zu finden, vermittels welcher er das Gummieren und Lackieren schnell, sauber und billig im eigenen Hause vornehmen kann.

Der Trockenapparat hat sich in vielen Exemplaren in der Praxis bereits ausgezeichnet bewährt, auch in solchen Fällen, wo die auf einer vorhandenen Maschine (fremden Fabrikats) gummierten oder lackierten Bogen durch den Trockenapparat mittels eines rotierenden Transporttuches geführt wurden.

Hochglänzende Lackschichten auf Bromsilberbildern, Photographien und Druckarbeiten vermittels des Terpentinlackes

Wenn auch durch die Spirituslackierungen ein wesentlicher Schutz der Buntdrucke gegen verschiedene nachteilige Einwirkungen und ein brillantes Hervortreten der Druckfarben erzielt wird, so können doch Fälle eintreten, wo zur Erzeugung eines noch weit widerstandsfähigeren Lacküberzuges gegriffen werden muß, und da sind die Terpentinlacke vorzuziehen. Handelt es sich z. B. um Landkarten, Drucksachen oder Photographien, die in Räumen aufgehängt werden, wo sich Rauch und Staub entwickelt, oder die — wie bei Landkarten — sehr viel in Gebrauch genommen werden, dann ist das Lackieren mit Terpentinlack am Platze.

Die Drucksachen und Photographien aller Art sind hier ebenfalls mit dem Leimwasser vorzugrundieren, denn dadurch wird das Einschlagen des Terpentinlackes und Durchsichtigwerden vermieden. Die Vorgrundierungen müssen ebenfalls erst gründlich austrocknen, worauf das Überstreichen mit Terpintinlack erfolgt, wobei es nicht unbedingt nötig ist, in überheizten Räumen zu arbeiten, weil der Lack nicht erstarrt, streifig oder fleckig wird, wie der Spirituslack. Der Lack verstreicht sich sehr leicht und kann man, wenn nötig, mit dem Pinsel auch noch ein zweites Mal über die frischgestrichenen Flächen gehen. um eine Ausgleichung herbeizuführen. Das Trocknen geschieht gleichfalls in der bei der Spirituslackierung geschilderten Weise, jedoch ohne besonders starke Wärmeanwendung, und genügt ein ganz dünner Anstrich, um einen sehr dauerhaften und brillanten Hochglanz zu erhalten, der der Reinigung mit Wasser bzw. mit einem feuchten weichen Lappen bestens widersteht. Wird ferner Karton oder Pappe gewählt, die gegen Feuchtigkeit imprägniert ist, und werden die Bilder usw. nach dem Aufziehen und Trocknen des Klebemittels mit Terpentinlack lackiert, so sind sie gegen die Einwirkung von Feuchtigkeit ganz wesentlich geschützt und infolgedessen für lange Zeit zur ständigen Reklame brauchbar. Kolorierte, d. h. mit Wasserfarben übermalte und retuschierte Photographien auf emulsionierten Mattpapieren oder Bromsilberbildern lassen sich mit Terpentinlack *ohne* vorherige Gelatinegrundierung überziehen, weil die Streichschicht bzw. die Bild- oder Emulsionschicht, gleichzeitig als Vorgrundierung auftritt, und demnach ist ein Ausfließen der Kolorierfarben nicht zu befürchten, da der Terpentinlack diese Farben nicht angreift.

Den Terpentinlack kann man sich selbst herstellen und benutzte ich folgende Zusammenstellung, die einen sehr schönen Hochglanz ergibt: 100 g bestes reines Damarharz, in großen hellen Stücken gekauft, werden grob pulverisiert und dann in einer geräumigen sauberen Flasche mit weitem Halse mit 200 cm^3 rektifiziertem Terpentinöl übergossen. Dann gibt man noch 10—15 g bestes goldgelbes venezianisches Terpentin dazu und stellt hierauf die gut verkorkte Flasche an die Sonne oder an einen mäßig warmen Ort, bis sich alles gelöst hat. Um das Lösen zu beschleunigen, ist des öfteren kräftig umzuschütteln, und läßt man den Harzlack nach der völligen Lösung längere Zeit ruhig abstehen und schüttelt die obenstehende klare Flüssigkeit vorsichtig in einen anderen Behälter, so daß der Bodensatz zurückbleibt.

Der Lack ist mit einem entsprechend großen, feinen, weichen Pinsel möglichst dünn aufzutragen, da gerade dadurch die Arbeit erleichtert wird und der Lacküberzug einen tadellosen Hochglanz erhält. Ein Versuch wird lehren, wieviel Lack aufzutragen ist, und ist das Lackieren mit dem Harzlack sehr leicht ausführbar, besonders auf vorgrundierten Papieren. Das Trocknen der lackierten Bilder geht ziemlich rasch im mäßig warmen Raum (im Winter erwärmt) vor sich, doch ist für eine genügende Ventilation zu sorgen, da die Terpentindämpfe ebenfalls feuergefährlich sind und auch unangenehm empfunden werden, obwohl sie der Gesundheit nicht schaden.

Daß die mit Terpentinlack frisch überzogenen Bilder bzw. der Arbeitsraum vor Staub, Ruß usw. ebenfalls sorgfältig behütet werden müssen, darf nicht unerwähnt bleiben; denn Verunreinigungen des Lackes oder der Lackierungen ergeben sehr störende Fehler, die gerade in den hochglänzenden Flächen ungemein grell hervortreten. Sollte der Lack durch langes Stehen oder während der Verarbeitung auf dem Teller dick geworden sein, so ist er mit etwas rektifiziertem Terpentinöl zu verdünnen. Im übrigen ist derselbe unbegrenzt haltbar und verdickt nicht, wenn der Behälter stets gut verkorkt gehalten wird.

Über das Gelatinieren von Buntdrucken[1])

Auf einer warmzuhaltenden Schiefer- oder Marmorplatte werden die Drucke mit der Bildseite nach oben gelegt, mittels einer breiten Bürste mit Gelatinelösung überstrichen und mit dem Dachsvertreiber egalisiert, getrocknet, ½ Stunde in 10 %iges Alaun- oder Formalinwasser gelegt und auf die mit Ochsengalle überstrichenen Glasplatten gequetscht. Werden die Glasplatten nicht ganz mit den Drucken bedeckt, so müssen die Gläser jedesmal neu gereinigt werden.

Beim Durchpressen der Gelatinelösung durch Leinwand wie auch beim Anstreichen der Bogen muß man etwas vorsichtig sein, damit nicht etwa Blasen entstehen bzw. solche auf das Papier kommen, wodurch ein Festkleben der Bogen auf dem Glase eintreten kann. Selbst wenn dies vielleicht auch nicht eintreten sollte, so ergeben die Bläs-

[1]) Die bildlichen Darstellungen der Geräte zum Gelatinieren sind auf einer besonderen Tafel hinter Seite 48 dargestellt.

chen auf alle Fälle matte Flecken oder sonstige Trübungen in der hochglänzenden, trockenen Fläche.

Die mit Hochglanz versehenen trockenen Bogen legt man am besten flach aufeinander, bedeckt sie mit einem flachen, ebenen Brett und beschwert dieses etwas. Bei feinen Drucksorten empfiehlt es sich, die Bogen mit weichem Seidenpapier einzeln zu durchschießen. Hauptsache beim Gelatinieren ist, daß das Papier nicht zu stark saugfähig ist, damit die Gelatine nicht zu sehr einschlagen kann, denn wenig saugfähige Papiere geben den besten Hochglanz.

Bei dem Gelatinieren legt man die bedruckte, mit der Gelatineschicht zu versehende Fläche, nachdem die Bogen vorher in Alaunwasser oder 10%igem Formalin geweicht wurden, nach unten auf eine der Glasplatten flach auf. Der Wasserüberschuß und die etwa vorhandenen Blasen werden durch Überstreichen der Rückseite mit einer sauberen steifen Bürste an den Rändern herausgetrieben, wobei man darauf zu sehen hat, daß der Bogen recht innig und ohne Falten überall auf dem Glase fest anliegt, weshalb das Überstreichen nach allen Richtungen stattfinden muß. Durch das Überstreichen wird auch der Wasserüberschuß zwischen Glas und Bild herausgetrieben und dadurch erst das innige Anschmiegen erzielt. Wenn der Bogen fest haftet, nimmt man mit einem Schwämmchen das Herausgequollene vorsichtig ab, und stellt die Glastafel hochkantig zum Trocknen auf. Die Trocknung muß von selbst erfolgen, doch ist auch hier eine mäßige Wärme im Arbeitsraum von Vorteil. Nach erfolgtem Trocknen springen die gelatinierten Bogen von selbst von den Glasplatten ab oder sie lassen sich leicht abziehen. Die spiegelglatte Fläche zeigt dann den schönsten Hochglanz, wenn die Bogen flach und innig auf dem Glase festsaßen. Zeigen sich dagegen trübe und matte Streifen oder rundliche Stellen, so ist dies ein Zeichen, daß der Bogen nicht glatt und fest an das Glas angepreßt war, und muß derselbe nochmals mit kaltem Wasser behandelt und in der gleichen Weise auf das Glas gebracht werden, um tadellosen Hochglanz zu erhalten. Sind dagegen andere Streifen oder sonstige Fehler auf der hochglänzenden Gelatinefläche sichtbar, so rühren diese vom Glase her, welches diese Fehler hat. Solche Tafeln sind nicht brauchbar.

Auf dem fahrbaren Teil wird der Bogen mit der Bildseite nach unten gelegt, über die Glasplatte gefahren, der Bogen von Hand mit dem Finger eingerieben, der Gummiquetscher heruntergekippt und der fahrbare Teil zurückgezogen, die Platte umgedreht, um nochmals wie oben behandelt zu werden.

Die Glasplatten sind sehr sorgfältig zu reinigen, mit 10 vH Ochsengalle in Wasser gelöst zu überstreichen, dann einmal in Gelatinelösung mit Ochsengalle zu tauchen, zu trocknen, dann zum zweitenmal von der anderen Seite zu tauchen, und in Transportwalzen hochstehend erstarren zu lassen. Die zu gelatinierenden Drucke werden mit den Bildseiten nach innen zwischen nasse Nesseltücher gelegt. Sind die Drucke genügend geweicht, so werden sie mit einer Maschine aufgequetscht, und zwar auf jeder Seite 1 Bogen, also 2 Bogen auf je 1 Glasplatte. Das Trocknen geschieht auf Trockengehängen möglichst hoch unterhalb der Decke und nimmt ungefähr 24 Stunden in Anspruch. Die Platten müssen einmal umgedreht werden. Das Abspringen der Bogen sollte vermieden werden, da der Hochglanz nachläßt. Nach dem völligen Trocknen schneidet man die Bogen an den Rändern ab und nimmt die Bilder von den Glasplatten. Man mache zuerst 1 Bogen los und lege ihn 1 Stunde in einen trockenen Raum, um zu sehen, ob der Hochglanz bleibt; sollte das nicht der Fall sein, so müssen die Bogen weiter trocknen. Zum Gelatinieren gehört aber *eine große Erfahrung.*

Statt der Glastafeln kann man auch die sogenannten Emailplatten verwenden, welche zur Erzeugung von Hochglanz auf Bromsilberpostkarten benutzt werden, wobei die sonstige Behandlungsweise der gelatinierten Drucke genau die gleiche wie vorgeschrieben ist.

Will man einmal die benutzten Glastafeln oder Emailplatten wiederholt gebrauchen, so hat man sie gut abzuwaschen, und ist darauf zu sehen, daß das Wasser glatt darüber läuft, ohne daß sich erweiternde Kreise darauf bilden. Ist dies der Fall, dann müssen die Tafeln oder Platten mit Schlemmkreide und Essig gut gereinigt und gründlich mit Wasser abgewaschen werden. Die Emailplatten sind übrigens den Spiegelglastafeln vorzuziehen, weil sie nicht so zerbrechlich sind und auch nicht so leicht zerkratzt werden können wie das Glas. Es empfiehlt sich auch, mit Spiritus oder Talkum gut einzureiben. Bei Spiritus muß ein bläulicher Glanz vorhanden sein. Das Papier muß gelatinierfähig sein, die Druckfarben müssen entsprechend behandelt werden.

Leider sind nach meinen Erfahrungen die Emailplatten bis jetzt nur in den Formaten 14×19 cm und 25×35 cm erhältlich und werden sehr viel zur Hochglanzerzeugung auf Bromsilberpostkarten verwendet, bei welchen vermittels des Lackierens eine derartig brillante Wirkung nicht erreichbar wird. Auch auf anderen photographischen Papieren (Mattpapieren) ist die Hochglanzerzeugung in der gleichen Weise vorzunehmen.

Doch sollen auch diese Bilder *unbeschnitten* angeliefert werden.

Schließlich sei noch auf einige Fehlerquellen aufmerksam gemacht, die vor, während oder nach dem Gelatinieren bzw. der Hochglanzerzeugung auftreten können, und möchte ich diese Hinweise der besonderen Beachtung empfehlen:

1. Es soll die Oberfläche des Papiers — gleichviel ob gestrichenes (Chromo- usw.) oder Naturpapier — glatt oder flächig, nicht jedoch

von Narben oder Löchern durchsetzt sein, was bei den billigen und demnach minderwertigen Sorten zutrifft.

2. Wenn das Papier sehr stark saugfähig ist, gleichviel ob es sich um gestrichenes oder ungestrichenes Papier handelt, entstehen leicht Fehler.

3. Weitere Fehlerquellen sind, wenn zum Einweichen der gelatinierten Drucke oder Bromsilberkarten kein Regen- oder Flußwasser, sondern Brunnenwasser verwendet oder wenn dieses mit Chemikalien verunreinigt wurde.

4. Wenn die Luftblasen, die sich zwischen Glas- oder Emailplatten befinden, nicht kräftig genug herausgestrichen werden:

5. Die Glasplatten nicht genügend sauber geputzt worden sind.

6. Wenn die Gelatinelösung selbst mit fettigen Substanzen in Berührung kam (unsaubere Geschirre usw.).

7. Wenn die Gelatine nur einmal statt zweimal aufgestrichen wurde.

In allen diesen Fällen entstehen matte Flecken oder Stellen, deren Ursache in einem der hier benannten Fehler gesucht werden muß. Hauptsache ist auch hier, daß alle Papiere, die in dieser Weise behandelt werden sollen, ausdrücklich für diesen Zweck bestellt werden, um Unannehmlichkeiten der geschilderten Art auszuschließen.

Jedenfalls ist es vorteilhaft, das Papier bzw. die Buntdrucke durch eine Probegelatinierung zu prüfen, ob es die Behandlung verträgt.

Das Fleckigwerden gelatinierter Bronzedrucke

Hierzu sei erwähnt, daß sich das hier Gesagte auch auf Blattmetalldrucke bezieht, denn in der Hauptsache handelt es sich bei Buntdruckauflagen häufig um solche, bei denen Bronzen oder Blattmetalle mit in Anwendung kommen. Das Fleckigwerden tritt ein, wenn eine sauer reagierende Gelatinelösung benutzt wird. Es bedarf durchaus nicht der Zugabe irgendeiner Säure zu der Lösung, denn das Sauerwerden derselben tritt von selbst und dann ein, wenn z. B. Schimmelbildung sich bemerkbar macht, also die Lösung zu alt ist oder nicht kühl und gut verkorkt verwahrt wird, wodurch sie sehr rasch verdirbt. Mit Eintritt des Schimmels bildet sich die Säure oder Säuerung von selbst und kann das Fleckigwerden, d. h. das Oxydieren der Bronze oder wenigstens eine starke Trübung derselben sich rasch bemerkbar machen, was besonders bei den gewöhnlichen und ganz billigen Bronzen stets der Fall ist, denn es tritt nicht nur das Fleckigwerden und die Trübung ein, sondern mit der Zeit schwärzt sich die Bronze ganz. Es ist notwendig, Bronze mit einer Schutzschicht zu überdrucken.

Aber auch die Gelatine müßte von besserer Beschaffenheit sein, da die gewöhnlichen Arten bezüglich ihrer Reinheit sehr viel zu wünschen übriglassen.

Eine nachträgliche Schwärzung gelatinierter Drucke kann gleichfalls auftreten, wenn die Rückseiten mit irgendeiner alten und schon gesäuerten Gummi- oder Dextrinlösung bestrichen werden. Ebenso wirken Säure- oder Ammoniak-(Salmiak-)dämpfe ungünstig auf die Bronzeschicht vor dem Gelatinieren ein, weshalb auch in dieser Beziehung einige Vorsicht angeraten werden muß.

Das Wetterfestmachen des Papiers und das Zelluloidieren

Im Anschluß an das Gelatinieren wollen wir uns in nachstehender Ausführung mit dem Wetterfestmachen beschäftigen.

Der durch einen Gelatineaufstrich erzielte spiegelähnliche Glanz ist nämlich nicht imstande, den Einflüssen der Atmosphäre, insbesondere der Feuchtigkeit, sowie der mechanischen Abnutzung auf die Dauer Widerstand zu leisten. Eine Behandlung mit warmem Wasser löst z. B. die Gelatine auf, und kaltes Wasser nimmt der spiegelglatten Politur ihren Glanz, das zeigt sich schon, wenn ein Wassertropfen auf die Gelatineschicht fällt. Diese Stelle wird sofort blind erscheinen. Um nun diesen schädigenden Einfluß zu beheben, wird die gelatinierte Fläche noch mit einem Lack überzogen, und zwar meist durch Tauchen, was besonders der Fall sein wird bei Haussegen, Kalenderrückwänden, Aufstellbildchen, Plakaten u. a. m. Der Lack selbst ist nach Lüdecke in allen Fällen ein flüchtiger, und zwar entweder ein sogenannter Zaponlack oder aber irgendein möglichst farbloser Spirituslack, so daß man also von einem „Zaponieren" (Zelloidieren) oder aber Lackieren der Papiere spricht. Mit Zaponlack bezeichnet man sowohl eine Auflösung von Zelluloidabfällen, wie auch von kampferfreier Kollodiumwolle, in Form von Zelloidin oder aber sirupdicker Nitrozellulose in Amylazetat, Azeton, Amylalkohol usw. bzw. einer Mischung dieser Lösungsmittel, welche in vielen Fällen noch mit Benzol, Benzin und anderen Kohlenwasserstoffen versetzt werden. Meist hängt es von der richtigen Auswahl und dem Mengenverhältnis der verschiedenen Lösungsmittel ab, ob der Lacküberzug hochglänzend, matt bzw. unsichtbar oder aber milchig getrübt aussieht. Diese Erscheinung findet in der verschiedenen Verdunstungsgeschwindigkeit der einzelnen Lösungsmittel ihre Erklärung. Die Lösungsmittel dürfen nicht in zu stark verdünnter Menge vorhanden sein, da sonst der Zaponlackanstrich jenes häufig bemerkte, aber unerwünschte Irisieren zeigt, das auch bei nicht völliger Wasserfreiheit der Lösungsmittel auftritt.

Zum Wetterfestmachen verwendet man Tauchzapon, also einen etwas verdünnten Streichzaponlack. Dieser verläuft durchweg gleichmäßiger wie ein Spiritustauchlack und ist auch unsichtbarer wie dieser, da er auch in dickerer Lage völlig farblos erscheint. Die Wasserbeständigkeit wie auch der Glanz der an sich nicht hochglänzenden Zaponlacke wird durch Zugabe von Kautschuk, Rizinusöl, Leinölfettsäure und vor allem von Schellack, Manilacopal, Kolophonium u. a. m. wesentlich verbessert. Denselben Zweck sucht das DRP. 138 059 durch konzentriertere Pyroxylinlösungen und häufigeres Auftragen zu erreichen. Die zu lackierenden Bogen werden langsam durch den Zaponlack gezogen, worauf man diese etwa ¼ Stunde lang bei gewöhnlicher Temperatur abtropfen läßt und dann zwecks vollständigen Trocknens des Zaponfilms eventuell noch bei etwa 50 ° C im Trockenofen trocknet. Sollten sich an den Rändern beim Abtropfen verdickte Stellen bilden, so muß man diese durch vorsichtiges Betupfen mit reinen Haarpinseln entfernen. Beim Tauchen muß man sorgsam darauf achten, daß in dem Tauchlack keine Luftbläschen entstehen, welche sich später auf die Papierbahn festsetzen können und dann einen rauhen Überzug bilden. Das Tauchbassin darf nur halb gefüllt sein, um ein Übersteigen des stark flüchtigen Lackes und damit Verluste zu vermeiden.

Geeignete wetterbeständige Tauchlacke, welche auch in gewissem Sinne schützend auf die Farbe des Papiers, soweit diese eben lichtbeständig sind, wirken, werden z. B. in folgender Weise zusammengesetzt: 6 Teile farblose Zelluloidspäne werden in 60 Teilen Amylazetat und 10 Teilen Azeton gelöst und dieser Lösung dann eine Auflösung von 4 Teilen Schellack gebleicht und 1 Teil Rizinusöl in 19 Teilen Spiritus 96prozentig zugesetzt, oder man löst 5 Teile Nitrozellulose in einer Mischung von 60 Teilen Amylazetat und 20 Teilen Amylalkohol und versetzt diese mit einer Lösung von 3 Teilen Manilakopal und 12 Teilen Spiritus 96prozentig. Nach den Patenten der Rheinisch-Westfälischen Sprengstoff-A.-G. sowie des Dr. A. Eichengrün (Berlin) wird unter dem Namen „Cellonlack“ ein Überzugslack für Papier aus Azetylzellulose und Kampferersatzmitteln nach einer besonderen Lösungsmethode hergestellt und lassen sich hiermit auf dem Papier die verschiedenartigsten Effekte hervorrufen sowie eine absolute Wetterfestigkeit erzielen. Die genannten Lacke können alle außer als Tauchlacke auch als Spritzlacke überall da verwendet werden, wo ein Tauchen der Bogen mit Schwierigkeiten verknüpft ist. Zu dieser Arbeit bedient man sich dann besonderer Gebläse- oder Zerstäubungsvorrichtungen, mit welchen der Lack in feinem Sprühregen auf die Papierbogen aufgespritzt wird. Der erwähnte Cellonlack hat gegenüber dem sonst üblichen Zaponlack den Vorteil, nicht brennbar zu sein und eine äußerst viskose Lösung, die sich besonders zum Imprägnieren von Papieren eignet, bei billigem Gestehungspreise zu ermöglichen.

Das Arbeiten mit den genannten starkflüchtigen Lösungsmitteln ist für die hiermit beschäftigten Personen sehr lästig und außerdem kostspielig, da alle diesbezüglichen Versuche (DRP. 87 684), die Lösungsmittel wieder aufzufangen, bisher fehlschlugen. Billiger in der Anwendung wie die eben genannten Zaponlacke, sind daher die Spirituslacke. Ein geeigneter hochglänzender Spiritustauchlack wird durch Auflösen von 24 Teilen Manila- oder Benguelakopal und 4 Teilen Elemi in 72 Teilen Spiritus 96prozentig oder aber von 16 Teilen gebleichtem Schellack, 2 Teilen Mastix und 2 Teilen Lärchenterpentin in 80 Teilen Spiritus hergestellt. Für bessere Arbeiten, speziell für Buchbinderarbeiten, wird eine Auflösung von 26 Teilen Manilakopal, 4 Teilen Mastix und 2 Teilen Rizinusöl in einer Mischung von 18 Teilen Terpentinöl und 50 Teilen Spiritus 96prozentig viel verwendet, oder aber ein Lack aus 12 Teilen Mastix in Tränen, 4 Teilen Schellack gebleicht, 4 Teilen Elemi hell, 2 Teilen Sandarak und 2 Teilen venezianischem Terpentin in 76 Teilen Spiritus. Um die Lacke dünner zu gestalten, wie dies für besondere Tauchzwecke erwünscht ist, brauchen diese einfach mit 96prozentigem Spiritus verdünnt zu werden. Auch diese Lacke werden vorteilhaft nach etwa einstündiger Trocknung bei gewöhnlicher Zimmertemperatur noch eine kurze Zeit in Trockenräumen, Heißluftkammern oder dgl. bei 40 bis 50 ^{0} C getrocknet. Jedwede Berührung der noch nicht völlig durchgetrockneten Fläche muß natürlich vermieden werden, um eine glatte, fleckenlose Oberfläche zu erzielen.

Das Zelluloidieren ist, wie eingangs angedeutet wurde, ein dem Gelatinieren wesensverwandtes Verfahren. Im allgemeinen beruht die Anwendung dieses technischen Verfahrens darauf, daß das Papier mit den durchsichtigen Zelluloidtafeln mittels Spirituslösung unter Druck zusammengeklebt wird.

Zum Zelluloidieren des Papiers benutzt man entweder einen Streichlack, welcher z. B. durch Auflösen von 10 Teilen Zelluloidabfällen in 40 Teilen Amylazetat und 14 Teilen Azeton, verdünnt mit 36 Teilen denaturiertem Spiritus, 96prozentig, hergestellt wird, oder einen Spirituslack, welcher wesentlich dünner gehalten ist als obiger Streichlack, und den man durch eine Gebläse- oder Zerstäubungsvorrichtung auf das Papier aufsprüht. An Stelle von Zelluloidlacken können natürlich auch Cellon- und Zaponlacke zur Verwendung kommen. Beim Zelluloidieren mit Streichlack verfährt man genau so wie beim Gelatinieren. Das Hantieren mit den starkflüchtigen Lösungsmitteln ist für die Arbeiter sehr lästig und es ist außerdem kostspielig, da alle Versuche, das Lösungsmittel wieder aufzufangen, bisher fehlschlugen.

Das Hinterkleben gelatinierter bzw. zelluloidierter Bogen oder geschnittener Bilder erfolgt am besten durch einen Klebstoff, der so schnell trocknet, daß ein Durchweichen des Papiers vermieden wird.

Um die scharfen Schnittflächen, die, selbst wenn mit scharfem Messer geteilt, häufig rauh erscheinen, immer aber einen scharfen Grat absetzen, zu vermeiden, ist es zweckmäßig, das Papier an den Kanten zu umschlagen. Zu diesem Zweck wird schon beim Druck um den zu zelluloidierenden Artikel herum ein entsprechend großer freier Raum vorgesehen. Dieser freie Raum, der mit zelluloidiert wird, ist dann zugleich der Klebstreifen für die Rückseite.

Das Überschlagen der Kanten ist besonders angebracht bei Artikeln, die eine möglichst plastische Form haben sollen. Während man früher einen Wattezuschnitt zwischen Bilder und Pappe zwischenklebte, prägt man jetzt, indem man eine Zelluloidtafel auf den Gegenstand hohl (also nicht durch Klebung) auflegt und lediglich die Kanten anschmiert. Durch den Druck wird dann die erhabene Form erzielt und zugleich eine feste Auflage der Zelluloidschicht.

Es muß nur darauf geachtet werden, daß die Zelluloidauflage recht fest aufliegt (straff gespannt), denn nur dadurch ist dann eine einwandfreie Form zu erzielen. Wir werden uns noch mit dem Bekleben von gelatinierten bzw. zelluloidierten Papieren an einer späteren Stelle zu befassen haben.

Das Verstärken derartiger Artikel geschieht auf folgende Weise.

Ein ganzer, auf einer Glasplatte glatt aufliegender Bogen wird mit Leim angespritzt und dann mit einer ausgetrockneten Pappe zusammengeklebt. Das Anspritzen der Pappe ist nicht angängig, da dieses Material sehr saugfähig sein muß (reiner Holzschliff, zuweilen mit Zellulosezusatz von 10 bis 15 vH). Die Flüssigkeit würde daher sofort von dem Stoff aufgesogen werden, ohne daß durch den Klebprozeß eine Verfilzung der Fasern des Papiers und der Pappe möglich wäre. Die Pappe darf nicht satiniert, sondern muß maschinenglatt sein, d. h. eine rauhe Oberfläche haben, um ein besseres Haften des Klebstoffes mit der ohnehin mehr oder minder stark geglätteten Papierfläche zu gewährleisten.

Zelluloidüberzug auf Papier und Pappe

Zum Überziehen von Papier- und Pappdruck, Plakaten u. dgl. mit Zelluloid verwendet man Azeton oder Spiritus. Dieser verdient den Vorzug, weil er nicht so schnell verdunstet. Vorteilhaft ist es, dem Spiritus etwas Kampfer zuzusetzen, um besseres Haften des Zelluloids auf dem Papier zu erreichen. Beim Aufziehen sind Papier, Pappe, Bild oder Plakat, *nicht aber das Zelluloid,* zu befeuchten. Am besten legt man das Papier einen Augenblick in eine mit der Flüssigkeit gefüllte Glas- oder Blechschale und läßt es darin durchfeuchten. Man kann das Papier auch durch die Flüssigkeit hindurchziehen; jedenfalls muß darauf geachtet werden, daß alle Papierteile gleichmäßig feucht sind. Nach dem Durchfeuchten wird das Papier mit einem

Schwamm etwas abgestrichen, um das Zuviel der Flüssigkeit zu beseitigen. (Bei Azeton ist das Abstreichen meist überflüssig, weil es sowieso schnell verflüchtigt, dafür aber den Nachteil hat, daß etwa trocken gewordene Stellen nicht mehr binden.)

Ist das Papier befeuchtet und abgewischt, so wird es auf das Zelluloid gelegt, bei einseitig poliertem Material auf die unpolierte Seite, und zwar bei bedrucktem mit der Druckseite, bei Bildern mit der Bildseite. Über die Rückseite des Papiers legt man eine das Arbeitsstück etwas überragende, recht poröse Pappe und bringt alles unter eine *heiße Presse,* am besten eine Kniehebelpresse. Unter dem Druck der Presse verbleibt das Arbeitsstück einige Minuten, bis das Papier haftet und die Flüssigkeit vollkommen verdunstet ist.

Es ist unbedingt darauf zu achten, daß Preßkopf und Preßplatte vollkommen sauber sind, da sich sonst jedes Schmutzteilchen fest dem Arbeitsstück einpreßt. Auch muß die Platte poliert sein, damit sich nicht etwa Riefen derselben auf dem Zelluloid bemerkbar machen. Für das Zelluloid wird deshalb als Unterlage am besten eine hochglanzpolierte Stahl- oder Nickelplatte verwendet. Dadurch wird auch etwa blindgewordenes Material wieder aufgefrischt.

(Max Knopff, Hannover.)

Wetterfeste Papiere (das Zaponieren)

Geprägte Artikel, wie beispielsweise Buchdeckel und Metallpressungen, wird man, um die Haltbarkeit des Glanzes zu erhöhen, mit einer Masse überziehen. Hierzu bedient man sich des „Zaponlackes", wonach man diese Handhabung „Zaponieren" genannt hat. Zaponlack dient noch zum Vorgrundieren von Metallen (Eisen), um ein späteres Ankleben von Papier zu ermöglichen, d. h. solches zum Haften zu bringen.

Das Zapon verbreitet einen starken, nicht gerade unangenehmen Geruch und hat die Eigenschaft, vor allem die in Verbindung mit Blattmetall hergestellten Prägeflächen vor Oxydieren zu schützen. Das gleiche geschieht, wenn Harz- oder Spirituslacke benutzt werden.

Zum Wetterfestmachen bzw. zur Konservierung von Papieren, Drucken, Zeichnungen, Malereien, Manuskripten, Urkunden, Wertpapieren usw. hat man schon die verschiedensten Mittel vorgeschlagen und angewendet, die zum Teil wohl ganz versagten oder nach längerer oder kürzerer Zeit selbst der Zerstörung unterlagen, so daß sie den Verfall der damit behandelten Papiere nicht aufzuhalten vermochten.

Die abwechselnde Trockenheit und Feuchtigkeit, Kälte und Hitze, Dämpfe und Dünste aller Art, denen die zumeist stärker oder schwächer hygroskopischen Papiere vielfach ausgesetzt sind, üben eine vernichtende Wirkung aus, je mehr in der Papiermasse leicht zersetzliche und verwesbare Bestandteile vorhanden sind (Pflanzenfasern, Tier- und Pflanzenleim, Erden, Salze, Säuren, Chemikalien usw.). Diese geben den denkbar besten Nährboden für allerlei Bakterien ab, durch welche das Schimmeln, Vermodern, Fleckig- und Brüchigwerden und das Faulen und Zerfallen des Papiers sich einstellen muß, wenn nicht durch eine gründliche Konservierung schon von Anfang an dem Übelstand vorgebeugt werden kann. Unter den sich am besten bewährenden Schutzmitteln steht an erster Stelle das Zapon, welches als Zelluloidlack, Zaponlack oder Azetatlack in den Handel gebracht wird, doch hat es den einen Fehler an sich, daß es ziemlich teuer ist und folglich nur ganz wertvolle Kunstdrucke, Dokumente, Zeichnungen usw. mit dem Präparat behandelt werden, während die in großen Auflagen hergestellten Zeitschriften, Illustrationen, Vorlagen, Buntdrucke oder sonstige Papierdekorationen der Zaponierung schon deshalb nicht unterzogen werden können, weil das Auftragen des Lackes nicht durch die Maschinen, sondern vermittels der Hand geschehen muß, wodurch die Herstellungskosten derartiger Erzeugnisse noch ganz wesentlich erhöht werden. Immerhin verbleiben noch sehr viele wertvolle Papiere u. dgl., bei denen es weniger auf den Kostenpunkt als auf eine möglichst dauerhafte Konservierung ankommt, weshalb ein näheres Eingehen auf die Selbstherstellung des Zaponlackes und auf das sachgemäße Zaponlackieren von Interesse für viele Leser sein dürfte, da wohl fast überall Dokumente, Manuskripte, Drucke, Urkunden usw. aller Art zu verwahren sind, die für die Nachkommen bestimmt und folglich möglichst unzerstörbar sein sollen.

Der Zaponlack ist fertig in den Drogerien und Photohandlungen zu kaufen, doch empfiehlt es sich, daß man ihn selbst anfertigt, da z. B. die ungefärbten, ganz hell und glasig durchsichtigen Zelluloidabfälle, die verhältnismäßig billig aus den Zelluloidfabriken zu haben sind, den denkbar besten Zaponlack ergeben. Da sich der Lack bei guter Verkorkung des Behälters unbeschränkt lange Zeit erhält, lohnt es sich, bei öfterem Bedarf ein etwas größeres Quantum anzusetzen, wobei jedoch bezüglich des Lagerns noch darauf aufmerksam gemacht werden muß, daß der Lack und die Dämpfe stark feuergefährlich sind, weshalb der Behälter kühl in einer Sandkiste stehend und sehr gut verkorkt zu verwahren ist. Natürlicherweise muß man auch beim Zaponieren dementsprechende Vorkehrungen treffen. Der Lackierraum soll sehr gute Lüftung, aber keine Zugluft aufweisen, und die Temperatur darf im Winter nicht unter 15° C heruntergehen. Staubaufwirbelung, Rußbildungen ergeben fleckig-schmutzige Lackschichten. Die Arbeit ist, um ungenaue, fehlerhafte Lackierungen zu vermeiden und um Feuersgefahr auszuschließen, nur bei vollem Tageslicht, niemals bei offenem Lampenlicht vorzunehmen, ebenso darf das Rauchen keinesfalls gestattet werden. Das Zaponieren geschieht bei wenigen Exemplaren und kleinen Papieren oder Schriftstücken vermittels eines weichen breiten Pinsels, wie solche in Blech gefaßt überall erhältlich sind, und zwar genügt es, wenn bei gleichmäßigen, nicht zu dicken Anstrichen erst die Vorderseite und nach dem Trocknen in flacher Lage auch die Rückseiten überstrichen werden. Bei den meisten Papieren schlägt der Zaponlack mehr in das Innere, was nur als vorteilhaft zu bezeichnen ist, denn dadurch erhält man die denkbar beste Konservierung, die nach jeder Richtung entsprechen wird, ohne daß eine besondere Glanzbildung, wie bei anderen Lacken, sich geltend macht. Ist eine größere Menge von Bogen oder Blättern zu zaponieren, so bedient man sich einer entsprechend großen Schale aus Glas, Porzellan, Zink oder Emaille, in welche der Zaponlack gegossen wird. Man legt Blatt für Blatt auf kurze Zeit in die Lösung, dreht das Blatt um und beachtet, daß sich keine Blasen am Papier festsetzen, die eventuell mit einem Pinsel zu entfernen sind. Das Papier sättigt sich genügend und, wenn es beim Herausnehmen noch untergetaucht und unter der Lösung hinweg herausgezogen wird, erhält man einen höchst gleichmäßigen blasenfreien Überzug, ohne daß allzuviel Lack verbraucht wird. Beim Herausnehmen der Bogen sind diese am oberen Rande einige Augenblicke über die Schale zu halten, damit der Lacküberschuß in die Schale tropfen kann. Das Trocknen muß durch freies Aufhängen der Bogen erfolgen, dann dauert es ungefähr zwei bis drei Stunden, bevor der Lack gänzlich eingetrocknet ist. Vor längeren Pausen soll die Schale mit irgendeiner Glasplatte überdeckt werden, damit das Lösungsmittel des Zelluloids nicht zu rasch verdunstet. Von den Lösungsmitteln soll in einer gut verkorkten Flasche ein gewisser Vorrat gehalten werden, um den Lack bei Bedarf verdünnen zu können. Wenn das Zaponieren beendigt und der Lack in den Behälter zurückgeführt ist, spült man die Schale mit den Lösungsmitteln aus und füllt auch dieses nach.

Das Zaponieren in der Schale ist auf alle Fälle vorzuziehen, besonders wenn es sich um Handschriften, Malereien, Zeichnungen, empfindliche Kunstdrucke (Kupfer- und Stahlstiche, Heliogravüren, Lithographien) oder um Photographien, Lichtdrucke usw. handelt, denn dadurch, daß auch die Rückseiten durchsättigt werden, können die Bilder niemals so nachteilig von feuchten Wänden beeinflußt werden, wenn sie als Wandschmuck aufgehängt werden sollen. Ferner lösen sich handkolorierte Wasserfarbenmalereien nicht so leicht während des Zaponierens in der Schale auf, was beim Überstreichen mit dem Pinsel leicht geschehen kann.

Bezüglich der Herstellung des Zaponlackes aus Zelluloidschnitzeln diene folgende Vorschrift: Die absolut glasklaren farblosen Schnitzel oder Abfälle müssen vorerst in lauwarmem Wasser gut durchgerührt werden, damit sie von der etwa anhaftenden Gelatine, Leim oder sonstigem Schmutz befreit werden. Danach spült man sie mehrmals mit reinem Wasser auf einem Durchschlagsiebe nach. Nach dem Trocknen sind die glasklaren Stückchen klein zu zerschneiden und in den Behälter zu füllen, der ziemlich umfangreich sein soll, damit der Lack höchstens drei Viertel des Innenraumes einnimmt. Man füllt nun so viel Amylazetat darauf, daß die Schnitzel gänzlich überdeckt sind. Der Behälter muß darauf so lange stehen, bis das Ganze eine ziemlich dicke Lösung ergibt, dann kann der Lack noch so weit mit Amylazetat verdünnt werden, daß er sich als gut streichfähig erweist.

Die sich entwickelnden Dämpfe des Amylazetats sollen nach eingehenden Versuchen durchaus keine gesundheitsschädlichen Einflüsse ausüben, doch ist es naürlich besser, wenn das Zaponieren in gut gelüfteten Räumen erfolgt. Schließlich ist noch zu bemerken, daß alle Papiere, die mit Zaponlack behandelt werden, bedeutend an Festigkeit und Zähigkeit gewinnen, und zwar soll diese Festigkeitszunahme, je nach der Qualität der Papiere, 60, 80 bis 100 vH betragen. Die Erhöhung der Festigkeit eines mit Lack behandelten Stoffes tritt beim Zaponlack ganz wesentlich in Erscheinung, denn selbst billige und minderwertige Papiere, die versuchsweise mit Zaponlack behandelt und nachher einer Reißprobe unterzogen wurden, zeigten eine fast doppelte Widerstandsfähigkeit gegenüber den nicht zaponierten Papieren der gleichen Sorte. Daß die Papiere bzw. die aufgetragene Zaponschicht wasserfest ist, sei noch besonders bemerkt, und deshalb lassen sich alle mit Zaponlack behandelten Malereien und Drucke zu jeder Zeit mit Wasser von Staub und Schmutz reinigen, ohne daß die Tinten, Farben oder die Papiere irgendwie geschädigt werden. Sonach hat das Zaponieren nach verschiedenen Richtungen hin seine Vorteile, die von den Gewerbetreibenden oder auch von den Privatpersonen vielfach ausgenutzt werden können.

Es darf nicht unerwähnt bleiben, daß auch der Zaponierung noch mancherlei Mängel und Fehler anhaften, insbesondere ist die leichte Entzündlichkeit des Zelluloids und des flüssigen Lackes die Hauptursache, daß man das sonst vorzügliche und einfache Verfahren noch nicht allgemein ausgeübt hat. Um durch geeignete Ersatzmittel den erwähnten Gefahren auszuweichen, hat man auf der Suche nach solchen im Zellit, einem Zelluloseazetat, dem Anschein nach ein gut brauchbares und weniger gefährliches Mittel gefunden, doch werden erst die Versuche in den größeren Laboratorien die Zweckmäßigkeit erproben müssen. Bei einer etwas vorsichtigen Behandlung des Zaponlacks während der Verarbeitung ist aber keine Gefahr zu fürchten, ebensowenig wie bei allen anderen leicht entzündlichen Stoffen, wie z. B. Spiritus, Benzin, Petroleum usw., die sich im täglichen Gebrauch überall eingebürgert haben.

Für den Zaponlack möchte ich zum Schluß noch ein weiteres Rezept bekanntgeben, das ich dem Wochenblatt für Pappe- und Papierverarbeitung (Verlag Richard Lange, Dresden) entnehme.

Um den Erzeugnissen die Eigenschaft zu geben, daß sie durch Feuchtigkeit nicht an Härte und Widerstandsfähigkeit verlieren, verwendet man Zaponlack. Dieser ist eine Verbindung von mit Salpetersäure behandelter Zellulose und einem geeigneten Lösungsmittel. Als solches können verschiedene Stoffe dienen, doch hat sich für die Behandlung von Papier und Karton Amylazetat am geeignetsten erwiesen. Das Zapon erhält man in Drogengeschäften fertig zu kaufen, kann es sich aus Zelluloid und Amylazetat auch selbst herstellen. Zu diesem Zwecke nimmt man ungefärbtes, glasig durchscheinendes Zelluloid, schneidet es in feine Schnitzel, übergießt es mit Amylazetat und läßt es stehen, bis es zu einer dicken, wasserhellen Flüssigkeit aufgelöst ist. Schüttet man einen Tropfen dieser Flüssigkeit auf eine Glasplatte, so verdunstet das Lösungsmittel und die vitrierte Zellulose bleibt in Form eines außerordentlich feinen Häutchens zurück, welches vollkommen klar und durchsichtig ist und nur durch schärfstes Hinsehen auf die Glasplatte bemerkt werden kann. Behandelt man nun den Karton mit einer derartigen Lösung, so saugen dessen Poren die Lösung vollständig auf. Das Zapon durchdringt den Karton und macht ihn gegen Feuchtigkeit unempfindlich. Das Material wird dadurch auch gehärtet und widerstandsfähiger. Die Technik des Zaponisierens ist eine sehr einfache, die von jedermann ohne besondere Vorkenntnisse ausgeübt werden kann. Man bedient sich dazu am besten einer flachen Blechwanne, füllt sie mit der durch Amylazetat stark verdünnten Zaponlösung und taucht die Bogen kurze Zeit ein. Auch kann man sie mit einem breiten Pinsel, wie solche zum Lakkieren Verwendung finden, überstreichen. Die bestrichenen Bogen werden mit Hilfe von Klammern an Schnüren aufgehängt und getrocknet.

Es sei noch erwähnt, daß eingehende Versuche ergeben haben, daß das Einatmen von Dämpfen des Amylazetat, die beim Zaponisieren entstehen, keine gesundheitsschädlichen Folgen besitzt und daß derart behandeltes Papier nicht mehr zur Verbrennung neigt als solches ohne diese Behandlung.

Das Arbeiten mit Zapon ist nicht direkt feuergefährlich, doch ist es zweckmäßig, die Arbeit bei Tage vorzunehmen, da manche Zaponsorten leicht brennbare Azeten enthalten.

Zeichnungen und Papierplakate imprägnieren und abwaschbar machen

Schutzvorrichtungen für Fabrikräume, Plakate für Büros, Warnungstafeln, Fahrpläne, Skizzen und Zeichnungen für Hoch- und Tiefbauten u. dgl. imprägniert man zur Verbesserung der Haltbarkeit, hauptsächlich aber zur Erhöhung der Widerstandsfähigkeit gegen Feuchtigkeit. Plakate und Zeichnungen, die im Freien benutzt werden, wird man anders behandeln als solche, die lediglich in Innenräumen gegen Verschmutzung geschützt werden sollen. Eine gute Papierqualität ist bei derartigen Plakaten stets Voraussetzung. Man lackiert die Fläche mit unverdünntem Spiritus- oder Japanlack je nach der Aufsaugungsfähigkeit des Papiers. Abwaschbar werden die Papiere bei diesem Verfahren nicht, denn Spiritus macht das Material viel zu spröde und die Schutzschicht ist gegen Wasser nicht vollkommen unempfindlich.

Man erhöht die Widerstandsfähigkeit des Papiers durch Tränken mit einer fettfreien Leimlösung. Man benutzt hierzu am besten eine farblose Gelatinelösung, die man zweimal aufträgt. Der zweite Auftrag soll erst nach dem vollkommenen Trocknen des ersten erfolgen. Reine Gelatinelösung macht das Papier nicht wesentlich dunkler; es färbt auch die farbige Schriftdruckfarbe nicht nachteilig. Diese von den Papierfasern gut aufgesogene undurchdringliche Schicht bildet einen guten Untergrund für den nun folgenden hellen Öllacküberzug. Der dünn aufgestrichene Öllack verbindet sich mit dieser Grundierung sehr gut, und derartig imprägnierte Zeichnungen, Plakate usw. bieten Feuchtigkeitseinwirkungen guten Widerstand, sind gegen Rost unempfindlich und auch die Haltbarkeit ist ganz wesentlich verbessert; auch das öftere Abwaschen verändert die Papiere nicht. An Stelle der Gelatine kann auch schlanker, heller, möglichst klarer Pflanzenleim zum Vorstreichen benutzt werden. Zum Lackieren benutzt man bei dieser Grundierung am besten Ahorn- oder Eichenholzlack. Sollen Plakate auf Eisen geklebt werden, so muß die Metallfläche von Rost befreit und mit Ölfarbe vorgestrichen werden, weil sich sonst der Rost durchfressen kann. Bei Holzflächen sind besondere Schutzvorkehrungen entbehrlich, nur bei Holztafeln, die im Freien aufgestellt sind, empfiehlt sich die Grundierung der Fläche, welche das Plakat aufnehmen soll.

Das Gaufrieren von Leder oder Stoffen mittels Walzen

Bei Leder handelt es sich in der Hauptsache um kleinere Felle oder halbe Rindshäute, wogegen Stoffe, wie z. B. Plüsch, Seide, Samt, Velvet und so weiter von der Rolle bzw. Stücken bearbeitet werden. Bei der Gaufrierung bzw. Walzenpressung wird die Unterwalze mit einer etwa drei- bis vierfachen Schicht Papier beklebt. Das Papier hierzu soll mittelstark, weiß und zähe sein und muß gute Dehnfähigkeit besitzen. Dunkles Papier hierzu zu verwenden ist unvorteilhaft, weil schadhafte Stellen später, wenn die Walzen in Betrieb sind, kaum erkennbar sind.

Die Unter- sowohl wie die Oberwalze ist hohl und müssen, wenn eine brauchbare Matrize und Gaufrierarbeit erzielt werden soll, beide heizbar sein.

Mit der Heizung richtet man sich so ein, daß man erst bei Anfang der Klebarbeit anfängt zu heizen; denn wird die Unterwalze während der Arbeit zu heiß, so trocknet der Kleister unter den Fingern und wird die ganze Arbeit nicht nur in Frage gestellt, sondern ganz vergebens sein. Das Kleben betreibt man in Schichten, wovon die eine Schicht erst gut trocken sein muß, ehe mit der darauffolgenden begonnen werden kann. Das Bekleben der Walzen ist zwar sehr einfach, erfordert aber Fingerfertigkeit und Genauigkeit. Man schneidet sich das Papier nach der Länge der Walze und reichlichem Umfang derselben, indem man bei dem Umfang etwa 5 cm zugibt. Die zugeschnittenen Papiere, welche je eine Schicht bilden, feuchtet man auf beiden Seiten mittels reinen Wassers sehr ausgiebig an und läßt sie so lange liegen, bis sie weich und lappig geworden sind. Zu einer guten Matrize gehören je nach der Papiersorte drei bis fünf Schichten, und man schmiert sie, nachdem sie weich geworden sind, mit kaltem Kleister an und verarbeitet sie der Reihe nach. Hierbei kann man nun Weizenstärkekleister oder auch einen sonst nach dem Trocknen elastischen fertigen Kleister benutzen.

Nun heizt man die Walzen und läßt sie während der Klebarbeiten langsam drehen. Mittels eines Falzbeins reibt man von links nach rechts, alle Stellen treffend, Strich für Strich an. Durch nachhaltiges festes Anreiben wird der überflüssige Kleister an den offenen Stellen herausgetrieben. Das Papier zum Beziehen der Unterwalze wurde, wie oben angeführt, 5 cm breiter gelassen, weil es ganz unmöglich ist, ein genau passendes Papier zum Bekleben der Walzen zu schneiden. Da der Zusammenschluß nicht die geringste Erhöhung bilden darf, sondern da, wo das Papier übereinander liegt, ganz genau abschneiden muß, macht man bei jedem aufgeklebten Papierteil mittels scharfen Messers einen freihändigen Einschnitt. Nachdem läßt sich der obere wie der untere überflüssige Abfallstreifen, wenn man die beiden Enden etwas loslöst oder hochhebt, leicht entfernen. Ist die Klebarbeit beendigt, so wird der überflüssige Kleister von der Oberfläche abgewaschen und man sorgt nun für stärkere Hitze, um das Trocknen der aufgeklebten Papiere zu beschleunigen.

Fängt die Walze an zu dampfen, so ist dies ein sicheres Zeichen dafür, daß sie bald trocken sein wird.

Nach dem Trocknen wird die Hitze abgestellt und man verfährt dann mit den nachfolgenden Schichten genau ebenso.

Nachdem die letzte Schicht beklebt wurde, legt man Wert auf Abwaschen der Oberschicht, da andernfalls die Gefahr nahe läge, daß die Unterwalze durch die Oberwalze beim Einlaufen beschädigt wird.

Nachdem die Oberschicht gut gewaschen wurde und die Feuchtigkeit zum großen Teil verdunstet ist, läßt man nunmehr die Walzen langsam mit Vorsicht einlaufen und überstreicht die Oberschicht nochmals leicht mit feuchtem Schwamm.

Beim Herausnehmen der Walzen sowie beim Wiedereinsetzen derselben ist genau auf die Einkerbung im Zahnrad zu achten. Durch das längere Einlaufen prägt sich nun das Muster in die Unterwalze ein.

Während des Einlaufens der Walzen zieht man die Seitenstellungen allmählich etwas stärker an, bis zum Schluß unter scharfem Druck die Matrize gut ausgebildet wurde. Ist die Unterwalze zu trocken geworden, so kann während des Laufenlassens der Walzen mäßig gefeuchtet werden, wodurch sich die Matrize besser ausbildet. Nachdem die Walzen gut eingelaufen sind, steht dem Durchlassen der Lederteile oder der Stoffe nichts mehr im Wege.

Zu erwähnen bliebe noch, daß die Walzen, um dickeres wie dünneres Material gaufrieren zu können, ballig gearbeitet und leicht verstellbar angeordnet sind. Ferner ruhen unter den Stellschrauben Federn, welche den Druck bei ungleich starkem Leder regulieren. Die Arbeitsbreite der Walzen richtet sich ganz danach, welches Material gaufriert werden soll.

Die Grainpressungen

Um Abwechslung in das sonst eintönige Aussehen der Luxuspapiere und den damit ausgestatteten Gegenständen, wie Bonbonnieren, Attrappen usw., zu bringen, wird das zu verarbeitende Papiermaterial ziemlich oft vor der Verarbeitung mit irgendeiner Pressung auf dem Gaufrierkalander versehen. Es gibt eine ganze Reihe verschiedenartigster Muster. Besonders Bezugpapiere für Kartonnagenzwecke, seien sie naturfarben, im Stoff gefärbt oder auf chromolithographischem Wege mit mehr oder minder vielen Farben bedruckt, eignen sich für derartige Pressungen besonders gut. Man wird natürlich Muster wählen müssen, welche durch ihre Äußerlichkeit ansprechen und zugleich originell in der Art der Darstellung sind. Wir finden unter den vielen Arten solcher Pressungen am häufigsten die Stoffnachahmungen, unter diesen sind die Pressungen der verschiedenartigen Leinenarten besonders zahlreich vertreten, sowie gekörnte Muster, Moiré, Eiskristall u. a. m. Viele Gebilde sind auch der freien Phantasie entnommen, die oft außerordentlich reich an Einfällen ist.

Man bedient sich zur Herstellung der Pressungen der sogenannten *„Grain- oder Gaufrierpresse"*, welche im System gewisse Ähnlichkeiten mit dem Kalander zum Glätten von Papierbogen hat.

Die Grainpresse, wie wir sie gewöhnlich antreffen, ruht auf zwei Säulen, die durch Walzen miteinander verbunden sind. Die obere Walze, aus Stahl bestehend, ist mit dem Muster graviert, welches gepreßt werden soll, während die untere Walze die Aufgabe hat, die Bogen gegen die obere gravierte Walze zu drücken. Die Unterwalze besteht aus hydraulisch zusammengepreßten, auf einem Eisenkern aufgeschobenen Papierscheiben, welche an den beiden Enden der

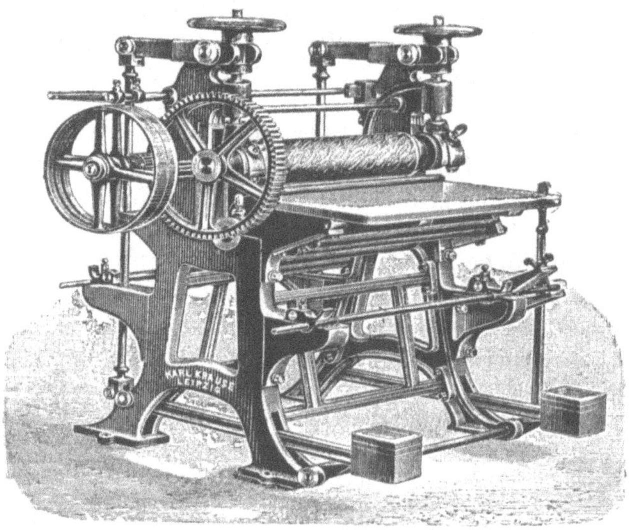

Abb 22. Grainier- und Gaufrierkalander für Rollen und Bogen, Erzeugnis der Firma Karl Krause, Leipzig

Walzen durch aufgeschraubte runde Eisenplatten festgehalten werden. Die Gravur der Walze drückt sich durch fortdauerndes Arbeiten mit den Walzen in den Papiermantel ein, wodurch eine Matrize gebildet wird. Je tiefer die Gravierung ist, desto mehr Zeit ist zum Einlaufen der beiden Walzen erforderlich; durch oftmaliges Überstreichen der Papierwalze mit Leimwasser kann diese Arbeit nicht nur beschleunigt werden, sondern die Matrize wird auch schärfer und paßt sich der Gravierung besser an.

Die untere Gegenwalze hat in der Regel einen doppelt so großen Durchmesser als die gravierte Stahlwalze, damit sie sich bei dem zum Gaufrieren notwendigen Druck nicht durchbiegt. Dieses hätte zur Folge, daß dadurch die Wirksamkeit der Prägewalze nicht nur beeinträchtigt werden würde, weil der erforderliche Druck verlorengeht, sondern daß bei ungleichmäßigem Druck in dem zu gaufrierenden Bogen leicht Faltenbildungen entstehen.

Nicht alle Papiere lassen sich in gleicher Weise pressen. Manche nehmen das Dessin ohne irgendwelche vorherige Zubereitung an, wieder andere müssen vor dem Durchgang über die Prägewalzen gefeuchtet werden.

Während sich die Planopapiere, besonders die für den Druck bestimmten, durch Aufnahme von Feuchtigkeit ausdehnen, ist beispielsweise für das Pressen des Papiers auch bei lithographisch bedruckten Papieren das Feuchten Bedingung, wenn die Bogen das Bestreben zeigen, während des Preßvorganges Falten zu werfen oder wellig zu werden. Um diesem Übel wirksam vorzubeugen, ist es gut, nicht zu große Formate durch den Gaufrierkalander laufen zu lassen. Wenn die Herstellungsweise selbst außergewöhnlich große Formate bedingt, müssen solche vorher geteilt werden, sofern die Gaufrierkalander nicht schon darauf in ihrer Walzenbreite eingerichtet sind.

Abb. 23. Grainier- und Gaufrierkalander für Rollen und Bogen, Erzeugnis der Firma Karl Krause, Leipzig

In solchen Fällen müssen Naturpapiere sowohl wie bedruckte Chromopapiere gefeuchtet werden, letztere feuchtet man sonst niemals. Zu diesem Zwecke bedient man sich gefeuchteten Zwischenlagepapiers, zwischen welches man die zu pressenden Bogen einige Zeit liegen läßt, so daß sie die Feuchtigkeit in sich aufnehmen, bevor sie durch den Gaufrierkalander laufen. Eine der Grainpressung ähnliche (Aquarellmanier) kann auch vermittels des lithographischen Steins gemacht werden. Beim Gaufrierkalander ist die Walzengravierung meist eine sehr feine, wodurch das Korn auch ein sehr feines wird, während dasselbe beim sogenannten Steingrain sehr grob ist und für kleine Flächen kaum in Frage kommen kann, sehr wohl dagegen für große, besonders für vielfarbige Reklameanpreisungen geeignet erscheint.

Nun kann es vorkommen, daß sich in dem Mantel der unteren Walze Unebenheiten des Papiers bemerkbar machen, und besonders wird das beim Grainieren von einzelnen Stücken auftreten, die nicht die ganze Länge der Walze haben. Der Druck beschränkt sich in diesem Falle auf eine nur geringe Fläche. Um solche Eindrücke zu entfernen, lege man eng um die Walzenbekleidung an der betreffenden

Stelle nasse Tücher. Durch diese Behandlung werden sich Unebenheiten wieder ausmerzen lassen, da durch die Aufnahme der Feuchtigkeit in die Walzenbekleidung diese ihre ursprüngliche Form wieder annimmt. Es ist daher geboten, kleine Abschnitte nicht immer an gleichen Stellen durchlaufen zu lassen, sondern die ganze Breitseite der Walze möglichst gleichmäßig in Anspruch zu nehmen. Zudem sollen kleine Abschnitte nicht in der Längs-, sondern in der Querrichtung durchlaufen, um zu vermeiden, daß sie sich werfen. Die zu pressenden Bogen werden eingeführt und durch die drehende Bewegung der Walzen zwischen diese hindurchgezogen, um auf der entgegengesetzten Seite der Maschine dann, mit der Pressung versehen, wieder zum Vorschein zu kommen.

Papierzuschnitte und ihre Verarbeitung

Über das Stanzen und die Werkzeuge dazu[1])

In der gesamten Papierverarbeitung, aber auch für sehr viele andere Zwecke ist das Ausstanzen eine Handhabung, die fast alltäglich in vielseitigster Weise vorgenommen werden muß. Wenn auch dieses Ausstanzen grundsätzlich in einem Schneiden der in Frage kommenden Materialien besteht und demzufolge mit messerartigen Werkzeugen vorgenommen wird, so verlangt es doch ganz andere Maschinen und Vorrichtungen und auch Handhabungen, wie eben das einfache Schneiden. Man wird also demnach das Ausstanzen vor allen Dingen bei den verschiedensten Materialien bei solchen Formen verwenden müssen, die keine Vierecke darstellen, die vielmehr vielgestaltig und unregelmäßig sind, wie z. B. oval, rund, gebogen, gezackt, vieleckig usw. Es handelt sich hierbei also immer um Formen, die man auf den gewöhnlichen Schneidmaschinen der verschiedensten Art, die mit geradlinigem Schnitt arbeiten, nicht zu erzielen sind.

Es gibt nun in der gesamten Papierverarbeitung kaum eine Handhabung, die so vielseitig ist wie gerade das Stanzen, um so mehr, als man damit nicht nur auf die eigentlichen Rohstoffe der Papierverarbeitung und der Kartonnagenindustrie beschränkt ist, sondern das Ausstanzen auch bei zahlreichen anderen Stoffen anwenden kann, die man zum großen Teil auch als Hilfsstoffe der modernen Papier-

[1]) Eine alle Einzelheiten des Stanzens behandelnde erschöpfende Darstellung finden Interessenten in dem Buch: Heß, Die Buchbinderei in der Papierverarbeitung. Allgemeiner Anzeiger für Buchbindereien.

Die Maschinen zum Stanzen sind eingehend behandelt in Heß, Die Praxis der Pappenverarbeitung. Band 1. Verlag M. Krayn. Berlin W 10.

verarbeitung und Kartonnagenindustrie bezeichnen kann. Es wird also nicht nur Papier, Karton, Pappe und Vulkanfiber gestanzt, sondern auch Tuche, Gewebe, Filze, Gummi, Asbest, Holzfurniere, Spanholz und viele andere Materialien.

Wie nun bei den gewöhnlichen Schneidemaschinen die gute Arbeit nicht nur von der Konstruktion und der Bauart der Maschine abhängt, sondern ganz besonders auch von der Art und der Beschaffenheit des Messers beeinflußt wird, so wird die Stanzarbeit ebenfalls im weitestgehenden Maße durch die Stanzeisen beeinflußt. Es ist daher von grundlegender Wichtigkeit, daß die Stanzeisen nicht nur dem Zwecke, dem sie dienen sollen, entsprechend gewählt werden, sondern daß sie auch in einem tadellosen Zustande gehalten werden. Dazu gehört nun aber vor allen Dingen, daß sie nicht stumpf oder gar ausgesprungen sind, denn dadurch wird schon an sich eine ungleich größere Kraftleistung erforderlich, ganz abgesehen davon, daß der Schnitt unsauber wird. Wie beim Schneiden mit stumpfen Messern, so kann sehr wohl auch beim Stanzen mit stumpfen Eisen eine so unzulässig hohe Beanspruchung der Maschine zustande kommen, daß Brüche unvermeidlich sind.

Bezüglich der Form der Stanzeisen herrscht nun natürlich eine weit größere Vielseitigkeit, als das bei den geraden Messern der gewöhnlichen Schneidemaschinen der Fall ist. Man muß daher bei der Bestellung solcher Stanzeisen dem Hersteller auch ganz genau den Verwendungszweck angeben, wenn man sicher sein will, daß man auch ein zweckmäßiges Werkzeug von hoher Leistung erhält. Grundsätzlich kann man solche Stanzeisen natürlich in jeder gewünschten Form und Größe herstellen. Die Wahl des dazu verwendeten Materials hat sich aber auch nach dem zu stanzenden Stoff zu richten, aber auch die Stärke der zu verarbeitenden Rohmaterialien hat darauf einen entscheidenden Einfluß, was durchaus zu beachten ist; denn man darf nicht, wenn man seine Eisen immer in einem guten Zustande erhalten will, mit einem Stanzeisen die verschiedensten Materialien und Stärken stanzen wollen.

Alle Stanzeisen werden je nach Bedarf und je nach dem Verwendungszweck entweder mit Innenface oder mit Außenface hergestellt. Messer, die eine Außenface haben, sind für solche Stanzungen bestimmt, bei denen der außerhalb des Messers liegende Teil des Werkstoffes Abfall ist, während hingegen bei den Messern mit Innenface der innerhalb des Messers liegende Teil der Abfall ist.

Für besondere Zwecke, namentlich aber für die Herstellung von Briefumschlägen und ähnlichen Papierwaren werden auch vielfach verstellbare Stanzeisen verwendet, die sich ebenfalls durch eine besondere Vielseitigkeit auszeichnen. In der Hauptsache kommen solche verstellbaren Stanzeisen da zur Verwendung, wo die Briefumschläge

u. dgl. nicht aus einem Bogen herausgestanzt werden sollen, sondern wo man vielmehr auf Schneidmaschinen auf Format vorgeschnittenes Material verwendet, aus dem dann nur noch die Ecken auszustanzen sind. Diese Stanzeisen bestehen aus vier Winkelmessern, die drehbar so angeordnet sind, daß sie sich auf Führungsstangen sowohl in der Länge als auch in der Breite verschieben lassen. Sie werden dann in der entsprechenden Stellung durch Schrauben festgehalten. Dadurch, daß die Führungsstangen mit Skalen versehen sind, ist nicht nur ein sehr genaues, sondern vor allen Dingen auch sehr schnelles Einstellen und Arbeiten möglich.

Von nicht geringer Bedeutung ist beim Stanzen auch die Unterlage, also der Stanzklotz, da von dessen gutem Zustand und Eignung die Instandhaltung der Stanzeisen, aber auch eine saubere Arbeit mit abhängt. Als bestes Holz für einen wirklich guten und brauchbaren Stanzklotz hat gutgetrocknetes, risse- und astfreies Weißbuchenholz zu gelten, das zu kleinen viereckigen Klötzchen geschnitten wird, die man dann zusammenleimt. Der auf diese Weise hergestellte Stanzklotz wird dann rundherum durch Bänder gehalten, die bei größeren Klötzen vorteilhaft verstellbar sind. Diese Nachstellbarkeit ist namentlich bei den größeren Klötzen von sehr großer Bedeutung, weil man dadurch das Schwinden des Holzes, das doch nie ganz zu vermeiden ist, unschädlich machen kann. Klötzer, namentlich in größeren Abmessungen, ohne nachstellbare Bänder werden bald locker und somit unbrauchbar. Es ist daher auch wichtig, daß man von Zeit zu Zeit diese Bänder durch das Anziehen der Schrauben nachspannt.

Bezüglich der Wahl der Stanzklötze ist nun zu bemerken, daß man sie reichlich groß wählen soll, also in allen Fällen größer als die ausnutzbare Stanzfläche der Maschine beträgt. Wenn ein solcher sachgemäß hergestellter Stanzklotz auch einer richtigen Behandlung unterzogen wird, dann besitzt er eine jahrelange Haltbarkeit. Es macht sich nur erforderlich, daß seine Oberfläche genau und sauber abgerichtet wird, wenn sie durch längeren Gebrauch zerschnitten und somit uneben geworden ist. Im übrigen kann man die Stanzklötze aber auch sehr schonen, wenn man beim Arbeiten geeignete Stanzpappen unterlegt. Eine gute Stanzpappe besitzt außer einer großen Elastizität eine sehr große Härte und Haltbarkeit.

Für die Wahl der eigentlichen Stanzmaschinen sind nun wieder zahlreiche Gesichtspunkte maßgebend, und zwar ganz nach Art der vorzunehmenden Arbeiten und dem dazu verwendeten Material. Je nachdem, ob es sich um an sich schon kleinere Arbeiten handelt, die auch nur in geringen Mengen hergestellt werden sollen, oder um größere Arbeiten, für die auch noch größere Auflagen in Frage kommen, muß man natürlich die Wahl der Maschinen treffen. Bei kleineren Maschinen bedient man sich dann des Handhebelantriebes, während größere und schwere Maschinen natürlich nur durch Kraft zu betreiben sind. Die Bauarten dieser Stanzmaschinen sind dabei außerordentlich zahlreich und verschieden, je nach dem angestrebten Zweck und der verlangten Leistung.

Zum Teil verwendet man für solche Stanzarbeiten auch schwere Stanztiegel, auf denen man nicht nur stanzen, sondern auch Rillen, Ritzen, Perforieren und sogar leichte Prägungen vornehmen kann. Alle diese Handhabungen können dabei sowohl getrennt als auch zu einem Arbeitsgange vereinigt vorgenommen werden, so daß sich für dergleichen Maschinen eine außerordentlich vielseitige Verwendungsmöglichkeit in der Papierverarbeitung und der Kartonnagenindustrie ergibt. Besonders aber, wo es sich um Massenauflagen handelt, wie z. B. bei der Herstellung von Faltschachteln, verschiedenen anderen Kartonnagen, Plakaten, Spielen, Pappfiguren und ähnlichen Gegenständen, bieten diese Stanztiegel große Vorteile. Sie gewährleisten zunächst eine vollständig gleichmäßige Verteilung der Kraftübertragung und damit natürlich auch eine ganz gleichmäßige Druckwirkung, so daß das Erzeugnis in jeder Beziehung sauber und gleichmäßig ausfällt.

* * *

Für das Stanzen auf Stanztiegeln oder gewöhnlichen Buchdruckmaschinen bzw. über die Herstellung von Stanzungen für Faltschachteln, von Ausschnitten (Fensterausschnitten) u. dgl. in Prospekten oder Doppelkarten, über das Formgeben von Preisschildchen, von briefumschlagähnlichen Drucksachen, von Markentäschchen u. dgl. mehr, könnte sich manche Druckerei zur Verbreitung ihres Arbeitsgebietes noch mehr interessieren. Die Stanztechnik an sich ist dank gewisser Fortschritte wesentlich vereinfacht worden, so daß man zu Versuchen und zur Einführung manchem Betrieb wohl raten kann, ist doch mancher einfachen Drucksache durch Hinzutreten einer Stanzung leicht eine interessante Form gegeben.

Seit wenigen Jahren verwenden Druckereien sowie Papier verarbeitende Firmen sogenannte *amerikanische Stanzplatten*. Es sind dies in Sperrholz versenkte und fest verankerte Messer, Rill- und Perforierlinien (auch Ritzlinien, die niedriger gehalten sind als die Schneidelinien). Gegenüber der Verwendung von Stanzplatten aus Ganzstahl sowie in vielen Fällen auch von Hohlmessern bedeutet der Gebrauch dieser amerikanischen Stanzplatten eine große Ersparnis nicht nur im Anschaffungspreis, sondern auch durch die wesentlich größere Produktion. Eine Verwendung von Stanzpappe ist nicht mehr notwendig. Der größte Vorteil dieser Stanzwerkzeuge liegt jedoch darin, daß in einem Arbeitsgang gleichzeitig gestanzt, gerillt, geritzt und perforiert werden kann. Mit solchen Stanzplatten können Pappen und Kartons bis zu 4 mm Stärke, auch Leder, Filze, Stoffe, Gummi, Metallfolien, Zellophan, Zelluloid sowie Holzfurniere gestanzt werden. In der Hauptsache handelt es sich dabei außer den schon oben genannten um folgende Artikel: Aufstellfiguren, Buchstaben und Zahlen, Etiketten, Kalender, Plakate, Kartoneinsätze, Kartothekkarten, Musterkarten, Photorahmen, Schablonen, Spiele, Stützen und Ständer, Wandtaschen usw.

Insbesondere für die Anfertigung von Faltschachteln hat dieses neue Verfahren überall Eingang gefunden, weil hier die einzelnen unregelmäßigen Nutzen so nahe zueinander und ineinander gestellt werden können, daß der Druckbogen voll ausgenutzt wird. Bei diesen Stanzplatten sind überdies die Messer mit Schwammgummi bekleidet, welcher den Zweck hat, die Kartons nach dem Stanzdruck von den Messern abzustoßen.

Für die Verwendung dieser Stanzplatten sind besondere Pressen nicht erforderlich; sie können nicht nur auf den jetzt von Krause (Leipzig), Mansfeld (Leipzig) und Rockstroh-Werke (Heidenau) gebauten Stanztiegeln verwendet werden, sondern auch auf jedem kräftigen Drucktiegel (natürlich unter Ausschaltung des Farbwerkes), aber auch auf allen Kniehebel-, Vergolde- und Buchdruckschnellpressen und auf allen anderen Maschinen, welche sich auf Druckhöhe von 23,8 mm bei Parallelstellung einstellen lassen.

Die Zurichtung solcher Stanzplatten auf Tiegelpressen geschieht in der gleichen Art wie die Zurichtung des Drucksatzes, also in der einfachsten Weise. Gestanzt wird gegen Hartmessing oder Stahlplatte, also ohne jede Kartonunterlage, Steinpappe usw.

Es liegen mir einige Muster von der Stanzplattenfabrik Knabe & Co., G. m. b. H., Berlin N 65, Schulstr. 27, vor von figürlichen Sachen, Kartoneinlagen mit Eckenausschnitten, Ritzlinien und Innenausschnitten, ferner Plakatständer, Garnwickel, Zigarettenschieber, ineinandergeschobene Faltschachteln, Zahlen und Buchstaben, bei denen besonders die präzise Ausführung und der saubere Schnitt auffällt.

Es wird berichtet, „daß nach diesem Verfahren in Amerika seit mehr als 15 Jahren in sämtlichen mittleren und großen papierverarbeitenden Betrieben gearbeitet wird“. Es dürfte sich wohl empfehlen, daß deutsche Betriebe, welche damit noch nicht vertraut sind, sich diese Stanzmethode näher ansehen und Vergleiche anstellen mit ihren bisherigen Arbeitsmethoden.

Zuschnitte für Packungen aller Art

Unter diesem Titel hat die Firma J. G. Schelter & Giesecke, Leipzig (Abteilung Stanzenbau), eine kleine Werbeschrift herausgegeben, die für den Faltschachtelhersteller viel Neues enthält. Bekanntlich fertigt diese Firma Stanzmaterial für Schachtelformen, Briefhüllen, Registerkarten usw. an, deren einzelne Teile stark gehärtet und auf typographischen Kegel maßgerecht gearbeitet sind, so daß sie wie jede andere Buchdruckform zusammengesetzt und in die Presse gehoben werden können.

Der Vorteil dieser Stanzformen gegenüber denen, die aus weichem Selbstbiegestahl hergestellt werden, liegt darin, daß dieselben nach Gebrauch abgelegt und immer wieder zu neuen Gebilden zusammengesetzt werden können. Auch kann beim Setzen durch Verwendung von Bleifüllung nach typographischem System eine größere Genauigkeit erzielt werden als mit den in Holz eingesetzten Bandstahlschneiden. Bevor nun eine derartige Form gesetzt wird, ist es notwendig, in jedem Falle ein genaues Muster, einen sogenannten „Zuschnitt" anzufertigen. Der Zuschneider legt erst die Hauptmaße, dem Inhalt der Schachtel entsprechend, fest, also die Länge, Breite und Tiefe, beginnt demnach am besten, seine Stanzform von innen nach außen aufzuzeichnen. Nach diesen Maßen richten sich dann die Klebeleisten, die Verschlußklappen und die Schlitzstanzen, in welche der Verschluß eingeschoben wird. Auch auf die vorteilhafte Aufteilung des Kartons, der gewöhnlich im Format 70×100 liegt, muß der Zu-

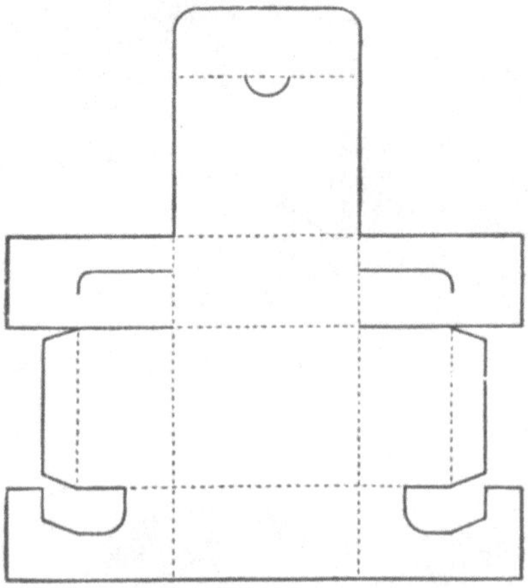

Abb. 24

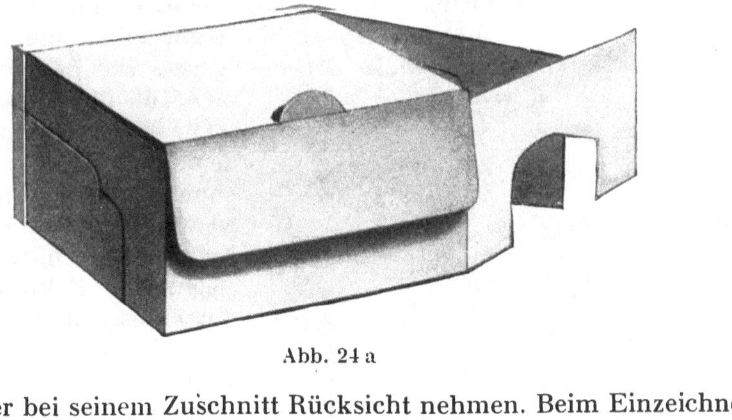

Abb. 24 a

schneider bei seinem Zuschnitt Rücksicht nehmen. Beim Einzeichnen der Biegelinien ist auch die Stärke des Kartons zu beachten, zumal dort, wo durch das Umbiegen mehrere Kartonstärken zusammengelegt werden. Diese Seiten sind darum um soviel größer zu schneiden. Die Form der Verschlüsse u. dgl. hat sich natürlich, um Sonderanfertigungen zu vermeiden, den vorhandenen Werkzeugen anzu-

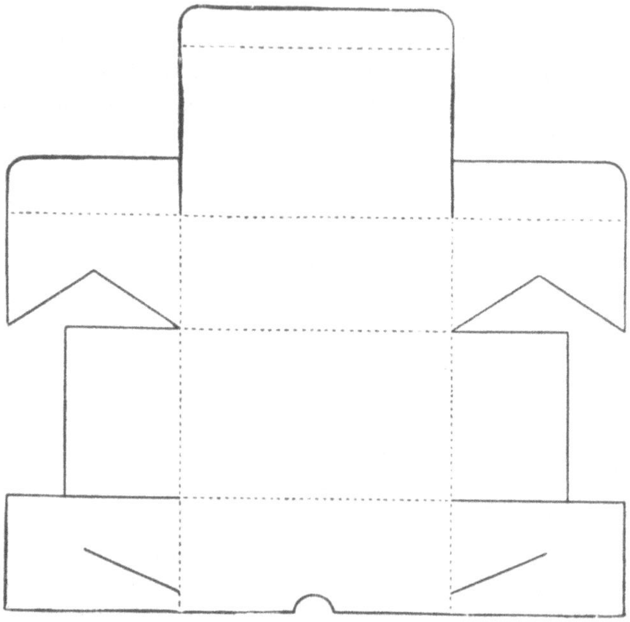

Abb. 25 a

passen. Handelt es sich um das erwähnte zusammensetzbare Stanzmaterial der Firma J. G. Schelter & Giesecke, so ist es am besten, die Auswahlliste dieser Firma zur Hand zu nehmen, die darin enthaltenen Lagersorten sind von großer Mannigfaltigkeit und gestatten vielseitige Verwendung und in der obengenannten Broschüre sind nicht alle Möglichkeiten erschöpft worden. Alle nur denkbaren Formen können ohne Mühe damit hergestellt werden, so daß der Zuschneider eine Faltschachtel durch eigenartige Faltungen und Verschlüsse neu und eigentümlich gestalten kann. Von Wichtigkeit ist dabei auch noch, daß eigentümliche Faltschachtelformen schutzfähig sind (nach dem Muster-

Abb. 25 b

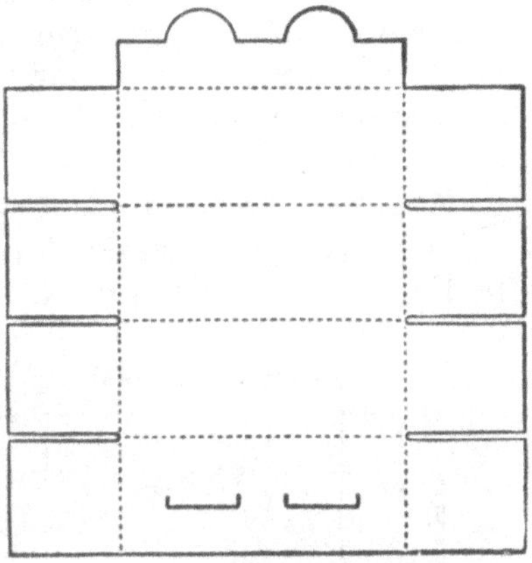

Abb. 26 a

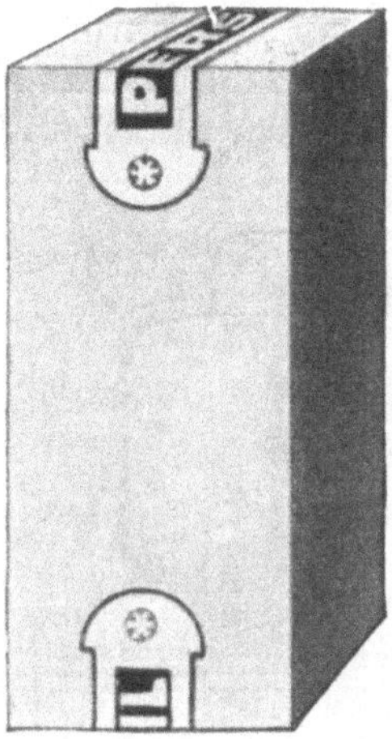

Abb. 26 b

Abb. 26 c

schutzgesetz), also auch solche, die mit dem Stanzzeug der Firma Schelter & Giesecke hergestellt werden.

In den hier gezeigten Beispielen wollen wir nur den Zuschneidern einige Anregungen geben, wie sehr praktische Faltschachtelformen hergestellt werden können, bei denen der teure Arbeitsgang des Gummierens nicht notwendig ist. Zufolge des eigenartigen Schnittes und ihrer besonderen Faltung halten sie nämlich, auch ohne geklebt zu sein, fest zusammen. Denn können die Kosten einer einzelnen Schachtel durch Ersparung eines Arbeitsganges nur um Bruchteile eines Pfennigs herabgedrückt werden, so erzielt das ja bei großen

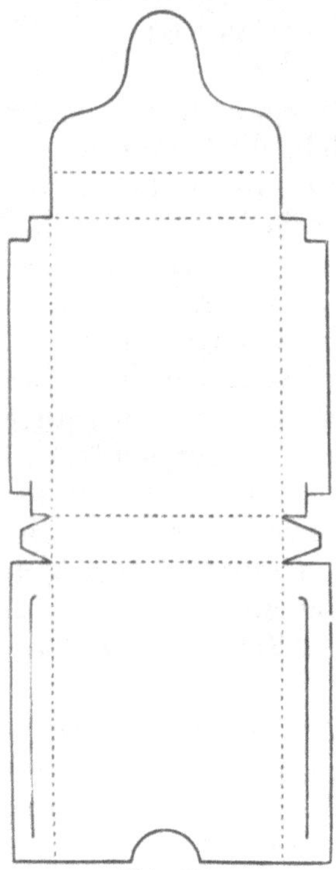

Abb. 27 a

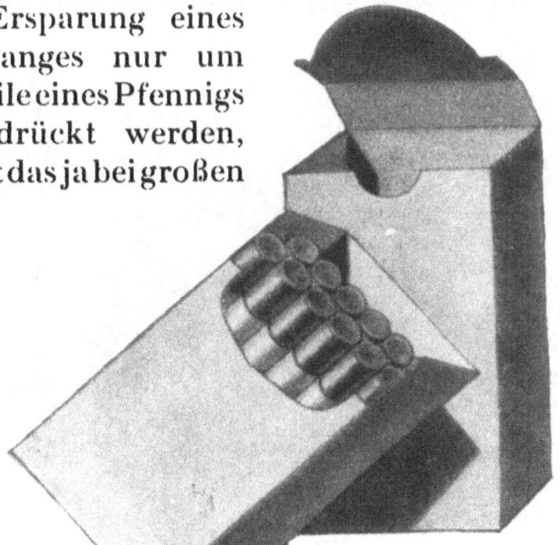

Abb. 27 b

Auflagen, und solche kommen bei der Faltschachtelfabrikation ja meist in Frage, ein Vieltausendfaches. Alle diese hier wiedergegebenen Faltschachteln — wir haben absichtlich nur die einfachsten Formen gezeigt — lassen sich mit dem Stanzzeug erwähnter Firma leicht zusammensetzen.

Die in Abb. 24 a als Zuschnitt und in 24 b im gefalteten Zustand dargestellte Faltschachtel ist mit haltbarem Seitenverschluß versehen. Die Verschlußklappen haken sich in die vorhandenen Einschnitte ein, wodurch die Schachtel, ohne geklebt zu sein, fest zusammenhält. Praktisch ist auch der kleine Bogen, der zum Öffnen dient. Wenn die Rillung an dieser Stelle unterbrochen wird, steht dieser Handgriff beim Falten zum besseren Anfassen hoch.

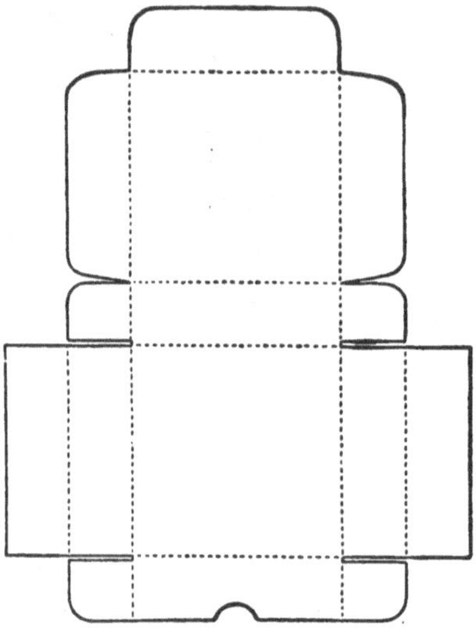

Abb. 28 a

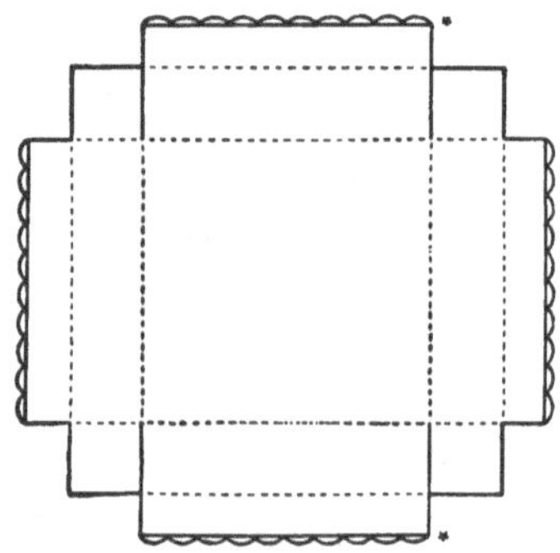

Abb. 28 b

Eine billige Packung für Briefbogen, Briefumschläge, Besuchskarten u. dgl. ist in der Abb. 25 a und 25 b wiedergegeben. Auch diese Schachtel braucht nicht geklebt zu werden, so daß sie durch diesen Arbeitsgang nicht verteuert wird. Die dreieckigen Einschnitte stecken sich in die vorhandenen Schlitze ein, so daß auch diese Schachtel gut zusammenhält.

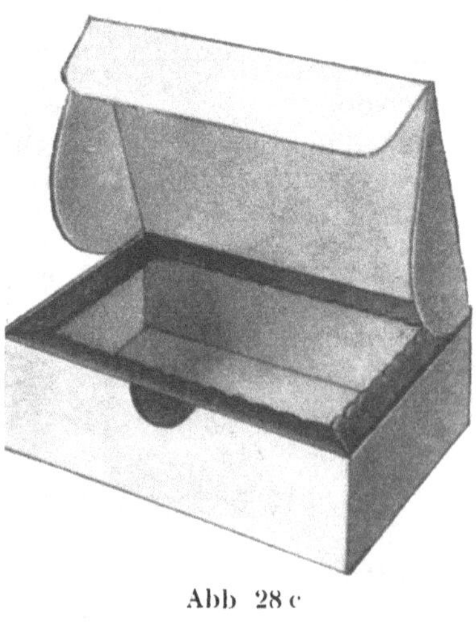

Abb 28 c

Eine ebenfalls billige und zweckmäßige Packung, die noch wenig eingeführt ist, stellt die Abb. 26 a, b und c dar. Diese Packung ist für leichte Waren bestimmt, wie Verbandswatte usw., aber auch für einen Inhalt, der schnell verbraucht wird und dessen Hülle nach dem Öffnen weggeworfen wird. Der Verschluß geschieht hier durch Einstecken der Bogen, kann aber auch durch jede andere Art des Verschließens bewirkt werden. Oben und unten wird die Schachtel durch Überkleben eines Streifens, einer Siegelmarke oder dergleichen geschlossen. Das Bedrucken der eigentlichen Schachtel kann dadurch erspart werden.

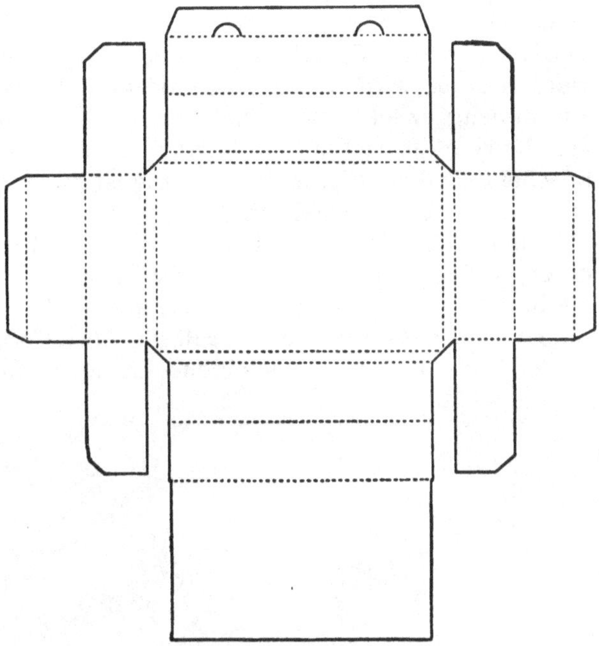

Abb. 29 a. Boden mit vorstehenden Rändern

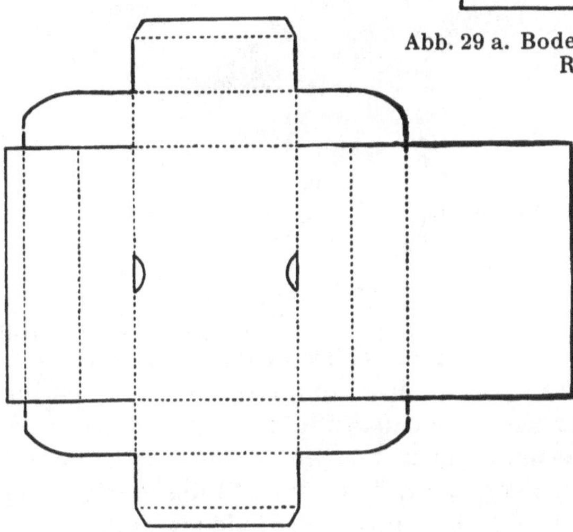

Abb. 29 b. Deckel

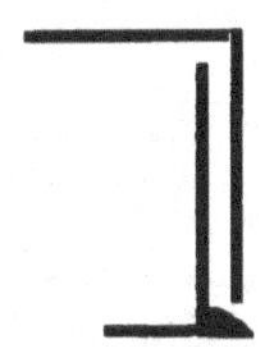

Seitenansicht für Zuschnitt 29 c, wenn der Boden mit vorstehenden Rändern ausgeführt werden soll

Eine billige und leichte Zigarettenpackung, etwa derart wie sie die Österreichische Tabakregie in den Handel bringt, stellt die Abb. 27a und 27b dar. Scheinbar unterscheidet sie sich nicht von der üblichen Packung mit seitlichem Klebeverschluß und doch kann der Arbeitsgang des Klebens erspart werden. Da wo der Pfeil hinzeigt, befindet sich ein kleiner Einschnitt. Nachdem die Seiten ineinandergefügt worden sind, wird durch einen leichten Fingerdruck die Schachtel zusammengedrückt. Beim Satz dieser Faltschachtel kommt es nur auf die richtige Stellung und Länge dieser beiden Einschnitte an. So unscheinbar diese kleine Vorrichtung ist, so gibt sie doch der Packung einen guten Zusammenhalt.

In der Abb. 28a, 28b und 28c wird eine elegante Hülle dargestellt, deren Aufmachung sich für Seifen, Parfüms usw. sehr gut eignet. Sie hält ebenfalls fest zusammen, ohne geklebt zu sein, und zwar geschieht der Zusammenhalt durch die Absteifung eines Einsatzes 28b. Dieser Einsatz kann aus leichtem, farbigem Karton ausgestanzt wer-

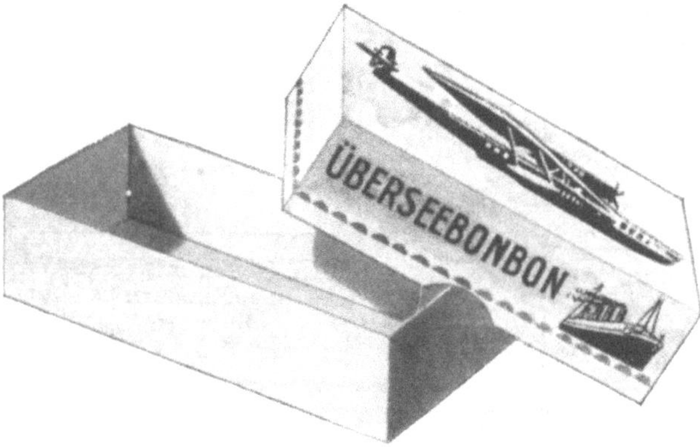

Abb. 29 c

den. Auch einseitig gefärbtes Goldpapier eignet sich gut für diese Zwecke. Die weiße Seite des Papieres würde dann nach innen und mit der Ware in Berührung kommen, während die Zacken in Gold sichtbar bleiben, und das kann sehr vornehm aussehen. Die abgerundeten Verschlüsse aber werden zwischen Außenhülle und Einsatz gesteckt. Ein Fingereingriff erlaubt ein bequemes Öffnen der Schachtel.

Die Abb. 29a, 29b und 29c vergegenwärtigt eine Stülpschachtel, bei der, wie der Name sagt, der Deckel über den Boden gestülpt wird. Durch eine Faltung, die teils nach innen, teils nach außen erfolgt, ergeben sich doppelte Wände, was für schwere Waren besonders vorteilhaft ist. Auch kommt bei Karton mit zwei verschiedenen Seiten die gestrichene oder geklebte Seite immer nach außen, wodurch die Schachtel ein feines Äußere erhält. Diese Schachtel braucht ebenfalls nicht geklebt zu werden, sondern hält durch die langen Seitenlappen, die sich bei der Faltung zwischen die doppelten Wände legen, fest zusammen. Für den Boden kann derselbe Zuschnitt genommen werden, nur muß er nach allen Seiten etwa 1 mm kleiner sein, damit er bequem in den Deckel paßt.

Der Zuschnitt 29 b stellt auch einen Boden mit Vorstehkanten dar. Der Deckel dichtet hier die Schachtel vollständig ab.

Diese wenigen Beispiele sollen den Faltschachtelhersteller anregen, immer wieder neue Aufmachungen auszudenken. Sie sollen aber auch gleichzeitig durch Vereinfachung und Ersparung an Arbeitsgängen eine Verbilligung der Verpackungsart mit sich bringen, wodurch manche Waren, die heute noch ausgewogen und in Tüten gefüllt verkauft werden, fertig in der Schachtel in den Handel kommen. Dadurch erschließen sich erneute Arbeitsmöglichkeiten zum wirtschaftlichen Nutzen für die gesamte Verpackungsindustrie.

E. Rauschenbach, Leipzig.

Kleben glatter, imprägnierter und lackierter Papier- und Kartonerzeugnisse

Glatte, imprägnierte und lackierte Papier- und Kartonerzeugnisse sind in der Praxis oft durch Kleben zu verarbeiten, und es müssen hierbei die dem guten Kleben entgegenstehenden Eigenschaften dieser Materialien überwunden werden. Besonders ist dies der Fall bei den mit Fett oder ähnlichen Stoffen imprägnierten Papieren.

Besonders glatte Papiere, wie satinierte Zellstoffe und Tauenpapiere, bereiten, obwohl sie keine Imprägnierung aufweisen, infolge ihrer geschlossenen und harten Oberflächenbeschaffenheit oft Schwierigkeiten beim Kleben. Weizenstärkekleister von dicker Beschaffenheit ist für das Kleben gut geeignet. Er erweicht und lockert die Papierfläche und das -gefüge an den Klebestellen ein wenig, wodurch die gute Verbindung dieser auf das beste unterstützt wird.

Sollen fettdichte oder solche Karton- oder Pappenerzeugnisse hergestellt werden, die zur Aufnahme von Fetten oder chemischen Präparaten dienen, die heiß oder stark erwärmt eingefüllt werden, dann kann neben der Verwendung imprägnierten Materials, dem Karton oder der Pappe die geforderte Eigenschaft durch Kaschieren gegeben werden. Auf einfache Weise kann dies durch Kaschieren mit Paraffinpapier oder mit fettdichtem Pergament geschehen. Ein bewährtes Klebemittel für Paraffinpapier ist folgendes:

Bester Lederleim muß 24 Stunden in weichem Wasser weichen, worauf die gequollene Masse im Wasserbade geschmolzen wird. Der Lösung werden etwa 1 g doppeltchromsaures Kali in etwa 20 g Wasser gelöst, auf jede 100 bis 150 g Leimlösung zugegossen. Diese Menge ist ausreichend, um die Klebung nach dem Trocknen und Belichten wasserunlöslich zu machen. Der so gewonnene Klebstoff ist auch für alle anderen Arbeiten brauchbar, wo sichere Verbindung aller Art erforderlich ist. Der Aufstrich darf nicht zu fett sein. Beim mageren Aufstrich bindet er das glatte Paraffinpapier sehr gut. Der Klebstoff ist möglichst wenig dem Tageslicht auszusetzen und alle damit in Berührung kommenden Teile, wie Auftragmaschinen und Pinsel, sind in bestimmten Pausen zu reinigen.

Nach einer anderen Art können paraffinierte Papiere mittels Chromleim wie folgt geklebt werden: 100 Gewichtsteilen Leimlösung werden 1½ Teile Chromalaun, in etwa 6 cm Wasser gelöst, unter Umrühren hinzugefügt. Die Klebung erfolgt bei einer Leimwärme von 45 bis 50 ° C, die im Wasserbade 75 bis 80 ° C erzielt wird. Nach dem Kleben läßt man die geklebte Ware eine halbe Stunde liegen und setzt sie dann dem Sonnenlichte aus, wodurch die Klebstreifen unlöslich erhärten und dauernd festhalten. Bei zerstörtem Licht ist für diese Veränderung eine Zeitdauer von 2 bis 5 Stunden erforderlich. Um Klebestellen an Pappbüchsen so kochfest zu machen, daß sie sich nicht lösen, wenn der Inhalt sehr heiß in die Büchse eingefüllt wird, bedient man sich des Formaldehyds. Die fertigen Büchsen werden in einem Behälter so untergebracht, daß die Formaldehyddämpfe das fertige Erzeugnis umstreichen können. Formaldehyd wird in geeigneter Menge innerhalb des Behälters auf einen Blechkasten geschüttet, der von außen durch Gasflammen so geheizt wird, daß das Formaldehyd verdampft. Es genügt meist, den Inhalt des Behälters ¼—½ Stunde den Dämpfen auszusetzen. Es können auch nachträglich Klebungen aller Art an den Büchsen vorgenommen werden, die ebenfalls von der geforderten Dauerhaftigkeit sein werden.

Klebstoff für Pergament besteht aus einem nicht zu dünn eingekochten Weizenstärkekleister, dem man entweder 10—20 vH reinen Fischleim zusetzt. Der Kleister muß geschmeidig sein. Seine Klebkraft wird durch reichliches Quellen guter Weizenstärke bedeutend erhöht.

Ein anderer, zum Binden von glasigem, fettdichtem Pergamentpapier auf Pappe geeigneter Klebstoff besteht aus Kaseinlösung. Diese wird wie nachstehend beschrieben hergestellt:

5 kg wasserunlösliches Kasein werden in eine Bütte von 50 bis 60 Liter Inhalt geschüttet und diese zunächst zweimal mit reinem Wasser ausgewaschen. Zu diesem Zweck wird die Bütte voll Wasser gefüllt und das Ganze mit einem Holzstab wiederholt umgerührt. Nach etwa 8 bis 10 Stunden Ruhe hat sich das Kasein am Boden des Gefäßes gelagert, worauf das Wasser mit einem Gummischlauch abgezogen wird. Die im Kasein befindliche Säure wird mit dem Wasser abgeführt. Je öfter auf diese Weise verfahren wird, um so reiner wird das Kasein. Dem dicken Brei werden hierauf unter Umrühren 15 Liter warmes Wasser zugesetzt und ferner 600 g Borax in weiteren 2 Liter heißem Wasser. Das Kasein wird währenddessen dick und läßt sich

schwer kneten, was jedoch der innigen Vermischung günstig ist. Das Kneten und Rühren ist so lange fortzusetzen, bis die Lösung frei von feinen und gröberen Klümpchen ist. Die Masse muß ein dickes, sämiges Aussehen haben. Nach ein- bis zweistündiger Ruhe wird der Stoff mit warmem Wasser soweit verdünnt, als es der Verwendungszweck erfordert.

Hin und wieder wird auch das Kleben lackierten Materials gefordert. Besonders sind es Faltschachteln, die lackiert in Hand- oder Maschinenarbeit zu kleben sind. Sollen hierbei keine Schwierigkeiten entstehen, dann ist ein Klebstoff erforderlich, der nach dem Lösungsmittel des Lackes zu wählen ist. Dadurch werden jene Schwierigkeiten meist behoben, die sich bei der Verarbeitung lackierten Materials meistens einstellen. Ist der Karton mit Spirituslack bestrichen worden, so muß der Klebstoff mit 90- bis 95prozentigem Alkohol versetzt werden. Dieser hochprozentige Alkohol wirkt lösend auf die Lackschicht, was gewöhnlicher Spiritus nicht vermag. Zum Kleben ist dickflüssiger tierischer Leim unter ständigem Umrühren hinzugefügt. Auf einen halben Liter Leimlösung werden etwa 40 bis 50 cm Alkohol gerechnet, doch wird ein Versuch zeigen, welche Menge nötig ist.

Ein weiteres Klebemittel für mit Spiritus schwach lackierte Erzeugnisse ist folgendes: 50 Teile bester Kölner Leim werden in etwa 120 Teilen weichem Wasser 24 Stunden aufgeweicht und geschmolzen. Ferner sind 20 Teile besten Dextrins in etwa 10 Teilen Wasser gründlich einzurühren und aufzulösen, was ebenfalls im Wasserbade geschieht, und diese Lösung sowie etwa 30 Teile 90- bis 95prozentigen Alkohols sowie etwas Zucker werden der Leimlösung unter stetem Umrühren beigegeben. Auch dieser Klebstoff ist warm zu verarbeiten.

Nach dem Bestreichen der lackierten Flächen mit dem Klebstoff muß man einige Minuten vergehen lassen, bevor das Aufkleben geschieht, damit der Alkohol den Spirituslack zu lösen vermag. Das vorzeitige Erstarren des Leimes verhindert man durch Beimischen von etwa 5 bis 10 Tropfen reinem Glyzerin, das der Leimung dauernde Elastizität verleiht. Kann man das Zusammentrocknen unter Druck bewirken, was bei Faltschachtelklebemaschinen wohl ohne weiteres möglich ist, so ist das für die rasche Verbindung vorteilhaft.

Wenn es sich um mit Öl- oder Terpentinlack überstrichene Flächen handelt, die beklebt werden sollen, so ist die Zusammensetzung des Leimes eine andere. Bester Kölner Leim muß nach der üblichen Zubereitung mit etwas reinem venezianischen Terpentin und reinem, schwachem Leinölfirnis in der Weise vermischt werden, daß 100 Teile Leim in Stücke zu schlagen sind, die etwa 24 Stunden in weichem Wasser aufquellen müssen. Die gallertartig gequollenen Stücke werden im Wasserbade geschmolzen. Ist der Leim flüssig, so werden ihm unter ständigem Umrühren 15 Teile venezianischen Terpentin und

Leinölfirnis zugefügt. Die Lösung ist möglichst warm zu verarbeiten. Der firnishaltige Leim bzw. die Klebungen trocknen schwerer, weil die Luft nicht so günstig einzuwirken vermag als bei anderen Klebemitteln.

Kleine Mengen lackierter Erzeugnisse kann man an den Klebestellen auch dadurch sofort haltend machen, daß man diese Stellen, wenn angängig, mit Leim bestreicht und trocken werden läßt. Hierauf wird der aufzulegende Teil mit Leim bestrichen und man drückt ihn auf die mit trockenem Leim überzogene Klebestelle fest.

Das Kleben lackierter Faltschachteln läßt sich am besten so bewerkstelligen, wenn man die etwa 1 cm breite Klebekante der Faltschachtel erst mit Spiritus abreibt. Der Spiritus entfernt die auf der Farbe liegende Lackschicht, so daß der Leim nachher gut haftet. Zu dem Zwecke werden die Faltschachteln an der Klebekante in Abständen von etwa 1 cm aufgelegt, so daß man immer 15 bis 20 Stück zusammen mittels eines Schwammes abwaschen kann. Sobald sie dann trocken sind, werden sie mit Leim bestrichen und geklebt, wobei darauf zu achten ist, daß der Leim nicht zu dick verarbeitet wird. Sehr gut verarbeitet sich auch eine Mischung von Leim und Kleister zum Kleben.

In allen Fällen, wo zu klebende Erzeugnisse mit flächigem Druck versehen sind, ist streng darauf zu achten, daß die zu klebenden Teile des Arbeitsstückes frei von jedem Druck bleiben. Durch den Aufdruck von Farbe schafft man sich die Schwierigkeit selbst, die das mangelhafte Kleben an den Stellen verursacht. Die Farbe stößt den Klebstoff ab und läßt die erforderliche Verbindung nicht zu. Wird die Schachtel lackiert, so wird die zum Kleben bestimmte Fläche durch Farbe und den darüber getrockneten Lack so gebunden, daß die größten Schwierigkeiten beim Kleben entstehen. Durch etwas überlegtes Arbeiten können diese Schwierigkeiten erheblich herabgemindert werden.

Die Veredelung der Papierzuschnitte

Die Gold- und Phantasieschnitte an Formatpapieren

Es gibt keine Verzierung für Buchschnitte, Notizblocks, Briefpapier usw., welche sich an Schönheit mit dem Goldschnitt messen kann. Ein Buch mit schönem Goldschnitt sieht vornehm aus, und nach meiner Ansicht kann keine andere Verzierung schönen Goldschnitt ersetzen. Ich bin selbst ein Feind der verzierten Goldschnitte, sei es, daß diese bemalt, ziseliert oder durch ein anderes Verfahren besonders geschmückt sind. Jede weitere Verzierung nimmt dem Schnitte das ruhige, einfach Vornehme. Einer Gratulationskarte, feinem Briefpapier gibt der Goldschnitt elegantes Aussehen, sei es, daß nur die Ecken vergoldet sind, was besonders vornehm aussieht, sei es, daß der Schnitt die ganze Fläche einnimmt.

In nachstehendem soll versucht werden, die Entstehung eines Goldschnittes zu erklären und eine Anweisung zur Herstellung desselben zu geben.

Wer Goldschnitte machen will, schreibe in großen Buchstaben über den Werktisch: Ordnung, Sauberkeit, Aufmerksamkeit! Auch Hingabe an die Arbeit und Geduld sind nötig.

Die für flache Schnitte nötigen Werkzeuge sind: Handpressen, Preßbengel, Preßknecht, Preßbretter, Spalten. Spalten sind schmale höl-

Abb. 30. Einfaches Modell zum Einspannen von Schnittkarten

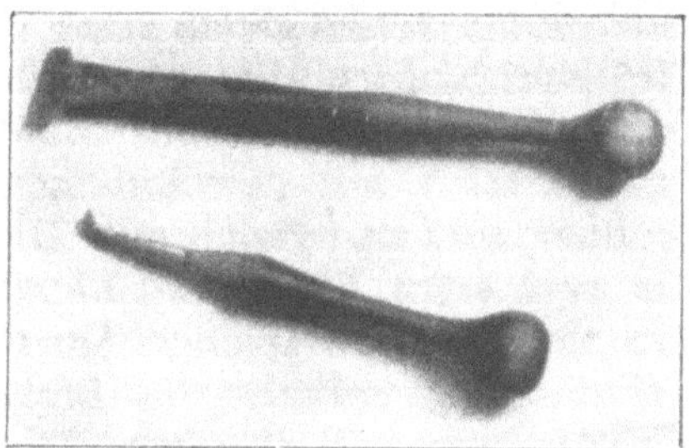

Abb. 31. Glättzähne für Goldschnittmacherei

zerne Brettchen von verschiedener Länge, die nur zu Vorderschnitten bei Büchern gebraucht werden. Sie sind konisch gearbeitet und an der dünnen Längsseite abgerundet (siehe Abb. 30). Schabeklingen, Stahl zum Schärfen der Klingen, Messer, Schwämme, Bürste, Flachpinsel, Federkielpinsel, Goldkissen, Goldmesser, Auftragrahmen, Flor, Glättzähne. Sehr gute Dienste tut ferner eine glatte Stein- oder Marmorplatte.

Sind die Bücher beschnitten, so handelt es sich in erster Linie darum, ob sie am Vorderschnitt mit Flach- oder Hohlschnitt versehen werden. Als Hohlschnitt bezeichnet man den Schnitt, welcher angebracht wird, wenn das Buch schon rund gemacht ist, während der Flachschnitt gleich nach dem Beschneiden an das noch nicht gerundete Buch angebracht wird. Am schönsten ist der Hohlschnitt, da er eine ununterbrochene, glatte Höhlung bildet und der Glanz infolgedessen auch größer ist. Der Flachschnitt wird leicht dadurch verdorben, daß bei dem nachträglichen Rundmachen öfters einzelne

Lagen vorspringen. Die Ursache ist, daß das Buch nicht fest genug geheftet wurde. Der Anfänger soll zuerst Flachschnitte machen, und erst wenn er hierin Übung hat sich am Hohlschnitt versuchen, da hierzu längere Übung gehört.

Ob man Hohl- oder Flachschnitt macht, immer kommt in erster Linie das *Einsetzen* der Bücher, Karten usw. in die Presse. Zu diesem Behufe legt man eine Handpresse mit den Spindeln nach dem Arbeitenden zu auf den Tisch, setzt zuerst ein Preßbrett ein, hierauf eine Spalte, dann ein oder mehrere Bücher. (Wie viele, richtet sich nach dem Format des Goldes.) In großen Geschäften hat man die verschiedensten Formate, man richtet sich immer so ein, *daß möglichst wenig oder kein Gold verlorengeht.* Nach dem Buche oder den Büchern kommt eine Spalte und ein Brett, wieder eine Spalte und so fort, bis die Presse voll ist. Hierauf schraubt man die Presse mit der Hand zu, richtet sie auf, um nachzusehen, ob keine Bücher vor- oder zurückstehen, und dreht dann mittels des Preßbengels die Presse auf beiden Seiten gleich stark und fest zu. Die Handpressen sind die bei Buchbindern allgemein üblichen. Man hat zwar besondere Goldschnittmacherpressen mit Stahlspindeln und Muttern, aber ich begnüge mich mit gewöhnlichen Holzpressen, weil diese bedeutend billiger sind und gleich gute Dienste tun. Preßbretter gebraucht man in zwei Arten, Quer- und Längsbretter, sie sind etwas größer als die zu vergoldenden Bücher. Querbretter sind solche, bei welchen der Wuchs in der Breite des Brettes läuft, das Gegenteil ist bei Langbrettern der Fall. In allen Fällen soll das oberste und unterste Brett ein Querbrett sein, da Langbretter bei festem Zupressen und da der Preßbalken doch nur auf einen Teil des Brettes drückt, zerspringen. Der Preßbengel ist wohl auch allgemein bekannt. Die Spalte hat die Länge der zu verwendenden Bretter, der Wuchs muß stets in der Langrichtung laufen und die Spalte (vgl. nebenstehende Skizze) ist also nach unten zugespitzt; dies hat den Zweck, daß beim Pressen der Hauptdruck oben am Schnitte liegt.

Nach dem Einpressen beginnt das Schaben. Hierzu gebrauchen wir ein Glas mit Wasser, Schwamm, Stahl und Schabklingen. Schabklingen sind aus bestem Stahl. Je nach dem anzufertigenden Schnitt wechselt die Form der Klingen. Zu Hohlschnitten verwendet man schmälere ovale Klingen, während man zu Flachschnitten die gewöhnlich im Handel vorhandenen Klingen anwendet, nur daß man sie entweder an der Lang- oder Querseite in ganz flachem Bogen abrundet.

Ehe wir mit dem Schaben beginnen, müssen wir unsere Klingen schleifen. Der Schliff ist ein Facettenschliff, d. h. die Klinge hat nach dem Schliff von vorne gesehen vorstehende Form. Die Facette muß unbedingt gleichmäßig sein und darf keine verschieden dicken Stellen haben. Um gut zu schleifen, beginnt man an einer Seite und schleift an derselben Stelle, bis die Klinge einen leichten Grat auf der Rückseite hat, dann geht man etwas weiter und so bis zum Ende; man vermeide jedoch jedes sprungweise Vorgehen, da sonst der Schliff ungleich wird. Ist die Klinge geschliffen, so wird sie auf einem Ölsteine abgezogen, bis sie nicht die geringste Spur von Scharten mehr hat, und zwar schleifen wir immer nur die Facettenseite, höchstens legen wir die Rückseite flach auf den Ölstein, um den Grat abzuschleifen. Würden wir die Klinge auch auf der Rückseite schräg zum Schleifsteine halten, so erhielten wir auch hier eine Facette, was vermieden werden muß. Ist die Klinge abgezogen und die Schneide schön glatt, so müssen wir zum Schaben einen leichten Grat auf der Rückseite der Klinge haben. Um diesen zu erzeugen, nehmen wir die Klinge in die linke Hand, die Facette nach vorn und streichen mittels eines Schleifstahles, den wir in spitzem Winkel zur Klinge halten, ohne besonderen Druck von einem Ende zum anderen, bis wir einen leichten Grat auf der Rückseite der Klinge verspüren. Dieser Grat erst ermöglicht uns das Schaben. Er darf nicht zu stark sein, und der Stahl darf zum Streichen niemals ganz im rechten Winkel zur Klinge stehen, denn sonst würde der Grat zu stark werden und ein gutes Schaben unmöglich sein. Zum Schaben legt man das eine Ende der Presse auf den Tisch, unter das andere Ende kommt der Preßknecht, und nun beginnen wir an einer Seite des Werkstückes und mit der Klinge zu schaben. Die Klinge wird mit beiden Händen erfaßt, die Daumen hinter der Klinge, die übrigen Finger davor, gut festgehalten, etwas nach vorn übergelegt und nun mit kräftigem Strich nach vorn gezogen. Das geht ja nicht mit dem ersten Anlaufe, aber mit Geduld und Ausdauer wird es gelingen. Wenn eine Stelle nicht mehr schabt, gehe man stückweise weiter bis zum anderen Ende. Ist die Klinge durchgearbeitet, so legt man sie mit der Facettenseite nach unten auf den Tisch, streicht den alten Grat zurück, um alsdann einen neuen Grat zu streichen, und so weiter, bis die Klinge unbrauchbar geworden ist, sei es, daß sie Scharten hat, sei es, daß sie nicht mehr schneidet. Zum Neuschleifen ist es dann unbedingt nötig, den verbrauchten Grat erst fortzuschleifen.

Ganz glatt schaben ist die Grundbedingung eines guten Schnittes.

Ist der Schnitt schön geschabt und mittels der Bürste von allen Staubteilchen befreit, so erfolgt das Grundieren.

Dieses geschieht, indem wir auf den Schnitt mittelstarken, frischen Stärkekleister auftragen und denselben mit sauberen weißen Papierspänen abreiben, so daß die ganze Fläche damit gedeckt wird und der Kleister überall hinkommt. Mit frischen trockenen Spänen polieren wir alsdann den Schnitt, bis er einen gleichmäßigen matten Glanz zeigt. Auf diesen ersten Grund folgt ein dünner Strich roter Bolus. Die nötige Lösung stellen wir her, indem wir auf ein Stück

Bolus, welches wir zum schnelleren Lösen vorher zerdrücken können, von dem unten näher zu beschreibenden Schnitteiweiß gießen. Die Qualität des Bolus [1]) darf nur die beste sein und darf keine festen Bestandteile wie Sand oder sonstige Unreinheiten enthalten, er muß eine zarte, sehr fein zerteilte Lösung geben, welche, zwischen die Fingerspitzen genommen und zerrieben, sich schleimig anfühlt. Der armenische Bolus gilt allgemein als der beste, zerteilt sich leicht, und wenn wir in trockenem Zustande mit dem Fingernagel darüberpolieren, so nimmt er leicht Glanz an. Die erhaltene Lösung darf nicht zu dick sein und muß etwa die gleiche Konsistenz wie mittelstarker warmer Leim haben. Mittels feinem Schwämmchen auf den Schnitt aufgetragen, muß die Lösung leicht und gleichmäßig und *durchscheinend* decken. Man hüte sich vor allen Dingen, die Schicht zu stark zu machen, dieselbe würde beim späteren Abglätten unbedingt abspringen und den Schnitt verderben. Ist die Grundierung geschehen, so stellen wir die Presse zur Seite, bis der Schnitt trocken ist.

Wir schreiten nun zum Auftragen. Auch dieses will aufmerksam, sauber und schnell gemacht sein, um dem Schnitt seine ganze Schönheit zu geben. Ein Schnitt, auf welchem das Gold in Stücken und zerfetzt aufgetragen ist, wird niemals schön. Das zum Auftragen nötige Eiweiß haben wir vorher zubereitet, indem wir auf ein halbes Liter reines Wasser ein Eiweiß gegeben haben, aus dem vorher der sogenannte Hahnentritt entfernt ist, quirlen es zu einem vollständigen Schaum und lassen es über Nacht ruhig stehen. Vor dem Gebrauch muß das Eiweiß durch Filtrierpapier oder ein Stück Leinen filtriert werden. Viele Anfänger glauben, wenn ihnen die ersten Schnitte nicht gelingen, dieses liege daran, daß das verwandte Eiweiß zu dünn sei und infolgedessen das Gold nicht fest genug hafte, aber meistens wird eher das Gegenteil der Fall sein und zu dickes Eiweiß angewandt

[1]) *Was ist Bolus?* Der vielen falschen Antworten wegen, welche auf die Frage: Was ist Bolus? bei Gesellen- und Zwischenprüfungen gegeben wurden, habe ich mich entschlossen, über dieses Mineral einiges zu berichten.

Bolus ist eine fette, feine Tonerde und wurde seit alter Zeit als Arznei und als Farbe benutzt. Man macht daraus feines Geschirr, Steingut, Pfeifenköpfe u. dgl. Auch dient er als Unterlage beim Vergolden hölzerner Sachen, als Polierpulver für Metallwaren, als Kitt für Porzellan usw.

In unserem Gewerbe wird Bolus beim Goldschnittmachen verwendet und bildet die Folie des Goldschnittes. Ferner läßt sich aus Bolus eine sehr schöne Schnittfarbe (Terrakotta) herstellen.

Bolus findet sich in verschiedenen Farben vor, wie Weiß, Hellgrau, Bläulichgrau, Lichtbraun, Braun, Rot; ein dunkelgelber Bolus, Siegelerde (von der Insel Lemnos) heißt Lémnia; zu Ciceros Zeiten wurden alle Urkunden mit lemnischer Erde gesiegelt.

Die feinsten Sorten Bolus finden sich in Armenien, Siena, Sinope, in Schlesien, im Habichtwalde in Böhmen; in Planitz bei Zwickau die sogenannte sächsische Siegel- oder Wundererde.

Karl Ebert, München: in Der Buchbinderlehrling Nr. 12, 1929.

worden sein; dieses gibt unreine Schnitte und klebt außerdem die Blätter des Buches zusammen. Will man dann am fertigen Buche die Blätter gewaltsam trennen, so sieht der Schnitt häßlich und ruppig aus. Wenn also das Gold nicht hält, so versuche man den neuen Schnitt eher mit dünnerem Eiweiß; der Anfänger wird von dem Ergebnis manchmal überrascht sein, wenn das Abspringen nicht an anderen Ursachen, z. B. schlechtem Schaben oder ungleichmäßiger Grundierung liegt.

Um das Auftragen zu erleichtern, stellen wir uns einen Auftragrahmen und einen Flor her.

Der Auftragrahmen besteht aus einem Rahmen von hartem Holz von etwa 25 cm Länge, 15 cm Breite und 2 cm Dicke; auf jeder kurzen Seite sind zwei Klötzchen von etwa 5 cm Höhe, welche unten zugespitzt sind, verschiebbar angebracht. Die Spitzen dieser Klötzchen tragen je einen Nagel, und je zwei der Klötzchen, welche sich gegenüberstehen, sind durch ein Pferdehaar oder starken Zwirn verbunden. Dadurch haben wir zwei parallele Fäden, welche wir durch Verschieben der Klötzchen einander nähern oder entfernen können.

Nachdem das Gold fertig zugeschnitten ist, streichen wir die Fäden über das Kopfhaar.

Den Florrahmen stellen wir her, indem wir in starker Pappe ein Loch von etwa 13×14 cm rechtwinklig und sauber ausschneiden, über dieses Loch spannen wir recht gleichmäßig und straff ein feinstes Stück Seidenflor und kleben auf die Ränder starkes Papier.

Jetzt haben wir alles zum Auftragen Nötige vorbereitet. Die Presse legen wir mit den Spindeln auf den Tisch und setzen den Preßknecht darunter. Den etwa 4—5 cm breiten flachen Eiweißpinsel legen wir auf das Eiweißglas, welches immer mit einem Papier bedeckt sein soll, damit kein Staub hineinfällt, die Bürste nahe bei der Hand, das Goldkissen rechts. Zuerst schneiden wir das Gold in der nötigen Breite und Länge und nehmen es mit dem Auftragrahmen auf, indem wir die Fäden so weit voneinanderstellen, daß sie gerade die Ränder des Goldes fassen. Haben wir das Gold aufgenommen, so nähern wir die Fäden nur sehr wenig für Flachschnitt, für Hohlschnitt jedoch müssen wir dieselben so nahe zusammenbringen, daß das Gold in einem Bogen hängt, welchen wir bequem in die Rinne bringen können. Für Flachschnitt bedienen wir uns jedoch vorzugsweise des Flors. Um das Gold mit demselben aufzunehmen, legen wir den Flor an dem uns zugekehrten Rande des Goldes schmal an, ziehen dann das Blatt vorsichtig gegen uns, und in demselben Augenblick, wo es das Goldkissen verläßt, geben wir einen kräftigen Druck nach unten (der dadurch entstehende Luftdruck legt das Gold glatt an den Flor) und beschreiben hierauf eine halbe Drehung, wodurch wir das Gold nach oben auf den Flor zu liegen bekommen. Abgebürstet haben wir den Schnitt vorher schon, um alle vorhandenen Staubteilchen zu entfernen. Wir nehmen nun den Eiweißpinsel und tragen das Eiweiß recht satt auf den Schnitt, vorerst nur so weit oder vielmehr ein wenig mehr, als das Gold Platz einnimmt. Hierauf halten wir das Gold in geringer Entfernung über den Schnitt, blasen auf das Blatt, und es wird glatt und schön aufgetragen sein, wenn man alles richtig gemacht hat. In derselben Art fahren wir fort bis zum Ende des Schnittes. Ist alles Gold aufgetragen, so lassen wir durch Hin- und Herwiegen der Presse das Eiweiß unter dem Golde hin- und herlaufen, damit es sich überall gut und dicht ohne Luftblasen anlegt. Sollte zu wenig Eiweiß auf dem Schnitte sein, so kann man dem nachhelfen, indem man den Eiweißpinsel vorsichtig auf der Spalte neben dem Golde ansetzt; das Eiweiß wird alsdann nicht auf, sondern unter das Blatt laufen. Zum Schlusse stellen wir die Presse auf eine Ecke, um alles überflüssige Eiweiß ablaufen zu lassen. Übung macht natürlich auch hier den Meister.

Jetzt lassen wir den Schnitt zum Trocknen stehen; nach einiger Zeit, etwa ¼ Stunde oder 20 Minuten, sehen wir einmal nach, ob das Eiweiß auch gleichmäßig abgelaufen ist, sollten die Spalten durch das Schaben rauh geworden sein, so streichen wir vorsichtig mit dem Finger das zwischen den Holzfasern haftende Eiweiß heraus, um gleichmäßiges Trocknen zu erzielen, ohne jedoch den Rand des Schnittes selbst zu berühren, denn dadurch würden Flecke entstehen, welche nicht oder nur sehr schwer zu entfernen sind. Bei den später aufzutragenden Ober- und Unterschnitten muß man nun Obacht geben, daß nicht etwa Eiweiß an dem schon fertigen Vorderschnitt herunterläuft. Zu dem Zwecke legt man die Presse so, daß sie sich nach dem Rücken zu neigt.

Nach dem Trocknen wird der Schnitt mit dem Glättzahn geglättet; das erste Glätten nennt man Anglätten. Es herrscht zwar hier und da die Ansicht, daß man nach dem Anglätten den Schnitt unbegrenzte Zeit stehenlassen könne, ohne ihn fertigzuglätten, man erreiche trotzdem hohen Glanz. Meine Erfahrung hat mich jedoch gelehrt, daß dies nicht der Fall ist, sondern der Schnitt wird viel schöner und erhält schöneres Feuer, wenn der geeignete Augenblick zum Glätten wahrgenommen wird und der Schnitt noch einen ganz geringen Grad von Feuchtigkeit hat. Durch kein anderes Mittel kann man einen so hohen Glanz erzielen. Der Schnitt darf nur noch einen Hauch Feuchtigkeit haben, der kaum zu erkennen ist, denn würde man ihn fühlen, so wäre der Schnitt noch zu naß. Erfahrung muß hier unterstützen.

Die zum Glätten nötigen Werkzeuge sind Glättzähne, gebogene und gerade, ein weicher Leinenlappen, gutes, reines, gelbes Bienenwachs und ein Stück festes weißes Papier. Glauben wir nun, daß der Schnitt genügend trocken ist, was je nach der Jahreszeit und der Luftfeuchtigkeit verschiedene Zeit erfordert, so versehen wir das Papier mit Wachs, indem wir einige Male mit dem Wachs darüberstreichen, damit der Glättzahn leichter darübergleitet, legen nun das Papier auf den Schnitt und fahren mittels des breiten Glättzahnes zuerst unter mäßigem Druck darüber hin und her, aber Strich an Strich und bis dicht an die Bretter und nicht gerade, sondern etwas schräg, jedes sprungweise Vorgehen muß vermieden werden, damit jede Stelle getroffen wird. Einen Hohlschnitt glättet man an, indem man die Presse auf den Tisch legt und stark nach vorn neigt, dadurch wird das Glätten bequemer, und man kommt besser über die Mitte hinüber. Man muß nämlich stets etwas über die Mitte hinausfahren, um später keine ungleich geglätteten Stellen zu haben; hat man eine Seite geglättet, so dreht man die Presse um, um mit der anderen Seite ebenso zu verfahren. Haben wir den Schnitt angeglättet, so geben wir auf den Leinenlappen gleichfalls Wachs und reiben den Schnitt damit ab; wir sehen nun nach, ob nicht etwa Löcher im Golde sind und ob es überall deckt, um etwa vorhandene Fehler auszubessern, ehe wir den Schnitt fertigglätten. Sind solche Stellen vorhanden, so leistet ein kleines Fläschchen mit Schwefeläther und reiner Alkohol gute Dienste. Zuerst schneiden wir das nötige Gold zu, dann nehmen wir ein feines Kielpinselchen und bestreichen die auszubessernde Stelle mit Schwefeläther, um das Wachs zu neutralisieren, hierauf nehmen wir das nötige Gold mit dem Zeigefinger der linken Hand auf, mit der rechten nehmen wir an einem kleinen Pinselchen etwas Alkohol, betupfen die betreffende Stelle damit, legen gleich hinterher das Gold auf die Stelle und glätten es sogleich an. Dieses Verfahren ist dem Daraufhauchen entschieden vorzuziehen, da das Ergebnis sicherer ist und man auch niemals sogenanntes Doppelgold hat, was am fertigen Schnitt sehr schlecht aussieht. Ist alles in Ordnung, so lassen wir den Schnitt stehen.

Das Auf-Glanzglätten, das Fertigglätten, gleicht in allen Punkten dem Anglätten, mit dem einzigen Unterschiede, daß wir kein Papier mehr auf den Schnitt legen, sondern direkt auf das Gold glätten. Wir legen die Presse vor uns mit den Spindeln auf den Tisch, stellen den Preßknecht darunter und reiben den Schnitt nochmals mit dem Wachslappen ab. Mit dem Wachs soll man sehr sparsam sein und nicht mehr geben als nötig; nichts ist unschöner als Wachslinien am fertigen Schnitt. Wir fassen den Glättzahn mit beiden Händen unten an, der obere Knopf muß an die Achsel gestemmt werden, und nun fahren wir gleichmäßig, Strich an Strich und stets schräg über den Schnitt und stets von einer Spalte zur anderen. Namentlich muß der Anfänger von vornherein sich angewöhnen, schräg über den Schnitt zu fahren, denn fährt er in gerader Richtung darüber, so bleibt er leicht zwischen den Blättern des Buches hängen, auch verdrückt man den Schnitt viel leichter, und der Schnitt hat nach dem Auspressen eine Wulst. Wenn wir zuerst nur schwach gedrückt haben, so verstärken wir allmählich den Druck, von Zeit zu Zeit etwas Wachs gebend, bis wir den höchstmöglichen Glanz erzielt haben. Dann lösen wir die Spindeln um eine halbe Umdrehung, glätten nochmals darüber, um die Blätter des Buches voneinander zu trennen, schließen die Presse wieder fest und geben nun den letzten Glanz.

Goldschnitt bei Büchern aus Dünndruckpapier

Bei der Herstellung des Goldschnitts an Büchern mit Kunstdruck- und ähnlichen Papieren, insbesondere Kreide- und Dünndruckpapieren, ist nicht immer Gewähr gegeben, daß nicht einzelne Blätter zusammengeklebt bleiben. Beim Aufbrechen zerreißt das Gold und der Glanz des Schnittes geht vielfach verloren.

Der Firma Hübel & Denck, Buchbindewerkstätten, Leipzig, Tauchaer Straße 15 b und 17, ist nun unter DRP. 479 014, Kl. 11 c, ein Patent erteilt worden für ein neues Verfahren, das diesen Übelstand vermeidet. Das Verfahren ist, wie die Papier-Zeitung berichtet, folgendes:

Nach dem Einsetzen der Bücher in der Presse werden die Schnittflächen mit einem in der Schellacklösung getränkten Schwamm grundiert. Als eine solche Lösung kommt etwa ein Teil wasserhellen Schellacks in drei Teilen Spiritus in Frage. Diese Lösung ergibt einen Hochglanz-Goldschnitt. Nachdem die aufgetragene Lösung vollständig trocken ist und sich mit dem Papier gut verbunden hat, was etwa eine halbe Stunde erfordert, werden die Flächen ohne anzufeuchten glatt geschabt. Der geschabte Schnitt wird mit Stärkekleister überstrichen und mit einem Ballen Papierspänen nicht ganz blank abgerieben. Dann erfolgt ein Überstrich Bolus, worauf nach dessen Trocknen die Fläche mit einer sauberen Bürste behandelt und schließlich das Gold mit Eiweiß aufgetragen wird. Das Gold muß möglichst frisch angeglättet werden. Der Schnitt wird mit einem mit Bienenwachs bestrichenen Leinenlappen überfahren und darauf mit einem nicht zu scharfen Glättzahn angeglättet und poliert. Es zeigt sich dann, daß die in der angegebenen Weise vorbehandelten Schnittflächen beim Aufbrechen der fertigen Bücher nicht mehr zusammenkleben.

Schräg- und Phantasieschnitte an Karten

Es ist wohl anzunehmen, daß die schräge Fläche des Goldschnittes eines aufgeklappten Buches, welches auf Hohlschnitt vergoldet ist, die Idee zum Schrägschnitt gegeben hat. Der Schrägschnitt an starken

Papierblättern in Metall, Farbe und blind (worunter die Naturfarbe des Papieres zu verstehen ist) hat in der Luxuskartenfabrikation eine völlige Neugestaltung der Erzeugnisse hervorgerufen. Lange Zeit beherrschte er in Gold resp. für Gelegenheitskarten in Silber ausgeführt, die Mode. Eine Abwechslung boten die Zierschnitte, bei denen durch Ausstechen und Ausschaben der glatten Fläche Rillen oder Schweifungen entstanden. Die Vertiefungen legte man entweder mit Metall aus oder färbte dieselben. Es wurden auf diese Weise die mannigfaltigsten Wirkungen zustande gebracht. Es kam dann wieder eine Zeit, wo der Goldschnitt verbannt war und derselbe an Luxuskarten durch verschnörkelte Ränder, gestanzt oder geprägt, ersetzt wurde. Den weitestgehenden Gebrauch von allen nur möglichen Schnitt-, überhaupt Randverzierungen hat sich die Papierausstattung zu eigen gemacht. Die Herstellung der Schrägschnitte unter-

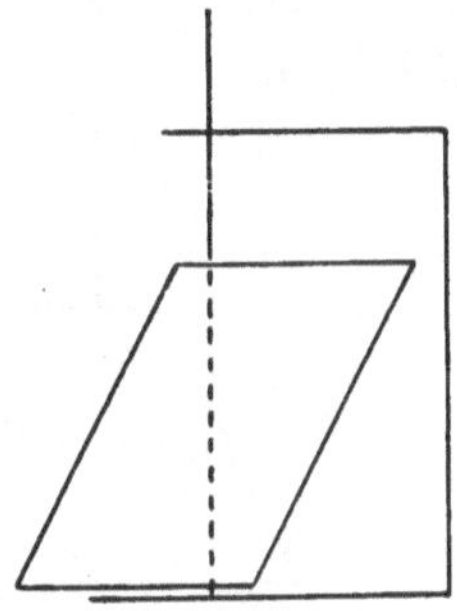

Abb. 32. Große Karten

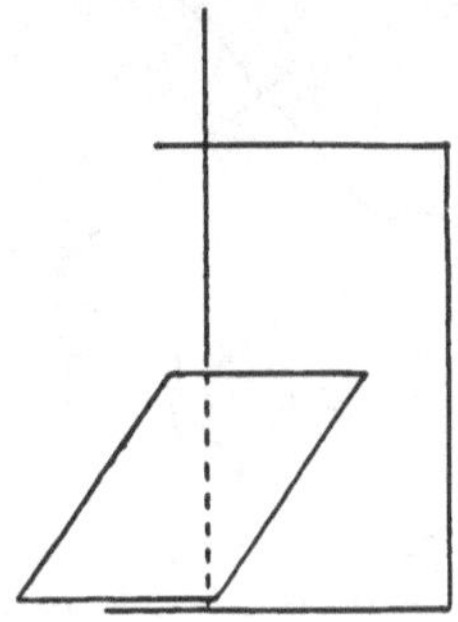

Abb. 33. Kleine Karten

scheidet sich von derjenigen der Buchschnitte doch wesentlich und ist der Buch-Goldschnittmacher nicht so ohne weiteres befähigt, einen guten Schrägschnitt anzufertigen. Schon die Werkzeuge haben geändert werden müssen. Die Presse für den Schrägschnitt ist die Schraubzwinge, das bekannte Tischlerwerkzeug, nur daß der obere Balken, welcher die Führung der Schraube hat, gegen den unteren etwas zurücktritt. Einen großen Vorteil bieten die auf der Kreisschere geschnittenen Karten, weil sie ohne Grat sind. Werden dieselben auf der Schneidemaschine geschnitten, so ist darauf zu achten, daß beim Einsetzen des Kartenstoßes der Grat nach oben liegt. Die Höhe des einzusetzenden Kartenstoßes richtet sich nach der Größe der Karten. Je größer die Karten sind, desto höher wird der Stoß sein, oder umgekehrt. Der beigegebene Grundriß einer Schraubzwinge mit eingesetztem Kartenstoß erläutert das Gesagte. Sind große Karten zu arbeiten, so schiebt man handliche Stöße in die nötige Schrägung; unten und oben (Abb. 32—35) werden Bretter gelegt und auf diese Weise in die Presse gesetzt. Um das Ausspringen des Kartenstoßes aus der Presse zu verhindern, ist in das untere Ende der Schraube ein spitzer Eisenstift einzubringen, welcher sich beim Anpressen in das Brett drückt. Die unteren Karten des Stoßes haben meist nicht genügenden Druck und wird zwischen dem unteren Brett und dem Kartenstoß eine keilartige Holzleiste im Querschnitt, die breite Seite nach vorne, eingeschoben, wodurch sich die Karten besser anschmiegen. Kleinere Karten müssen durch Aufstoßen auf eine gerade Stein- oder Eisenplatte in die richtige Schrägung gebracht werden. Die eingesetzten Stöße müssen nun geschabt werden, und zu diesem Zweck wird die Presse samt dem Kartenstoß in eine zweite Presse geklemmt, welche auf dem Tisch befestigt ist. Vor dem Schaben ist der Kartenstoß zu feuchten und dann mit der Ziehklinge stets nach unten zu fahren. Sollen runde Ecken an die Karten angebracht

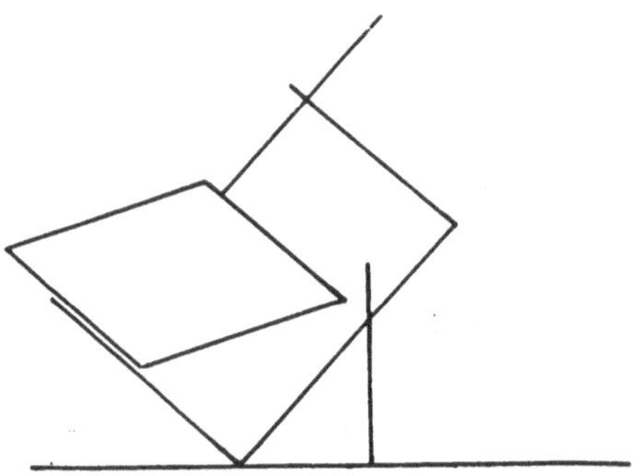

Abb. 34 Stellung der Presse zum Schaben

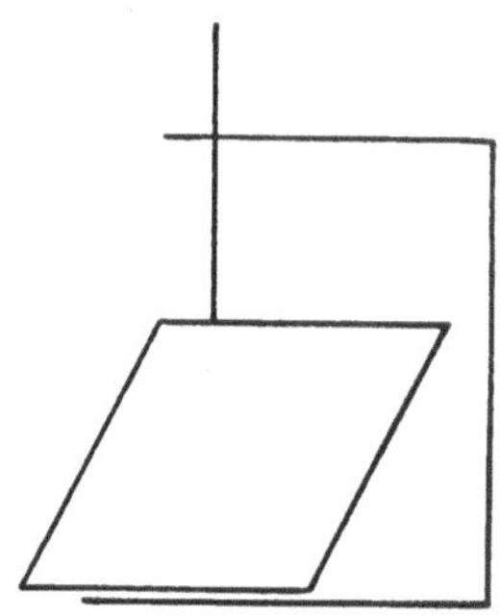

Abb 35. Kartenstoß mit eingelegtem Keil

werden, dann schabt man dieselben rund. Ist die Fläche glattgeschabt, so wird mit der Handfläche Stärkekleister, dem etwas Bolus zugesetzt ist, auf dieselbe verrieben, dabei stets nach unten streichend. Das Auftragen des Goldes oder Metalles geschieht vermittels Wasser, und genau wie beim Buchschnitt mit dem gespannten Flor. Das Wasser ist reichlich aufzutragen, nachdem vorher die Kleisterschicht vollständig getrocknet war. Das Glätten des aufgetragenen Goldes oder Metalles erfordert dieselben Beachtungen wie beim Buchschnitt. Soll ein Zierschnitt hergestellt werden, dann ist der eingesetzte Stoß nach dem Schaben umzudrehen und mittels scharfer Hohleisen an entsprechenden Stellen auf der Fläche entlang auszustoßen. Da beim Auftragen das Gold über die Vertiefungen reißt, sind dieselben doppelt zu belegen. Die Rillen und sonstigen Vertiefungen glättet man mit dem spitzen Glättzahn. Der beliebte Perlschnitt wird in der Weise gearbeitet, daß die fertigen Schrägschnittkarten in umgekehrter Weise ausgeschoben und eingesetzt werden. Mit einem Metallkamm fährt man auf der Fläche herunter, und jede Zinke läßt eine Perle entstehen. Wird der fertige Kartenstoß aus der Presse herausgenommen, dann darf derselbe nicht gleich geradegestoßen werden, sondern ist in kleinen Stößen noch weiter auszuschieben, da sonst das Gold abreißen würde.

Die möglichste Beschränkung der Herstellungskosten hat es mit sich gebracht, daß besondere Aufwendungen für die Ausstattung dieser Erzeugnisse möglichst vermieden werden.

Auf diesen Umstand können wir es auch zurückführen, daß Zierschnitte in den verschiedensten Arten, wie wir sie bei den Gratulationskarten finden, nicht nachträglich angebracht werden.

Bei der Gravur der Platte bzw. Herstellung der Schneideplatte wird hierauf gleich Rücksicht genommen und entsprechende, der Phantasie entstammende Formen mitgearbeitet, so daß nach erfolgtem Schneideprozeß auch schon der Schnitt besorgt ist.

Wir finden das besonders häufig bei den englischen Christmaskarten, welche zwar einen guten Erlös bringen, aber dennoch soll bei der Herstellung infolge der an das Material und die Ausstattung gestellten hohen Anforderungen selbstredend möglichst wenig für zu vermeidende besondere Aufwendungen angelegt werden.

Das Randstreichen

I.

Neben dem vergoldeten Rande an Karten und Briefpapieren nimmt der gestrichene Rand eine besondere Stellung in der Ausschmückung von Papieren ein. Vier wichtige Punkte sind bei Beurteilung eines tadellosen Randes zu beachten: Gleichmäßigkeit des Randes, scharfer Abschluß, saubere Rückseite und Lichtbeständigkeit der farbigen Ränder. Außer richtig gewähltem Material ist auch eine große Übung in der Ausübung dieser Kunst erforderlich. Sämtliche Farben müssen feinstens zermahlen sein, mit einem runden, weichen Borstenpinsel von guter Beschaffenheit, der auf 3 cm gebunden ist, gestrichen werden. Trauerfarben werden häufig auch mit einem Schwamm gestrichen. Die lichten, modernen Farben, als Flieder, Creme, Rosa, Seegrün u. a., haben als Grundfarbe Weiß (Schneeweiß, Kremserweiß), welche mit Wasser und geklärtem Eiweiß als Bindemittel zu einem flüssigen Brei gerieben wird. Die gewünschten Färbungen werden dann vorgenommen. Mit Vorliebe benutzt man hierzu die lichtechten Anilinfarben. Dunkle Farben, sowie Bronzen, werden wie Weiß angerieben. Sollen die Ränder Glanz haben, dann werden dieselben nach dem Streichen mit farblosem Terpentinlack überzogen, allerdings wird dadurch der Farbton etwas dunkler. Vor dem Lackieren muß der Farbstrich vollständig trocken sein. Die Streicharbeit beginnt, nachdem alles wohl vorbereitet ist. Die Karten, Briefbogen oder Kuverts werden ausgeschoben in der Weise, daß möglichst 2 Seiten mit einem Male gestrichen werden. Die ausgestrichenen Stöße sind nicht zu lang zu nehmen. Hierbei muß auf das Format Rücksicht genommen werden. Sind die Ränder schmal, dann genügt das Augenmaß, breite Ränder müssen einzeln, Rand für Rand, mit einem Streifen gemessen werden. Auf den zu streichenden Stoß legt man ein Schutzblatt. Das Streichen soll strahlenförmig ausgeübt werden, es darf nicht zu viel Farbe in den Pinsel genommen werden. Gewisse Farben müssen sogar mehrmals gestrichen werden. Ist die aufgetragene Farbe getrocknet, dann müssen die ausgeschobenen Blätter zunächst noch weiter ausgeschoben werden und werden dann erst gerade gestoßen.

II.

Über die Möglichkeit, Kartenränder (Schrägschnitte) mit Farbe zu versehen, mögen die nachstehenden Erläuterungen den gewünschten Aufschluß geben.

Bei Bedarf kleiner Mengen von Karten oder Kartons, deren Ränder bzw. Kanten einen farbigen oder Schrägschnitt erhalten sollen, kann das Aufbringen und die Färbung desselben in folgender Weise stattfinden:

Handelt es sich beispielsweise um weiß zu färbende Ränder, so eignet sich hierzu am besten das feinste echte Kremserweiß (Bleiweiß), weil es sich sehr leicht zu einem feinen mehligen Pulver zerdrücken läßt und in dieser Beschaffenheit innig mit jedem Mischmittel, wie Leimwasser, Gummilösung, Firnis oder Eiweiß, verbinden läßt.

Für Schrägschnitt an Kartonrändern ist indessen nur allein das Eiweiß brauchbar und muß dieses vorerst gründlich mit einem Holzlöffel in einem Porzellangeschirr zu Schaum geschlagen werden, worauf es mehrere Stunden stehenbleiben muß, bis es sich völlig geklärt hat. Mit dieser Flüssigkeit wird das Kremserweiß oder auch die anderen bunten Farben vermischt.

Das Schaumschlagen des Eiweißes soll niemals mit einem metallenen Löffel stattfinden oder in einem derartigen Geschirr vorgenommen werden, weil es sich durch Berührung mit Metall leichter zersetzt, was für seine Verarbeitung auch in anderer Beziehung nachteilig werden kann.

Die Farbe selbst wird, wie erwähnt, vorher aufs feinste, d. h. trocken zermahlen, so daß keine Körnchen mehr darin enthalten sind, wonach man sie soweit mit dem geklärten Eiweiß vermischt, daß sie von sahnenartiger Konsistenz ist; dann arbeitet man sie mit einem sauberen Messer noch gründlich durch, worauf sie zum Bestreichen der Ränder brauchbar ist.

Die abgeschrägten Kartonränder werden mit feinstem Sandpapier gut abgerieben, sauber abgestaubt und mit gesättigter Alaunlösung nicht zu übermäßig bestrichen. Sobald dieser Anstrich trocken ist, wird die Eiweißfarbe zuerst einmal und nur ganz mager aufgetragen, d. h. vorgrundiert. Nachdem dieser erste Anstrich vollkommen trocken ist, folgt der eigentliche satte Anstrich, der erst die volle Deckung der Ränder ergeben soll.

Nur auf diese Weise erhält man einen guten gleichmäßigen Farbschnitt, der nach dem völligen Trocknen mit dem Falzbein oder einem anderen Glättwerkzeuge nachpoliert wird. Ein Abspringen der Farben findet nicht statt, denn sie sind dauerhaft mit den Rändern verbunden.

Statt Kremserweiß können auch die anderen bunten Körperfarben benutzt werden, wenn sie von der besten Sorte sind. Die aus den Drogerien oder Farbwarenhandlungen erhältlichen Farbenpulver soll man indessen mit Vorsicht gebrauchen, da sie zumeist sehr fraglicher Natur sind. Die Billigkeit dieser Farben ist der Beweis, daß sie nicht für diese Zwecke geeignet sind, befinden sich doch unter diesen eine ganze Menge, die sich im Tageslicht verfärben, d. h., die nicht lichtecht genug sind. Es eignen sich dagegen die trockenen, bunten Druckfarben sehr gut, da sie keine sandigen Beimischungen haben, was bei den aus den Drogerien usw. bezogenen gewöhnlichen Farben fast immer der Fall ist.

Auch die aus den großen Malfarbenfabriken beziehbaren „trokkenen Farben“ sind vorzüglich geeignet, wenn bei der Bestellung gleich der Zweck mitgeteilt und nur absolut lichtechte und vollkommen deckende Farben verlangt werden. Man erhält schon ein ganz kleines Quantum (50—100 g), so daß keine wesentliche Geldausgabe damit verbunden ist. Durch Vermischung dieser Farben unter sich, z. B. von Hellgelb mit Pariserblau oder Preußischblau, erhält man, je nachdem von der einen oder anderen Farbe mehr genommen wird, ein schönes Grün. Oder von Krapplack mit Blau ein Violett, von Krapplack mit Hellgelb ein feuriges Orange, von Krapplack, Blau und Gelb ein tiefes Braun, und wenn diese Farben unvermischt oder vermischt mit Kremserweiß versetzt werden, können sie nach Bedarf aufgehellt werden.

Um das Farbenpulver recht fein, d. h. mehlartig zermahlen zu können, wird eine Glasplatte benutzt, auf welcher das Pulverisieren stattfindet. Ferner wird ein sehr starkes, becherartiges Trinkglas mit einem kräftigen Fuße gebraucht, womit die Farbenstücke leichter gedrückt werden können. Es muß darauf geachtet werden, daß keine Körnchen zurückbleiben, denn diese werden beim späteren Glätten der Ränder entweder tief eingedrückt oder sie springen ab und lassen unschöne Vertiefungen im Farbschnitt zurück.

Für Buntschnitte dieser Art können auch die wasserlöslichen Anilinfarben in den üblichen Wasserfarbenformen verwendet werden, und halten diese fest und sicher auf den Rändern, ohne daß sie die erwähnte Vorpräparierung mit Alaunlösung nötig machen.

Es werden ferner noch die sogenannten Holzbeizfarben mehrfach gebraucht, doch sind unter diesen gleichfalls nicht lichtbeständige Sorten, weil zur Erzeugung derselben Anilinfarbstoffe verwendet werden. Diese Beizfarben löst man einfach in etwas mäßig erwärmtem Waser auf und trägt sie nachher gleich auf den Schrägschnitt auf. Wenn der Anstrich trocken ist, wird er mit verdünnter Formalinlösung überstrichen, wodurch er gegen die Einwirkung von Feuchtigkeit widerstandsfähig gemacht wird.

Besonders schwierig gestaltet sich die Herstellung der Trauerränder, insbesondere die Zusammensetzung bzw. Beschaffenheit der schwarzen Farbe. Sie soll tiefschwarz sein, nicht nachlassen, nicht grau werden usw. Am einfachsten, und das ist zugleich das einzig richtige Rezept, ist die Verwendung von Kienruß als Randstreichfarbe für Trauerränder oder Ruß wird mit Schellacklösung angerührt.

Wo es sich um besonders große Posten handelt, empfiehlt sich die Benützung einer Anlegemaschine zur Herstellung von Trauerrändern auf Briefbogen, Umschlägen, Karten usw. mit 1—28 mm Randbreite.

Die Länge der Maschine ist 120 cm, die Breite 62 cm, die Höhe 105 cm.

Die Maschine dient dazu, die auszustattenden Papiere in den vorgenannten Randbreiten *genau gleichmäßig* anzulegen, während diese angelegten Papiere dann von der Hand mittels Pinsels und der dazu passenden Farbe gestrichen werden.

Die genaue, sorgfältige Ausführung der Maschine ermöglicht eine gleichmäßige Transportierung und sicheres Anlegen, wodurch die Fertigstellung der Ränder eine so genaue ist, wie solche von dem geübtesten Arbeiter durch Handarbeit nicht zu erzielen ist.

Trauerkarten und ihre Herstellung auf maschinellem Wege

Eine der schwierigsten Arbeiten ist in der Technik das Bedrucken von Karten, Bogen, Kuverts usw. mit Trauerrändern. Wenn die Höhe des Herstellungsquantums, besondere Erfordernisse sowie die technische Einrichtung des Betriebes es gestatten, wird der Steindruck die beste und zugleich billigste Lösung der Herstellungsfrage sein. Wie aber verhält es sich nun mit dem Buchdruck?

Natürlich kann man schwarze Ränder auch in diesem Verfahren ebenso wirkungsvoll wie in Steindruck herstellen. Beim Steindruck wird Schwarz mit Doppelgang gedruckt (d. h. für die Kalkulation $1\frac{1}{2}$ Farben). Bei dem Buchdruck auf der Tiegeldruckpresse muß die schwarze Farbe zweimal gedruckt werden, um die Fläche voll zu decken und einen tiefschwarzen Aufstrich zu erzielen. Es ist sehr zu empfehlen, die Farbe gut trocknen zu lassen, ehe an eine weitere Verarbeitung gedacht wird. Das Trocknen der schwarzen Farbe erfolgt nur verhältnismäßig sehr langsam. Das Schneiden schwarzer Ränder, sofern sie im Steindruck- oder im Buchdruckverfahren, wie üblich, stets in einem oder mehreren Blatt zusammenhängend hergestellt wurden, erfolgt wohl ausnahmslos auf der Rollschere, wenn nicht gar von Hand unter Benutzung von Lineal und Messer, um einen glatten Schnitt zu erzielen und um das Nachschneiden von weißen Außenrändern von Hand oder mit der Kartonschere zu vermeiden, da beides mit nicht unbeträchtlichen Mehrkosten verknüpft ist.

Werden mehrere Lagen übereinander auf der Schneidemaschine geschnitten oder werden die Karten unmittelbar nach dem Zerkleinern übereinandergeschichtet, so versichere man sich vorher, ob die schwarze Farbe auch völlig getrocknet ist und nicht mehr abzieht. Man drücke ein Stück weißes Papier mit dem Finger auf die gedruckte Fläche und bewege es auf dieser unter stetem Andrücken hin und her. Die Papieroberfläche wird alsdann den Grad der Trocknung erkennen lassen.

In zweifelhaften Fällen, und das wird am meisten zu empfehlen sein, um ein Verschmutzen der Karten durch Abziehen der Farbe zu vermeiden, sei empfohlen, vor dem Einpressen bzw. Zusammenlegen mehrerer Lagen Seiden- oder gewöhnliches weißes, möglichst satiniertes Zwischenlegepapier zu verwenden; rauhes oder stark holzhaltiges Papier ist wegen der Empfindlichkeit für die frisch gedruckte schwarze Farbe nicht sehr geeignet.

Das Abreiben frischer Ränder mit Talkumpulver oder Magnesiumpulver beeinträchtigt in jedem Falle die Wirkung der Farbschicht, die durch das Talkumieren einen ins Graue gehenden Ton erhält.

Bei Steindruckrandkarten empfiehlt es sich, zuerst den Text und dann die Ränder zu drucken. Bei einem Zusammendruck beider würde der Ausfall der Ware leiden, abgesehen davon, daß durch zweimaligen Druck die zarten Gravurschriften breitgequetscht und dadurch schmierig aussehen würden.

Es werden daher auch vielfach, sofern nicht das Prägeverfahren als Monogrammprägung oder Tiefpressung für das Aufbringen der Texte Anwendung finden soll, Randkarten in Steindruck nachträglich auf der Buchdruckpresse am zweckmäßigsten unter Benutzung von Galvanos mit entsprechenden Texten versehen.

Daß Ränder auch farbig gestrichen oder angespritzt werden, sei nur beiläufig erwähnt; zweckmäßiger aber auch hinsichtlich der Wirkung der schwarzen Fläche auf dem Papier dürfte allemal das Druckverfahren sein.

Das Bedrucken der Briefumschläge findet zum weitaus größten Teile nach der Fertigstellung derselben statt, und zwar geschieht es meist auf kleinen Hand-Tiegeldruckpressen, in die die Umschläge einzeln von Hand eingelegt und dann bedruckt werden. Es sind auch Druckmaschinen für Briefumschläge gebaut worden. Bei großen Auflagen wird auch, besonders wenn es sich um Mehrfarbendrucke handelt, der Papierbogen vor dem Ausstanzen der Kuvertausschnitte bedruckt. Von der Firma R. Ernst Fischer & Wescher in Elberfeld ist

Abb. 36. Der neue Schnelläufer „Piccolo" der Firma J. G. Mailänder, Schnellpressenfabrik, Cannstatt-Stuttgart

eine Kuvertmaschine in den Handel gebracht worden, die das Bedrucken der Schlußklappe gleichzeitig mitbesorgt. Außerdem können auf dieser Maschine Blind- und Farbenprägungen hergestellt werden.

Ferner müssen noch an dieser Stelle die Trauerrandumschläge erwähnt werden, die heute größtenteils auf Druckmaschinen hergestellt werden. Teilweise ist jedoch auch noch die frühere Handarbeit, die sogenannte Trauerrandstreicherei, gebräuchlich. Nach dieser älteren Methode werden die Kuverts, ähnlich wie beim Gummieren, dachziegelförmig übereinandergelegt und dann mit einem Pinsel die Trauerrandfarbe aufgestrichen. Das Drucken der Trauerrandumschläge wird entweder in der Buchdruckpresse bewerkstelligt, indem die Bogen vor dem Stanzen mittels geeigneter Klischees bedruckt werden, oder aber es werden die gestanzten Ausschnitte einzeln bedruckt mittels besonderer Trauerranddruckmaschinen. Die Arbeitsweise dieser Maschine ist folgende: Die Ausschnitte werden einzeln an den Zylinder angelegt und durch Rotationsdruck gedruckt. Die bedruckten Ausschnitte werden von einer hin- und hergehenden Zange vom Zylinder abgenommen und aus der Maschine gebracht, wo sie von Hand abgenommen und zwecks Trocknens mit Makulatur durchschossen werden.

Besonders zu erwähnen ist die Kuvert- und Akzidenzdruckschnellpresse „Piccolo", welche sich infolge ihrer Vorzüge das Interesse der Kundschaft erworben hat. Diese Maschine, welche in 35 × 50 Satzgröße gebaut wird, vereinigt in sich eine Kuvert- und Akzidenzdruckmaschine. Infolge des in die Maschine eingebauten automatischen Anlegeapparates für Kuverts ist es möglich, in der Stunde 5000 bzw. 7500 Umschläge zu bedrucken. Ein Versagen des Automaten ist ausgeschlossen, selbst bei minderwertigen Umschlägen. Der Druck ist sauber und die Anlegerin hat weiter nichts zu tun, als den Automaten mit den Umschlägen zu füllen, und die bedruckten Umschläge vom Ablegetisch fortzunehmen. Hat der Buchdrucker keine Umschläge zu drucken, so besitzt er in der Piccolo-Maschine eine Akzidenzschnellpresse. Durch Lösen einiger Schrauben wird der Automat für die Umschläge entfernt, und die Schnellpresse ist zum Betrieb fertig. Die Akzidenzarbeiten müssen von Hand oder durch Bogenanleger angelegt werden, und bei einiger Geschicklichkeit des Anlegers leistet die Maschine mindestens bis 3000 Druck pro Stunde. Selbst die schwersten Formen druckt die Maschine aus; die beanspruchte Kraft für die Maschine ist minimal.

Die Papierprägetechnik und ihre Bedeutung für die Papierverarbeitung

Einführung in die Technik des Prägens

Es gibt in der papierverarbeitenden Industrie wohl kaum ein anderes Verfahren, das so oft und vielseitige Verwendung findet, als die Prägetechnik. Die Handhabungen des Prägens sind nicht so einfacher Art, wie es auf den ersten Blick hin erscheinen mag. Die mit Prägungen versehenen Erzeugnisse der Papierwarenfabrikation werden um so größeren Anklang finden, je mehr den Anforderungen der Käufer an die Ausführung der Ware Genüge geleistet wird. Die verschiedenen technischen Vorgänge zur Veränderung der Papieroberfläche durch Anwendung verschiedener Techniken in großen Umrissen kennenzulernen, ist im Rahmen eines noch so umfangreichen Aufsatzes einfach unmöglich.

Prägen und Pressen ist die mechanische Vorrichtung, einem Körper mittels geeigneter Werkzeuge durch Stoß oder Druck bestimmte Gestalt zu geben. Prägen heißt, den dargestellten Gegenstand möglichst plastisch aus der Fläche herausheben, während derselbe umgekehrt beim Pressen in dieselbe hineingedrückt wird. Ist dort das Bild, in den zum Prägen gebrauchten Teil tief gearbeitet, d. h. ähnlich einer Form zum Gießen, so ist dasselbe zum Pressen erhaben dargestellt. Prägen und Pressen wird in den verschiedensten Industrien angewandt. Man sagt, die Münze oder Medaille usw., der Löffel, die Siegelmarke sei geprägt, hingegen die Buchdecke, der Pappteller usw. sei gepreßt. Ihre weitaus größte Verbreitung findet die Technik des Prägens in der papierverarbeitenden Industrie. Schon früher, wie auch heute noch, suchte man z. B. dem Buche ein geschmackvolles Gewand zu geben. Mittels Treib- und Schlagwerkzeugen trieb (punzte) man Verzierungen in den Ledereinband. Man brachte getriebene Ecken und Deckel auf demselben an. Auch wurden gegossene, ziselierte Beschläge, Buckel und Klammern aus Metall angebracht, die den Zweck verfolgten, das auf dem Deckel gepreßte, gemalte und geschnitzte Bild beim Aufschlagen des Buches zu schützen, sich aber der Zeichnung harmonisch einpaßten. Die verschiedenen hierzu gebrauchten Gegenstände vereinigte man in Platten. Größere Anwendung fand diese Methode dann, als die Buchbinderei mehr handwerksmäßig ausgeführt wurde. Die Verwendung des Kalikos als Deckelüberzug, seine Billigkeit dem Leder gegenüber und seine Eigenschaften gaben dem Buchbinder einen Stoff an die Hand, der sich zum Prägen und Pressen ausgezeichnet eignete. Die früher mit der Hand gepunzten und gemalten oder sonstwie aufgebrachten Embleme, Arabesken und die Beschläge wurden nachgeahmt, d. h. durch Verwendung gravierter Platten in den Deckel gepreßt. Es entstand die Arbeit, welche wir Blinddruck nennen. Zur Herstellung derselben bedarf es Platten, auf denen das dargestellte Bild hoch (erhaben) graviert ist. Wird die Platte nun farbig eingewalzt, zur Nachahmung der gemalten Embleme, so haben wir den Schwarz- oder Farbdruck. Kommt zwischen Platte und Buchdeckel zur Nachahmung der Beschläge Blattgold, so entsteht der sogenannte Golddruck. Zum Prägen bedarf es Platten, in welche der dargestellte Gegenstand vertieft graviert bzw. moduliert ist. Was man früher also durch Punzen und Treiben (Aufnieten von Beschlägen) herstellte, erreichte man, als erst größere Pressen zur Verfügung standen, durch Prägen. Weiter findet die Prägeplatte die mannigfaltigste Verwendung in der Luxuspapierfabrikation zur Herstellung von Gratulationskarten, bei Zigarren- und Schokoladenpackungen und einer Reihe anderer Anwendungsarten. Auch zur wirksamen Ausstattung von Buchdruckarbeiten findet die Prägetechnik nicht selten Anwendung. Die verschiedensten Techniken des Prägens und Pressens sind in meinem in zweiter, vermehrter und verbesserter Auflage im gleichen Verlag erschienenen praktischen Handbuch für die gesamte Prägetechnik eingehend behandelt. Es ist eine wichtige technische Neuerscheinung für jeden diese Technik ausübenden Betrieb.

a) Das Weiß- oder Blindprägen sowie die Herstellung der Matrize

Nachdem die Maschine ausgepackt, vom Staub gereinigt und gut geölt, befestigt man dieselbe auf einem stabil gebauten Tisch oder Bock, welcher möglichst mit schrägen Füßen versehen ist, um dem Prägedruck besser standhalten zu können. Alsdann klebe man mit Syndetikon ein Stück Karton in Größe des zu prägenden Stempels auf die obere Platte mit Zapfen, welche für die Matrize bestimmt ist, wärme hierauf über Gas oder Spiritusfeuer die untere glatte Platte mit 4 bzw. 2 Stellstiften, welche für den Prägestempel bestimmt ist, so an, daß man darauf mittels Guttapercha den Stempel aufkleben kann. Ist dies nun vollführt, so setzt man die Matrizenplatte sowie die untere Platte mit dem Prägestempel ein und bringt die Presse ein paarmal unter Druck, läßt hierauf die angewärmte Platte mit dem Prägestempel erkalten, bis der darauf befestigte Stempel sowie der Karton festsitzen. Bei einer sogenannten Schiebeeinrichtung ist der Prägestempel oben auf der Einschiebeplatte befestigt, wogegen die Matrize dann auf die untere glatte Platte mit 4 bzw. 2 Stellstiften geklebt wird. Nachdem nochmals ein starker Druck auf den Matrizenkarton abgegeben, ist die scharfe Kontur des Prägestempels nun auf dem Karton zu sehen. Die flachsten Stellen der Gravur erscheinen zuerst scharf; auf die noch stumpfen Stellen wird so lange Karton aufgeklebt und jedesmal Druck darauf gegeben, bis nach und nach alles scharf ausgeprägt ist. Der überstehende Karton ist dann mit einem scharfen Messer — hierzu benützt man am besten ein herzförmiges Rasiermesser — auf der Matrize wegzuschneiden, man schneide den Karton jedoch nicht zu dicht an der Kontur fort. Hierauf überklebt man die Matrize mit dünnem gummiertem Papier. Dies hat den Zweck, auch die feinsten Stellen der Gravur herauszubringen; man bringt die Maschine nochmals unter Druck; nachdem nun die Matrize genügend hart und trocken geworden ist, kann das Prägen des Papiers vor sich gehen.

b) Die Farbenprägung

Die hierzu nötigen Farben können trocken, auch angerieben bezogen werden; angerieben werden die Farben mit Dammarlack. Eine Portion Farbe, etwas mehr, als man gerade gebraucht, schüttet man auf einen Lithographiestein oder eine Glasplatte und verreibt unter Zugießen von Dammarlack mit einem Verreiber aus Glas oder Porzellan so lange, bis die Farbe zart und geschmeidig geworden ist. Ist dieselbe noch zu dick, so werden einige Tropfen Terpentin hinzugegeben, aber nicht mehr als nötig, um den schönen Glanz, den die Farbe durch den Dammarlack erhalten hat, nicht zu beeinträchtigen. Zum Auftragen der Farbe auf den Stempel wird bei größeren Gravierungen eine Bürste mit festen Borsten in der Größe einer Zahnbürste benützt, bei ganz kleinen Gravierungen genügt ein kurzer Borstenpinsel. Weiße Farbe, wie Kremserweiß, wird nicht mit Dammarlack angerieben, sondern mit Gummiarabikum. Dieser trockene Gummi wird in größeren Mengen aufgelöst, etwa ½ l Wasser in einem steinernen Gefäß, und zur jeweiligen Verwendung bereit gehalten. Ist das Weiß nach dem Verreiben noch zu dick, so verdünnt man mit Wasser. Die weiße Farbe besitzt nun in Verbindung mit Gummiarabikum die nötige Deckkraft und Haltbarkeit auf dem gewöhnlich dunklen Prägepapier. Bei Prägungen mit weißer Farbe muß der Stempel öfters mit Wasser ausgewaschen werden, weil sich die Farben und Gummirückstände nach und nach festsetzen und die Schärfe der Prägungen beeinträchtigen. Auf der rechten Seite des Anlegetisches befindet sich die Papierklemme, hiermit befestigt man eine Lage Kopierseidenpapier zum Abwischen des Prägestempels. Bei der Radstempelpresse ist diese Papierklemme nicht angebracht, da es hier an Raum mangelt, hier benutzt man das Kopierseidenpapier zum Abwischen der Stempel in Buchform. Die einzelnen Bogen des Abwischpapieres werden mit Terpentin angefeuchtet, und dann kann mit dem Papierprägen begonnen werden. Man hebt die Unterplatte mit den 4 Stellstiften und den darauf befindlichen Stempel aus der Prägepresse, reibt mit der Bürste oder dem Pinsel die Farbe möglichst gleichmäßig in die Gravur und wischt sodann die Fläche des Stempels auf dem mit Terpentin getränkten Abwischpapier ab. Bei einer mit Schiebereinrichtung versehenen Presse nimmt man die Einschiebeplatte mit dem darauf befindlichen Stempel heraus und wischt diesen auf dem mit Terpentin getränkten Abwischpapier ab. Dabei muß Obacht gegeben werden, daß das mit Terpentin getränkte Papier nicht zu naß ist, ferner darf der Stempel beim Abwischen nicht zu fest aufgedrückt werden. In beiden Fällen wischt sich die Farbe, besonders bei flachen Gravuren, aus der Gravierung heraus. Sobald das Abwischpapier voll Farbe ist, reißt man den obersten Bogen herunter. Der Stempel muß so sauber abgewischt sein, daß auch nicht das kleinste Teilchen Farbe auf seiner glatten Fläche bleibt. Ist der Stempel abgewischt, so setzt man die Unterplatte mit dem Stempel in die Presse ein bzw. die Einschiebeplatte mit dem Stempel in den Schieberoberkopf; nach genauem Anlegen des zu prägenden Papiers wird der nötige Druck gegeben, und die Prägung ist fertig. Hierbei beachte man jedoch folgenden Hinweis: Ist der Druck zu fest, so spritzt die Farbe aus, ist der Druck zu leicht, so bleibt sie auf einzelnen Stellen aus. Die fertig geprägten Bogen legt man zum Trocknen auf eine Pappe, welche handgerecht zur Linken gelegt wird. Kommt es vor, daß trotz sachgemäßem Zuwerfen und richtiger Farbe weiße Stellen ausbleiben, so liegt der Fehler an der Matrize und muß ausgebessert werden. Bei Prägungen mit weißer Farbe wird dieselbe auf trockenem Papier abgewischt, also ohne jede Anfeuchtung. Sofern es sich um größere Auflagen handelt, wird die Verwendung der Maschinen mit selbsttätiger Wischvorrichtung zu empfehlen sein.

Die Herstellung der Prägeplatte ist der vorbereitende Arbeitsgang zur praktischen Ausführung der Prägearbeit. Die Plattenherstellung fällt selten in das eigentliche Arbeitsgebiet der Prägeanstalten, wird vielmehr in den meisten Fällen von Graveuren außer dem Hause besorgt. Erst mit dem Vorhandensein der fertig ausgearbeiteten Platte beginnt das erste Stadium der Prägetechnik. Es sei vorausgeschickt, daß das Bestellen der Prägeplatte, von der nicht selten der Ausfall der Prägearbeit abhängt, ein weitgehendes fachtechnisches Wissen nicht nur bezüglich der Technik der Gravur selbst, sondern auch bezüglich der weiteren Verwendbarkeit in der Technik des Prägens voraussetzt mit Bezug auf das Verarbeiten der Ware, die nicht selten durch irgendwelche technischen Schwierigkeiten Veränderungen ausgesetzt ist, die meist in dem Dehnungsprozeß des Papieres ihren Ursprung haben.

Die Arbeit des Prägens beginnt, wenn wir von einer Schilderung der Behandlung und Aufbewahrung der Prägeplatten und Stempel einstweilen noch absehen wollen, mit der Anfertigung der Matrize, die gewissermaßen ein negatives Bild der Stempelgravur ist, da erst durch das haarscharfe Einpassen der erhaben gearbeiteten Matrize auf der gravierten Stempelfläche das Gelingen der Prägung gewährleistet ist.

Die Herstellung der Matrizen für Prägeartikel

Es kann nur dann ein tadelloser Reliefdruck erzielt werden, wenn außer der technisch einwandfreien Gravur eine in allen Teilen sorgfältig ausgearbeitete und widerstandsfähige Matrize vorhanden ist, von der das Gelingen der Prägung abhängt. Sehen wir uns einmal die Erzeugnisse der Prägeindustrie im rohen und im verarbeiteten Zustand an, so werden wir finden, daß ein Hauptteil der Wirkung des Handelsartikels auf das kaufende Publikum ausschließlich auf das Gelingen der Prägungen zurückzuführen ist. Diese werden demnach um so schlechter ausfallen, je weniger Sorgfalt auf die Ausarbeitung der Matrize neben einwandfreier Stempelgravur verwendet wurde. Man darf hierbei nicht außer acht lassen, daß mit ein und derselben Matrize oft sehr hohe Auflagen gearbeitet werden sollen. Zuweilen kann wohl eine gut ausgearbeitete Matrize und mithin eine vollendete Prägung selbst Sünden beim Druck verschleiern helfen, wenn solche nicht zu augenfällig und nur für das geschulte Auge des Fachmannes bemerkbar sind. Zur Herstellung der Matrizen gibt es eine ganze Reihe von Hilfsmitteln, von denen wir die gebräuchlichsten kennenlernen wollen.

Die Papp- oder Kartonmatrize, die durch Übereinanderkleben einer mehr oder minder großen Anzahl von Papp- oder Kartonstücken entsteht, gehört zu den häufigsten Arten der Herstellung. Besonders für die Hervorhebung kleinerer Flächen, wie sie uns die Monogrammprägerei bietet, ist bei der Herstellung der Matrize die größte Sorgfalt anzuwenden, damit alle Feinheiten der Gravur bei der Prägung auch zum Ausdruck kommen. Die Anfertigung der gebräuchlichsten Art einer Matrize geschieht in folgender Weise: Von dem Stempel wird auf einem Stück nachgiebigem Karton ein Andruck gemacht, der zunächst natürlich nur ganz schwach ausfallen wird. Auf dieses Kartonstück gibt man einige kräftige Zuschläge auf der Wurfpresse (Balancier), wenn die Matrize auf dieser hergestellt wird. Die dadurch entstehende Flachprägung wird dann mit den von mehreren ausgeschnittenen Teilen der auf Karton gemachten Abdrücke der Stempelgravur überklebt und aufgeprägt, bis das Relief auf der Matrize stark hervortritt und sich in die Gravur des Stempels einpassen läßt. Man bedient sich zur Herstellung der Monogrammatrizen oft eines guten, starken Naturkartons — auch gibt es eigens für diesen Zweck gearbeitete Sorten. Die soeben geschilderte Art der Matrizenherstellung wird besonders für Textprägungen (Mottos jeder Art) in Bronze oder Farbe in Frage kommen. Für schwierigere Monogrammarbeiten, Ornamente, heraldische Prägungen für Papiermonogramme usw., bedient man sich am zweckmäßigsten zur Herstellung der Matrizen eines Glanzdeckels (Preßspan), der in der Größe des Stempels geschnitten wird. Unter dem Namen „Preßspan" wird eine dünnere oder dickere Pappe, die aus zähestem, hartem Fasermaterial hergestellt sein soll und zweiseitig hochglänzend (meist durch Glättstein geglättet) gearbeitet sein muß, gehandelt. Sofern dieses Material durch erhitzte Glättwerkzeuge geführt werden muß, ist größte Widerstandsfähigkeit des Faserstoffes und Reinheit desselben erste Voraussetzung. Ist der so zugeschnittene Karton auf dem Matrizenklotz aufgeklebt, so läßt man die Presse über Druck gehen und richtet die nicht gut herauskommenden Stellen durch Überkleben mit dünngeleimtem Papier auf, dann klebt man einen zweiten Deckel von Prägekarton auf und gebe nochmals kräftigen Druck. Sollten sich nun noch Stellen zeigen, die schwach ausgefallen sind, so hilft man durch abermaliges Überkleben derselben mit Papier nach, befestigt durch Kleben eine dritte Kartonlage darauf, überzieht diese wieder mit geleimtem Papier, streicht den Stempel mit Farbe ein und läßt, wenn derselbe gut gewischt ist, die Presse nochmals über Druck gehen. Den mit der aufgewalzten Farbe versehenen Stempel lasse man unter Druck ungefähr 10 Minuten stehen, damit die Deckel aufeinander antrocknen, und schneide dann die Konturen bis auf den ersten Deckel aus. Ist die Prägung Reliefgravur, so hat man das erhabene Bild auf dem oberen Pappstück, ist sie jedoch Flachgravur, so muß ein farbiger Aufdruck gemacht werden. Für die verschiedensten Zwecke des Prägens gibt es besondere Methoden zur Herstellung der Matrizen, die, wie hier nicht unerwähnt bleiben soll, die größte Erfahrung und Geschicklichkeit des Prägers voraussetzen, da von ihrer Beschaffenheit mehr oder minder das Gelingen des Prägens abhängt, insbesondere das Passen und das Herausheben der plastisch wirkenden Teile des Bildes. Wird mit einer größeren Fläche gerechnet oder sollen besonders plastische Wirkungen erzielt werden, so bedient man sich, da das mühsame Aufeinanderkleben von Pappstücken ziemlich viel Zeit erfordert, stark gefeuchteter Pappe oder der Matrizenmasse, die in Pulverform breiig eingerührt und auf einer besonders starken (nichtbiegsamen) Stanzpappe (Steinpappe) aufgebracht wird. Durch wiederholtes Anprägen nimmt die Masse die Form einer Stempelgravur an: nach erfolgter Nacharbeit wird die erhaltene Form dann eingebrannt und gibt eine brauchbare Prägematrize. Wenn diese Vorbereitungen erfolgt sind, dann beginnt das Prägen ausschließlich auf den dazu bestimmten Maschinen.

Für die Prägung kleiner Flächen, Mottos, Buchstaben u. a., dient der Monogrammbalancier, für größere die Kniehebelpresse, um auf Papieren und Kartons aller Art die gewünschten Formen und Wirkungen zu erzielen. Die Tiegeldruckpresse, bei erhöhten Ansprüchen die Farbdruckpresse, erscheinen ebenfalls berufen, die durch die einzelnen Techniken bedungene Aufwendung an Zeit und Kosten infolge des kombinierten Arbeitsverfahrens durch das Drucken und gleichzeitige Prägen bedeutend zu vereinfachen. In Fällen, wo es sich um kleine Flächen, Schriftmottos, ornamentale Randverzierungen usw., handelt, bedient man sich der Prägepresse für Handbetrieb (Balancier), für größere und schwere Stücke reicht der Handbetrieb nicht aus, da muß auf die mechanische Kraft zurückgegriffen werden. Für ganz besonders schwere Prägungen, die unter Umständen dem zu prägenden Gegenstand bestimmte Formen geben sollen, wie etwa bei Wandtellern, welche etwas kugelförmig gewölbt sind, werden hydraulische Pressen verwendet, bei denen der Prägedruck natürlich ein ganz besonders starker ist. Die sogenannten Blitzpressen — das sind die schnellstlaufenden Maschinen der Prägeindustrie — ergeben täglich einseitig 3000 bis 3500 Prägungen, auf beiden Tischen also das Doppelte, sofern alles glatt vonstatten geht und die Maschine ununterbrochen läuft.

Für die Herstellung der maschinellen Prägearbeiten ist von besonderer Wichtigkeit die Beschaffenheit des Materials, das verarbeitet werden soll. Zur Vermeidung von Schwierigkeiten muß der Präger sein möglichstes tun. Er soll größere Warenposten der gleichen Art möglichst hintereinander aufarbeiten, vor allem aber keine zu frische Druckware verarbeiten, weil sich die Farbe sehr oft in die Stempelgravur ablegt und dadurch die Ware an Ansehen verliert. Schwierigkeiten hinsichtlich der Beschaffenheit des Papiers fallen nicht dem Präger zur Last, sondern ihre Vermeidung bzw. Vorbeugung ist Sache der Betriebsbeamten, die das zu verarbeitende Material hinsichtlich seiner Verwendbarkeit oder der besonderen daran gestellten Ansprüche kennen müssen. Wie kommt nun die Prägung bei der Schnelligkeit der Arbeit immer auf die richtige Stelle? Zu diesem Zwecke werden bei der Ware — sofern nicht mit einer Anlage gearbeitet wird — Nadelpunkte mitgedruckt. Das sind Punkte, die innerhalb oder außerhalb des Bilddruckes — in diesem Falle besonders gekennzeichnet — liegen und vermittels einer Nadel vorher durchstochen werden. An den gleichen Stellen befinden sich auf der Prägeplatte federnde Nadeln, auf die die Blätter bei jedem Prägevorgang aufgesteckt werden, bevor sie samt Stempel in die Einfahrt der Maschine gelangen, die mechanisch aus- und eingeschaltet durch Herabdrücken des Pressenkopfes mittels einer Spindel den Prägedruck besorgt.

Wir kommen nun bei der Ausübung des Prägens noch auf einzelne Besonderheiten zu sprechen. Wird das Papier nur Relief (blind) geprägt, so besteht die Arbeit nur aus dem Auflegen des Papiers über die Punkturnadeln. Hiernach ist die Matrize mit den Stiften in die Führungslöcher einzuführen, und es erfolgt der Prägedruck. Die Platten für glatte Prägungen erfordern keine weitere Behandlung im Vergleich zu denen, die für Durchbrucharbeiten bestimmt sind, weil sich bei solchen die Abfallteile der ausgeschnittenen Partien leicht in die Gravur der Platte ablegen und dadurch die durch die Hochprägung bedungene plastische Wirkung ungünstig beeinflussen. Daher ist die Herstellung von Prägungen mit mehr oder minder vielen Durchbruchteilen der Papierfläche etwas schwierig. Bei diesen erfolgt gleichzeitig mit dem Prägen das Schneiden, das jedoch auch aus mancherlei Gründen gesondert ausgeführt werden kann. Bevor das zu prägende Papierblatt auf die Platte gelegt wird, muß dieselbe jedesmal vermittels einer entsprechend präparierten, kräftigen, dichtborstigen

Bürste mehrmals gleichmäßig überstrichen werden, um ein Anhaften der Prägeblätter an der Platte zu verhindern. Aus diesem Grunde werden wir uns mit der Behandlung derartiger Stempel während des Präge- bzw. Schneidevorganges etwas näher zu befassen haben. Das Ausbürsten der Platten erfolgt bei unlackierten Drucken vermittels einer über Talg gestrichenen, bei lackierter Ware vermittels einer in Öl getränkten Bürste. In letzterem Falle tue man von dem Öl ein Quantum auf ein Stück Filz und lasse das Öl durch die porösen Schichten des Filzes gut durchziehen. Natürlich muß der Filz gut getränkt sein. Auf diese elastische Masse drückt man die Bürste durch einen kurzen Druck der Hand, die den Stiel hält, und streicht dann gleichmäßig und leicht mit der so getränkten Bürste über die Gravur der Platte. Es sei ausdrücklich davor gewarnt, Platten zur Prägung unlackierter Drucke auf Kreidepapier etwa mit einer in reinem Öl getränkten Bürste zu überstreichen, weil durch die Ölaufnahme in die Stoffteile der Prägeblätter infolge der Saugfähigkeit des Papiers die Ware unbrauchbar werden würde. Bei Reliefprägeplatten mit Schneidelinien ist in gleicher Weise zu verfahren wie bei getrennten Schneide- und Prägeplatten, nur ist nach dem Auflegen des zu bearbeitenden Papiers eine Stanzpappe auf die Platte zu legen und dann Druck zu geben, um zunächst das Papier zu durchschneiden. Nach Abheben der Stanzpappe ist der äußere Papierabfall sorgsam zu entfernen und dann die Matrizenpappe aufzulegen. Wir wollen bei dieser Gelegenheit nicht zu erwähnen unterlassen, daß der Stanzdeckel von Zeit zu Zeit mit Talg abgerieben und, um Schmieren zu vermeiden, gleich mit Federweiß eingestaubt werden muß. Dadurch wird eine Glätte erzielt, die für schnelles Arbeiten unbedingt erforderlich ist. Größere ausgeschnittene Teile lassen sich durch Aufklopfen mit der flachen Handfläche leicht aus der Platte abheben, kleinere Teile haften jedoch oft fest und müssen mit der Ahle ausgehoben werden. Um ein Festhaften von Durchbruchprägeblättern an der Platte zu vermeiden, ist es empfehlenswert, Stellen, an denen diese Schwierigkeiten besonders zu befürchten sind, mit Kupferblech auszulegen, wodurch ein glattes Loslösen der Prägestücke aus der Platte ermöglicht wird. Bei ungleicher Ausarbeitung der Schneideplatten wird es auch empfehlenswert sein, an besonders schwierigen Stellen (Durchbruchstellen auf den Stahlstempeln) auf den betreffenden Stellen auf der Rückseite der Platte Papierstücke aufzukleben, weil durch die geschaffene Erhöhung die Schneidekraft verschärft wird, wodurch bei Preßdruck ein glatterer Durchschlag erzielt wird. Bei sehr fein gearbeiteten Gravuren solcher Artikel, die von der Platte zugleich geschnitten werden und aus sehr dünnen Stoffen bestehen, wie beispielsweise bei Kuchenpapieren für Torten u. a. m., müssen diese vorher präpariert werden. Es handelt sich bei diesen Artikeln mehr oder minder um holzfreie Papiere von äußerst dünner Qualität (sogenannte Florpostpapiere), welche, da in mehreren Lagen zugleich bearbeitet, sich unter dem großen Prägedruck auf dem Balancier während des Stanzens so fest aneinanderschmiegen, daß die Lagen nur mit großer Mühe auseinander zu bekommen sind, wobei natürlich sehr viel Ausschuß entstehen würde. In solchen Fällen tut man gut, die auf bestimmte Formate geschnittenen Papierlagen vorher durch Talkum zu ziehen. Durch die gleichmäßige Fettaufnahme der Papieroberfläche wird dem Zusammenkleben sehr wirksam vorgebeugt. Natürlich muß das Durchziehen durch das Pulver mit großer Sorgfalt vor sich gehen, um auch alle Teile der Papieroberfläche mit demselben in Berührung zu bringen. Daß Artikel, besonders Klappkarten aller Art, auch gleichzeitig von der Platte während des Prägevorganges geritzt werden können, um eine Umbruchstelle zu haben, sei noch beiläufig erwähnt; doch muß besonders bei stark auftragendem Inhalt (besonders bei Kreidepapieren) auf die Möglichkeit Rücksicht genommen werden, daß Brüche entstehen oder die Auftragsschicht abblättert. Diesen Übelständen helfen nur Stichproben vor Verarbeitung des Papiers ab. Dem völligen Durchbrechen der Umbruchstellen läßt sich, wenn nicht schon durch eine entsprechende Beschaffenheit des Papiers darauf Rücksicht genommen ist, durch vorheriges Hinterkleben der Kniffstellen vorbeugen. Auch durch Hinterkleben mit gleichartigen Vorschnitten und nochmaliges Prägen lassen sich abgebrochene Teile wieder ungesehen machen.

Die Monogrammprägetechnik

Die Herstellung der Monogramme zu kennen, ist ebenso notwendig wie interessant, weil diese Technik oft ein Hauptfaktor hinsichtlich der Ausschmückung von Luxuskarten sowie Drucksachen ist. Hervorgegangen ist sie wohl aus den ersten Versuchen, verschlungene Buchstaben (Monogramme) auf Papier zu prägen, wobei erstrebt wurde, die Prägung in Farben wiederzugeben, um so eigenartige Wirkungen zu erzielen, die sich angenehm von den bis dahin gekannten Bildprägungen abhoben. Die Technik selber ist je nach der Beschaffenheit (Gravur) des Stempels und wohl auch der mehr oder weniger künstlerischen Veranlagung der ausübenden Person in den verschiedensten Betrieben der Papierverarbeitung eine andere. Man unterscheidet in der Hauptsache sogenannte Relief- und Tiefgravuren sowie solche, die, strichartig hergestellt, dem Stahlstich ähnlich sind. Das zum Stempel erforderliche Material sollte immer Stahl sein. Messing, Rotguß oder Bronzemetall sind ihrer geringen Konsistenz wegen weniger geeignet. Zudem lassen sie aufgetragene reine, helle Farben, die meist sehr empfindlich sind, getrübt erscheinen, was bei Verwendung von Stahlstempeln ausgeschlossen ist. Messingstempel werden meist dann geschnitten, wenn es sich um kleine Monogrammstempel handelt, die in der Zeichnung besonders sehr fein ausgearbeitet sein müssen. Für weniger anspruchsvolle und besonders größere Arbeiten nimmt man Stahlplatten, die natürlich auch entsprechend mehr aushalten können. Über die zur Verwendung kommende Maschine dürfte sich zu sprechen erübrigen, da sie den meisten der geschätzten Leser aus der Praxis schon bekannt sein dürfte. Wir wollen uns lediglich auf den Hinweis beschränken, daß besonders in letzter Zeit die Pressen mit selbsttätigen Wischvorrichtungen mehr und mehr zu finden sind, und es sei mir vorbehalten, diesen Gegenstand in einem folgenden Artikel noch eingehender zu behandeln. Wir schreiten jetzt zu der eigentlichen Technik der Monogrammprägerei, welche vermöge ihrer technischen Eigenart die zartesten Töne in großer Schärfe wiedergibt, wie beispielsweise ein vorzüglicher Autotypiedruck alle Feinheiten der betreffenden Ätzung erkennen läßt.

Was zunächst die Farben, die zur Verwendung kommen, anbetrifft, so sind sie ebenso wie für den Druck auf den Zylinderpressen des Buchdrucks ausschlaggebend für die Erzielung guter Resultate. Lackfarben haben anderen gegenüber den Vorzug, daß sie mit schönem Glanz auftrocknen und so eine eigenartige Wirkung hervorbringen. Außerdem kommen Wasser-, Gummi- oder Honigfarben in Anwendung. Mehrfarbige Prägungen zu erzielen, setzt immerhin eine Geschicklichkeit des Arbeiters voraus. Entweder trägt man mehrere Farben für einen Druck gleichzeitig auf oder aber erreicht die Mehrfarbenwirkung durch Verwendung einzelner Farbplatten, wobei natürlich durch Nadeln oder Anlegen des die Prägung aufnehmenden Kartons ein genaues Passen der verschiedenen Platten herbeigeführt werden muß.

Frische Prägungen überstäubt man mit Gold, Silber oder beliebiger Bronze in Pulverform, legt über den von Farbe gesäuberten Stempel eine blanke Zinn- oder Kupferfolie und gibt auf dieser vorher vollkommen getrockneten Prägung einen zweiten scharfen Druck. Dadurch erhält die Bronze infolge der blanken, harten Folienfläche eine Politur, die zu anderen bunten oder stumpfen Farben auf das angenehmste gegenwirkt. Die Entfernung jeder nicht in die Vertiefung der Gravur eingedrungenen Farbe ist notwendig, um überhaupt eine Monogrammprägung herstellen zu können. Man bedient sich zu diesem Zwecke des Wischers, eines glatt aufliegenden Blockes aus Affichen- oder Seidenpapier von etwa Fingerdicke in Oktavformat; mehr oder minder starke Lagen sind je nach der Gravur auszuproben. Auch wird es sich aus der Prägung selbst und der Beschaffenheit des Metallstempels ergeben, ob man mehr rauhes oder glattes Papier anwenden muß. Dieses Wischpapier wird an der Kante fest zusammengepreßt und ist mäßig mit gutem Terpentin zu durchtränken, den man durch Beschweren des ganzen Blockes durch die einzelnen Blätter hindurchziehen läßt, damit alle möglichst gleichmäßig gefeuchtet werden. Dieses so zubereitete Papier nimmt nun von dem mit der eingefärbten Seite mittels Handbewegungen flach darauf hin und her bewegten Stempel die Farbe von der Oberfläche desselben ab und läßt selbst die zartesten Vertiefungen der Gravur unberührt. Zum Einfärben der Prägeplatte nimmt man entweder einen nicht zu weichen, elastischen Borstenpinsel oder eine gewöhnliche Zahnbürste. Die Wahl dieses Geräts hängt von der Beschaffenheit der Farbe ab. Ein mit der Monogrammprägearbeit vielfach in Zusammenhang stehendes Verfahren ist der Flach- oder Walzendruck. Es handelt sich dabei darum, Flächen oder Töne zu erzielen, die zur Unterstützung der Zeichnung dienen sollen. Solche Töne werden mit einer Handwalze auf den Stempel aufgewalzt, da es nur darauf ankommt, die Oberfläche desselben mit Farbe zu versehen. Beim Abdruck müssen die gravierten Stellen als weiße Lichter wirken, die Farbe darf also in ausgesparte tiefe Stellen der Oberfläche nicht eindringen. Die zur Verwendung kommende Farbe ist beim Walzendruck jedoch mit Firnis statt mit Lack zusammengestellt, weil Lackfarben sich nicht zu einer gedeckten Fläche verwalzen lassen. Die Farbe muß vorher gründlich zerrieben werden, was meist auf einem kleinen Lithographiestein mit Hilfe einer Spachtel vor sich geht.

Für den Erhalt einer guten Prägung ausschlaggebend ist genau wie bei der Reliefprägung auf den Balanciers die Beschaffenheit der Matrize. Entweder wird der Stempel auf dem unteren Teil der Presse angebracht und die Matrize oben oder umgekehrt. Das Aufkleben des Stempels auf den Stempelkloß erfolgt am besten mittels erhitzten Kautschuks. Auf den Matrizenkloß klebt man zunächst ein Stück einseitig mit Leim gestrichene Lederpappe bis zu 1½ mm Stärke, welche genau die Größe des Stempels haben muß. Nach Aufkleben der ersten Pappstücke sind einige kräftige Zuschläge erforderlich. In dieser Weise wird so lange nachgeklebt, bis das erhabene Bild auf dem Pappstück hervortritt, wenn es sich um eine Reliefprägung handelt. Ist die Prägung jedoch Flachgravur, so muß ein farbiger Aufdruck gemacht werden. Tritt die Plastik der Gravur auf der Matrize scharf hervor, dann werden sorgfältig, immer 1 mm von der äußersten Umrißlinie einsetzend, die unbenützten Teile der Pappe weggeschnitten. Kleine Zwischenräume innerhalb der Zeichnung läßt man bestehen. Die fertige Matrize überklebt man am besten mit dünnem grauem Gummituch, indem man noch einigen Druck auf der Presse gibt, um dasselbe in die plastischen Formen der Gravur zu bringen. Das Entfernen überflüssigen Fleisches ist notwendig, um die Kraft des Druckes nicht zu schwächen. Um die Matrizenauflage elastisch zu machen, kann man das Gummituch (wie es für sanitäre Zwecke gebraucht wird) auch mit einer dünnen Schicht Kautschuk aufkleben. Eine harte Matrize würde bei dunkelfarbigem Papier einen dunklen Rand um die Prägung hinterlassen, während weiße Papiere durchsichtige Stellen aufweisen würden (den Spiegel). Das Ausspritzen der Farbe, wie es zuweilen in der Technik auftritt, hat seinen Grund in zu dünner Farbe, oder die Pappe ist nicht dicht genug an der Zeichnung abgestochen. Durch geschickte Zubereitung der Matrize lassen sich auch sogenannte wolkige Drucke erzielen. Ausgesparte, also keine Farbe enthaltende Stellen lassen sich in einem Arbeitsgang reliefartig herausprägen, indem sie also Hoch- und Tiefdruck zugleich umfassen. Hiermit sind im allgemeinen die Vorbedingungen für die Monogrammprägung erschöpft. Bei einiger Übung ist es nicht so schwer, selbst mehrere Farben nebeneinander aufzutragen, die gänzlich voneinander verschieden sind oder ineinander verlaufen, wie wir es vom Irisdruck in der Buch- und Steindrucktechnik her kennen. In einem folgenden Aufsatz werden wir die Verwendung der Maschinen mit selbsttätiger Wisch- und Einfärbevorrichtung kennenlernen im Gegensatz zu der Technik der Monogrammprägung unter Benutzung des Handbalanciers.

Kleine Monogrammarbeiten stellt man am besten auf der Handbalancierpresse her. Diese Maschine besteht aus einem starken Hohlgußteil, mit möglichst weiter Ausladung. Der Führungsteil, woran der Kasten, der den Schlitten mit dem Stempel aufnimmt, befestigt ist, wird von 2 Backen gehalten. Durch Schrauben fest aneinandergefügt, lassen sie dem Führungsteil noch gerade genügend Spielraum zum Auf- und Niedergleiten. Diese Bewegung wird hervorgerufen durch eine in dem oberen Teil des Pressenkopfes eingeführte Spindel, welche oben mit dem Schwungrad verbunden ist. Der untere Teil des Balancierkörpers enthält genau unter dem Schlitten gelagert und horizontal ausgerichtet eine Platte zur Aufnahme der Matrize. Durch den am Schwungrad befestigten Handgriff wird dasselbe in rotierende Bewegung versetzt, und die Spindel treibt den Kasten mit Schieber und Stempel senkrecht auf die erwähnte Matrizenplatte. Im Augenblick der Berührung beider Teile würde zwar die eigentliche Prägung verrichtet sein, dann aber würde die Presse in dieser Stellung verharren. Es müßte also bei Fortsetzung der Arbeit das Rad erst wieder zurückgedreht werden. Wie umständlich dies wäre, liegt auf der Hand. Die Aufwärtsbewegung des Preßkörpers hat man durch zwei starke, seitlich gelagerte Federn (Spiralen) erzielt, welche außerdem den Zweck haben, auszuübenden Prägedruck weicher und elastischer zu gestalten. Die Benutzung von Spiralfedern ist allen übrigen Arten vorzuziehen, weil sie widerstandsfähiger sind und die Führung sicherer besorgen als die stahlgehämmerten langen Federn.

Außer den Maschinen für den Hand- gibt es auch solche für den Fußbetrieb, bei denen man zwar beide Hände zum Arbeiten frei hat, aber nicht imstande ist, einen annähernd so schweren Druck zu erzielen wie bei der besprochenen Bauart. Monogrammprägedruck in Farben läßt sich, außer wie schon erwähnt, auf der Tiegeldruckpresse, auch auf der Kniehebelpresse herstellen, wozu jede für Preßvergoldearbeiten hergerichtete Presse durch eine kleine Abänderung der Einführung zugerichtet werden kann.

Wir wollen uns zum Schluß noch einige Hinweise über das Aufbewahren der erfolgten Prägungen dienen lassen. Wenn solche frisch sind, müssen sie nebeneinander einzeln auf großen Pappen oder Brettern ausgelegt und je nach der Beschaffenheit der Gravur sowie der Farbe mindestens 2 bis 3 Tage zum Trocknen liegenbleiben. Um möglichst wenig Raum zu verlieren, werden solche Ablegebretter am besten in fächerartig eingeteilten Gestellen aufbewahrt (Horden). Die Bauart derselben ist die denkbar einfachste. Das ganze Gestell besteht aus übereinander angeordneten Leisten, mit entsprechenden Zwischenräumen zur Aufnahme der Ablegebretter. Der besseren Raumausnützung wegen empfiehlt es sich, die einzelnen Abteilungen solcher Horden ziemlich eng zu bauen, niemals aber darf man dabei so weit gehen, daß die Prägung irgendwie berührt oder gar beschädigt wird. Die Monogrammprägerei ist eine recht lohnende, wenn die Einrichtungen entsprechend sind. Sie läßt sich außerdem auch an gewisse Zweige der Papierverarbeitung bequem anschließen. Um Erfolge aufweisen zu können, ist außer der Auswahl und Gediegenheit des Arbeitsmaterials auch die Zweckmäßigkeit des Arbeitens und die Gewandtheit des Prägens als ausschlaggebend zu betrachten zur Erzielung annehmbarer Erfolge bei der Ausübung dieser Arbeitsleistung.

Die Monogrammprägepressen mit selbsttätiger Wisch- und Einfärbevorrichtung

Zu den Spezialitäten einiger bedeutenden Fabriken, die sich mit dem Bau von Papierbearbeitungsmaschinen befassen, gehören in erster Reihe auch solche, die zu einer Vereinfachung des Monogrammprägeverfahrens dienen. Das sind die Maschinen mit selbsttätiger Einfärbe- und Wischvorrichtung, auf deren Vorzüge und Nachteile wir näher eingehen wollen. Es ist ein durchaus anfechtbarer Standpunkt, wenn man glaubt, daß durch die Größe der Maschine die Präzision und der Ausfall der Ware ungünstig beeinflußt werden. Das wird nur dann der Fall sein, wenn man es bei der Zurichtung an der nötigen Aufmerksamkeit fehlen läßt. Von Anfang an müssen wir uns jedoch darüber klar sein, daß das Arbeiten an selbsttätigen Monogrammprägepressen nur dann ein lohnendes sein kann, wenn ständig große Posten zur Aufarbeitung vorhanden sind, damit die Maschine keinen Stillstand hat. Der Monogrammprägedruck auf den Maschinen mit selbsttätiger Wischvorrichtung wird selbstverständlich nur für jeweils einfarbige Sachen einen praktischen Wert haben. Trotz aller unverkennbaren Vorteile, welche die Benutzung solcher Maschinen bieten, ist doch in vielen Fällen der Gebrauch der Tiegeldruckpresse vorzuziehen, weil sie sich nicht nur zum Prägen, sondern auch zum Drukken bzw. beide Vorrichtungen zugleich bewerkstelligend verwenden läßt. In bezug auf den Farbverbrauch soll nicht unerwähnt bleiben, daß dieser bei der Tiegeldruckpresse trotz der zweimaligen Einfärbung ein viel sparsamerer sein wird als bei den Einfärbungsvorrichtungen der selbsttätigen Monogrammprägepressen, wobei wir auch die rationelle Benutzung der Wischvorrichtung bei den Handbalanciers nicht außer acht lassen wollen. Bei diesen kann jedes Seidenpapierblatt verschiedene Male immer wieder verwendet und dadurch vollkommen ausgenutzt werden, während bei der selbsttätigen Zuführung das Wischpapier nur immer einmal benutzt werden kann, wodurch bei großen Auflagen immerhin ein Mehrerfordernis an Material in Anrechnung zu bringen sein wird. Das Wischpapier für diesen Zweck muß dem Zug auf der Maschine standhalten, trotzdem aber muß es von sehr weicher, schmiegsamer Qualität sein, um die polierte Oberfläche des Stahlstempels nicht anzugreifen.

Die Beschaffenheit des Stempelmaterials muß eine besonders dauerhafte sein (gehärteter Stahl), weil durch die mechanische Wischvorrichtung die Stempeloberfläche mit der Gravur eines aus zu weichem Metall bestehenden Stempels allzubald abgeschliffen werden würde. In jedem Falle ist die Abnützung des Stempels eine größere als bei den allgemein üblichen Monogrammprägebalanciers mit Handbetrieb. Unter den Maschinen mit selbsttätiger Einfärbevorrichtung treffen wir ebenfalls Hand- und Kraftpressen der verschiedensten Konstruktion. Die Vorzüge der Benutzung von Buchdruckschnellpressen wurden wiederholt in der Fachpresse hervorgehoben, und mehr oder minder viele Leser kennen wohl auch schon deren Dienste für die Prägetechnik, wenn sie auch natürlich nicht gegen die nur zum Prägen bestimmten Balancierpressen aufkommen können. Im allgemeinen kann man sagen, daß sich Reliefprägedrucke auf der Buchdruckpresse (Tiegeldruckpresse) nur rationell gestalten lassen werden, wenn es sich um größere Flächen handelt.

Um auf die selbsttätigen Pressen zu sprechen zu kommen, müssen wir vorausschicken, daß man dabei reinen Reliefdruck (Blindprägungen) und solche für kombinierten Relief- und Farbdruck unterscheidet. Wie die erstere, so geschieht auch die letztere Druckart in einem Arbeitsgange. Durch den Aufdruck von beliebig vielen Farben, mit beliebigen Reliefprägungen, kann man Buchumschlägen, Plakaten, Post- oder Geschäftskarten u. dgl. ein künstlerisches Aussehen verleihen. Für die Massenherstellungen solcher Arbeiten dienen besonders Kniehebelprägepressen mit automatischer Einfärbung (DRP.). Auf dem feststehenden Druckkopf der Presse wird die gravierte oder geätzte Platte aus Stahl oder Messing befestigt und auf dem selbsttätig aus- und einfahrenden Tisch die aus Pappe oder anderem formbaren Material bestehende Gegenmatrize befestigt. Die Bedienungsperson hat nur nötig, den Karton, die Pappe o. dgl. auf dem Tisch auszulegen, welcher sich zu diesem Zweck in seiner Außenstellung eine entsprechende Zeit in Ruhelage befindet. Das Einfärben der Prägeplatte, sowie alle anderen Bewegungen der Presse geschehen automatisch; auch für Autotypiedrucke sind sie geeignet. Durch einige Handgriffe kann das automatische Farbwerk abgestellt werden, so daß sich die Maschine für Blinddrucke, Vergoldungen (Aufpressen von Blattgold), zum Stanzen usw. mit Vorteil verwenden läßt.

Außer den eben erwähnten Pressen, bei denen das Relief immer in der Farbe des Prägematerials (Karton usw.) erscheint und der Druck farbig gedruckt wird, werden auch noch Reliefdruckpressen (sogenannte Monogrammpressen) mit automatischer Einfärbung gebaut, mit denen man, wie schon der Name andeutet, das Relief prägt und gleichzeitig färbt. Bisher mußte die gravierte Platte nach jedem Druck aus der Maschine herausgenommen werden, um das Einfärben mittels einer Bürste oder eines Pinsels vorzunehmen. Auf diese Weise wird sowohl die vertiefte Prägung als auch der Fond mit Farbe bestrichen. Der Fond soll aber farblos bleiben. Die Platte wird deshalb über Wischpapier gezogen, so daß nur die vertiefte Gravur die Farbe behält, und dann wieder in die Maschine eingeschoben. Es erfolgt hierauf der Druck, wobei ebenfalls eine Pappenmatrize als Gegenform dient. Die obenerwähnte Monogrammpresse besorgt sowohl das Einfärben der Platte als auch das Abwischen automatisch. Der Druck geschieht mittels einer Spindel und Schlagrad von Hand. Die Leistungsfähigkeit dieser Presse ist daher um ein bedeutendes gesteigert. Sie hat nur eine kleine Druckfläche und ist daher hauptsächlich für die Prägung von Papiermedaillons, Monogrammen und kleinen Inschriften in Reliefdruck auf Briefbogen, Umschlägen, Karten, Passepartouts usw. bestimmt.

Mit Bezug auf den Vergoldedruck möchte ich als Abschluß dieser fachtechnischen Betrachtung noch die Maschinen mit selbsttätiger Blattgoldzuführung besprechen. Das erstrebenswerteste Ziel einer jeden Prägeanstalt war bisher, eine Methode zu finden, um Gold- und

Metallprägungen leichter, unabhängiger und schneller herzustellen. Nach mehreren Jahren vergeblicher Arbeit gelang es vor einigen Jahren, eine vollständig automatisch arbeitende Presse herzustellen, bei welcher sowohl das Gold, Blattmetall, Aluminium und Farbfolienpapier, als auch das zu prägende Material selbsttätig zugeführt wird. Dadurch wurde eine nie erwartete Leistungsfähigkeit erzielt, kommt man doch auf 50—60 Prägungen in der Minute, ohne den Mechanismus der Presse übermäßig anzustrengen. Diese Leistungsfähigkeit spricht für sich selbst, denn sie bedeutet ungefähr das Fünfzehnfache der bisherigen Methode der Blattgoldauflagen von Hand. Für Seifen-, Schirm-, Zigaretten-, Schokoladenpackungen usw. ist eine Vorrichtung an der Presse angebracht worden, welche das zu prägende Papier respektive den Karton gleich von der Rolle prägt und wird das Papier respektive der Karton in beliebigen Größen vorgezogen und gleichzeitig in entsprechende Formate zerschnitten. Mit dieser Zuführung ist die Leistungsfähigkeit eine unbegrenzte. Für Karten und Karton usw. erfolgt die Zuführung ebenfalls automatisch und hat die Person, welche die Presse bedient, die Sachen nur stoßweise einzulegen, alles übrige besorgt die Presse selbst. Die Gold- respektive Blattmetallzuführung erfolgt, wie bereits gesagt, von Rollen; diese Rollen sind derartig hergestellt, daß das Gold respektive Blattmetall an beiden Seiten von schmalen Papierstreifen getragen und so unter den Stempel gezogen wird. Durch geeignete Schneidevorrichtung wird vorher das Blattgold respektive Blattmetall in entsprechende Größen geschnitten, so daß irgendein Verlust bis auf den Millimeter vermieden wird. Durch diese sparsame Ausnützung des Blattgoldes und des Blattmetalles stellt sich das Blattmetall in Rollen gegenüber dem Verbrauch an losem Blattmetall ganz unmerklich teurer, was bei 1000 Prägungen nur 10 Pfennig beträgt. Dieser geringe Aufschlag kommt aber bei Berücksichtigung der bedeutenden Ersparnisse an Arbeitslohn, Heizung, Platz usw. gar nicht in Betracht. Die Prägerollen werden von 10 bis 140 mm in jeder Millimeterbreite geführt, so daß also das Material soweit als möglich ausnutzbar ist, was bei losem Blattgold und -metall als ganz ausgeschlossen gilt. Auch werden breitere Rollen von 145 bis 280 mm geliefert, jedoch haben diese noch in der Mitte einen dritten Führungsstreifen. Die Pressen sind für Kraftbetrieb eingerichtet und mit Gasheizung versehen; sie können jedoch auch für elektrische Heizung eingerichtet werden.

Die Preßvergolderei

Eng verknüpft mit dem Verfahren der Monogrammprägetechnik ist die Preßvergolderei, Tiefdruck oder auch kurzweg Heißprägung genannt, zu deren Besprechung wir nunmehr übergehen wollen. Die

Herstellungskosten sind im Verhältnis zu denen der Monogrammprägerei geringere. Man bedient sich des Heißprägeverfahrens, um Luxusartikeln durch Aufbringen von geeigneten Hinweisen auf Ereignisse in dem Familienleben, als da sind: Geburts- oder andere frohe Festtage, oder auch durch Aufbringen ornamentaler Gold- oder Silberverzierung ein gefälliges Aussehen zu geben. Goldschmuck eignet sich besonders für allgemeine Fälle, während man sich des Silberschmuckes unter Verwendung des Aluminiumschlages besonders zur Herstellung gewisser Spezialartikel bedient, wie Texte zur Silberhochzeit, Beileidskarten u. a. m. Die weitaus größte Verbreitung hat das Tiefdruckverfahren natürlich auf dem großen Gebiete der Gratulationskarten gefunden, deren Erzeugnisse sich ein jeder bei den verschiedensten Familien- und festlichen Anlässen zu bedienen pflegt. Die Preßvergolderei hat einen ungemein großen Aufschwung genommen, der bedungen ist durch die wechselnde Geschmacksrichtung des Publikums einerseits, anderseits durch die Entwicklung gewisser Industriezweige, wie beispielsweise der Albumfabrikation, Postkartenindustrie u. a. m.

Die Verwendung des festen Metallauftrags bedingt eine längere Haltbarkeit der betreffenden Rohmaterialien; die auf diese Weise ausgestatteten Erzeugnisse gewinnen an edlem Ausdruck. Um zu erreichen, daß das auszuschmückende Erzeugnis auch in der Tat den Anforderungen entspricht, die man vom künstlerischen Standpunkt zu stellen berechtigt ist, nämlich eine vollkommene, durchaus einwandfreie Deckung zu erzielen, muß die zu dekorierende Fläche, auf welche das Blattmetall abgegeben werden soll, vorher entsprechend behandelt werden. Wenn dem zu bearbeitenden Material die Bindemittel fehlen, so müssen solche zuvor aufgebracht werden. Die Artikel, die bearbeitet werden sollen, werden zuvor mit Talkum (Vergoldepulver) eingerieben oder mit eiweißhaltiger Lösung bestrichen, weil sonst das Blattmetall, welches dazu erforderlich ist, um den Schriften oder ornamentalen Verzierungen den gewünschten Ausdruck als Gold-, Silber- oder sonst welcher Metallimitation zu geben, sich mit der Prägefläche nicht verbinden würde. Die Folge wäre, daß sich dasselbe vor dem Prägen verschieben oder nach erfolgter Prägung von der Fläche abblättern würde. Für farbige Tiefprägungen verwendet man farbiges Mosaikpapier, für weiße und farbige Pressungen, sowie besonders für große und weiße Flächen Präge- oder Unterdruckpapier. Eine besondere Art desselben, die allbekannten Öser-, Farb- oder Bronze-Folien sind ganz dünn gearbeitete Farb- bzw. Metallblättchen, zu deren Benutzung selbst ein vorheriges Grundieren der Fläche überflüssig erscheint.

In dieser Abhandlung ist in der Hauptsache über Tiefdruckverfahren auf dem Gebiete der Gratulationskarten und sonstiger Erzeugnisse der Luxuspapierfabrikation zu sprechen, während die Preßvergolderei andererseits auch für Bucheinbandzwecke Verwendung findet.[1]) Es sei darauf hingewiesen, daß die Verarbeitung von echtem Blattgold, ganz besonders jedoch von Blattmetall (Schlagmetall) in den letzten Jahren enorm zurückgegangen ist und daß man, falls sich Echtgold für die Prägezwecke als zu teuer erweist, heute wohl ausschließlich Prägefolien verwendet.

Wir haben nun das Ausputzen und Auswischen der unter Verwendung von Blattmetall hergestellten Prägungen zu erwähnen, was mitunter sehr oberflächlich betrieben wird. Bei derartigen Prägungen ist es nötig, daß das Ausputzen von einer Hilfsarbeiterin sofort besorgt wird, und zwar muß diese dem Präger stets nachkommen, sie muß demselben sozusagen die Karten aus der Hand nehmen. Merkt sie, daß etwas nicht in Ordnung ist, so hat sie den Präger unverzüglich darauf aufmerksam zu machen, damit dieser dem Mangel sofort abhelfen kann. Auch muß beim Abputzen darauf geachtet werden, daß möglichst alle Linien, ob gerade oder in Form von Verzierungen, niemals in der Längsrichtung ausgeputzt werden. Bei den Schriften muß man möglichst ebenso verfahren. Den Vorteil wird man namentlich dann bemerken, wenn man mit sprödem Material zu arbeiten hat. Bei der Verwendung des zu verarbeitenden echten Blattgoldes lassen sich auch die Vorzüge der Sparsamkeit genießen. Prägungen mit solchem Metall werden über einen Kasten abgestaubt, dessen Deckel mit einem Drahtnetz versehen ist, zwischen dessen Maschen die abgeputzten, nicht haftenden Reste fallen und gesammelt werden, bis man glaubt, genügend Material beisammen zu haben. Es wäre töricht, das nicht verbrauchte Metall fortzuwerfen, da dasselbe von Händlern aufgekauft und wieder verarbeitet werden kann. Für Abfälle von echtem Blattgold beispielsweise wird man, besonders wenn es in größeren Mengen verarbeitet wird, immerhin einen nennenswerten Betrag erzielen können. Das Metall wird ausgeglüht, wobei sich die Schlacke von dem Kernmetall absondert, und dieses kauft jede Münze oder die Zwischenhändler nach dem Tageswert der Börsennotierungen.

Ein schlechtes Haften des Blattmetalls auf der Prägefläche ist zuweilen auch auf eine mangelhafte Qualität des Vergoldepulvers, auf zu schwachen Druck oder nicht genügende Hitze der Presse zurückzuführen. Auch der Verwendung findenden Matrize muß die nötige Sorgfalt geschenkt werden. Daher verwende man in Fällen, wo der Karton mit unechtem Blattmetall versehen werden soll, nur vollkommen säurefreie Bindemittel. Ob ein solches säurehaltig ist, findet

---

[1]) Literatur: Die Kunst des Handvergoldens, der Blinddruck und die Lederauflage von Paul Adam. Verlag Wilhelm Knapp, Halle.

man leicht, indem man ein blaues Lackmuspapier damit in Verbindung bringt, welches in solchem Falle eine rötliche Färbung annehmen wird. Auch feuchte Luft in den Räumen, in denen solche Prägungen aufbewahrt werden, ist oftmals die Ursache solcher Vorkommnisse, was nicht selten der Fall ist, besonders wenn die Ware in mangelhaft verschlossenen Paketen aufbewahrt wird. Die vielleicht nicht gerade sehr sorgfältig geschlossenen Pakete gestatten das Eindringen der Luft, welche Schwefelkohlendünste ausscheidet, und die Folge davon ist das Oxydieren der Prägeflächen. Metall, besonders unechtes, oxydiert immer nach Ablauf einer gewissen Zeit, auch wenn es trocken lagert, genau wie Messing stets oxydiert, wenn es der Luft ausgesetzt ist, was bei Foliendrucken jedoch ausgeschlossen ist.

Wir kommen nun auf die Technik des Prägens selbst zu sprechen. Das geschieht in folgender Weise: Auf den Schieber, auch Schlitten genannt, der das zu bearbeitende Material mit dem Prägestempel in Verbindung bringt, wird ein Stück Pappe geklebt, um eine glatte Anlagefläche zu haben. Bei Flachprägungen genügt eine harte Pappunterlage. Man nimmt am besten hierzu Stanzpappe. Bei Hochprägungen muß eine Matrize gemacht werden. Auf diese flachliegende Pappe macht sich der Preßvergolder eine Anlage in der Weise, daß er auf diese Fläche Kartonstreifen in der Längs- und Querrichtung klebt. Diese Vorrichtung hindert ein Verschieben der Gegenstände während des Prägens, und vor allem dient dieselbe dazu, um die Prägung immer wieder auf diejenige Stelle zu bringen, auf welche zu gelangen sie bestimmt ist. Hat man den zu bearbeitenden Gegenstand, wie bereits erwähnt, mit Talkum und Puder vorbereitet, so legt man auf diejenige Stelle, welche die Pressung erhalten soll, ein Stück Blattmetall, über dessen Beschaffenheit wir uns das Notwendigste bereits dienen ließen.

Es soll nicht unerwähnt bleiben, daß der Teil der Maschine, in welchem die Schlitten ruhen, angewärmt werden muß. Man bedient sich hierbei der Gasheizung. Die Flammen liegen in den bei jeder Kniehebelpresse ersichtlichen kreisförmigen Öffnungen in dem mittleren Teil der Maschine. Geschähe dies nicht, so würde sich das Blattmetall nicht mit dem Vergoldepapier in Verbindung bringen lassen. In diesem Falle würde das Metall von der Prägefläche abblättern, was trotz aller Vorsicht dennoch zuweilen vorkommt und in den meisten Fällen auf nicht genügende Erwärmung der Maschine zurückzuführen ist. Einige Stunden vor Aufnahme der Arbeit muß für Anheizung gesorgt werden, meist geschieht dies 1—2 Stunden vor Arbeitsanfang. Der untere Schlitten muß bei der Inbetriebsetzung der Maschine in die zu seiner Aufnahme bestimmte Einfahrt eingeschoben und der obere vermittels des Hebels heruntergepreßt werden. Auf den oberen Schlitten wird mit einem eigens präparierten Klebstoff der Stempel aufgeklebt. Durch das Herunterdrücken des Hebels wird der obere Schlitten auf das Metall und den zu pressenden Gegenstand gedrückt. Da der Stempel nicht tief graviert, die Zeichnung vielmehr erhaben gearbeitet ist, wird dieselbe durch den Druck auf das aufgelegte Metall und dieses dann in die Prägefläche hineingepreßt. Zur Fabrikation selbst muß ein Material verarbeitet werden, das die Hitze leitet. Das geschieht durch Verwendung von Messingstempeln, wobei die Hitze von dem Fundament der Maschine bis zum Kopf des Schriftsatzes oder der Oberfläche der Gravur des Stempels geleitet wird. Der Hebel wird dann wieder in die Ruhelage gebracht, das nicht verbrauchte Metall vermittels einer Bürste abgerieben und dann mit einem Lappen saubergewischt. Ist dieses geschehen, dann liegt die Pressung fertig vor uns. Soll die Prägung erhaben wirken, so muß man sich einer Matrize bedienen. Bei frischen Drucken muß bei Aufbringen des Blattgoldes, sowie besonders bei der nach der vorgenommenen Prägung erfolgenden Entfernung der abfallenden Teile vorsichtig verfahren werden, um ein Festhalten der abfallenden Metallteile auf der noch frischen Druckfläche zu vermeiden. Selbst das Pudern muß vorsichtig gemacht werden. Das Blattgold soll nicht größer geschnitten werden, als es die Prägefläche erforderlich macht. Man erreicht das, indem man beim Abwischen der abfallenden Teile diese vorsichtig nach außen hin (nicht etwa nach innen) auf dem kürzesten Weg zur Außenkante befördert. Es ist das fast ausschließlich leicht durchführbar, weil es sich um Texte handeln wird, die doch meist am Fuße der Karten usw. stehen. Um durch das Tiefdruckverfahren einen möglichst vollwertigen Ersatz für die Monogrammprägungen zu erzielen, kann man die in der geschilderten Weise hergestellten Schriften, und diese kommen wohl hauptsächlich in Frage, wenn man eine Ähnlichkeit mit gravierten Platten und Monogrammarbeiten erzielen will, hochprägen. Es wird dies erreicht, indem die hineingeschriebenen Schriftzeichen vermittels eines Reliefstempels nachgeschlagen werden. Eine solche Prägung wird von einer in einfachem Tiefdruckverfahren hergestellten insofern für sich einnehmen, als die Wirkung der Prägefläche eine brillantere ist. Die beste Gewähr für gutes Pressen ist allerdings dann geboten, wenn die Platte als Tief-Reliefdruckplatte gearbeitet ist. Dadurch wird die Maschine weniger belastet, auch ist eine bessere Gewähr dafür geboten, daß die Prägungen gut passen, was schon weniger wahrscheinlich ist, wenn Tief- und Reliefplatte gesondert Anwendung finden.

Die Spitzenpapierfabrikation

Durch den Bau von Maschinen für endlose Streifen ist die Spitzenpapierfabrikation in vollständig neue Bahnen gelenkt worden. Wer die frühere stückweise Arbeitsmethode kannte, wird den ungeheuren Fortschritt ermessen, der auf diesem Gebiete der Papierverarbeitung vor sich gegangen ist. Während man beim Arbeiten von einer gravierten viereckigen Platte mit Bleihammer oder Walzwerk nur notdürftig einen sauberen Schnitt oder einen mangelhaften Schein von Prägung erzielte, besorgen die heut gebauten Maschinen in einem Arbeitsgange die vollständige Fertigstellung der Spitzenpapiere. Der Grundgedanke, nach dem diese Maschinen arbeiten, ist derselbe wie bei den Rotations- und Buchdruckmaschinen.

Beginnen wir zunächst mit der Beschreibung der Maschinen und deren Arbeitsweise. Dieselben bestehen aus einem fundamentalen Unterbau mit starken Seitenteilen, in denen die drei Arbeitswalzen gelagert sind, welche mittels starkem Druck auf die Lagerteile das Papier schneiden und prägen sollen. Das zu verarbeitende Papier wird in Breite der Walzen auf Spulen gewickelt. Von letzteren werden je nach Stärke des Papieres zwei, drei oder auch vier Spulen angebracht. Um ein leichteres Auseinandernehmen der zusammenlaufenden Papierbahnen zu ermöglichen, ist es notwendig, Talkumpulver zwischenzustreuen, was mittels Streuapparaten geschieht, welche vor den Arbeitswalzen angeordnet sind.

Die mit Schneide- und Reliefgravierung versehene Stahlwalze lagert in der Mitte, unter dieser die glatte Stahl- oder Bleiwalze, während oberhalb die Papier- oder Matrizenwalze sich befindet; die zum Ausschneiden der durchbrochenen Teile dienende Stahl- oder Bleiwalze macht seitlich hin- und hergehende Bewegungen, dagegen liegen die gravierte und die Papierwalze in festen Lagern. Diese Vorrichtung hat den Zweck, daß die hochgravierten, auf die glatten Stahl- oder Bleiwalzen drückenden Schneiden bei jeder Umdrehung andere Stellen berühren, wodurch ein sauberer Schnitt erzielt wird. Bei den Maschinen mit Bleiwalzen ist unterhalb derselben noch eine glatte Stahlwalze angebracht, welche die durch die Schneiden entstehenden Unebenheiten wieder glattdrückt.

Die nach dem Talkumieren in eine Bahn zusammenlaufende Papierlage passiert zuerst die gravierte Stahl- und die glatte Unterwalze zur Herstellung des Durchbruchs, läuft um die erste herum und passiert dann wieder die gravierte Stahlwalze, während von oben die mit Relief versehene Papierwalze drückt und die schönsten Stickerei- und Häkelmuster hervorbringt.

Die aus dem vorstehend beschriebenen Arbeitsgange erzeugten endlosen Streifen werden nun, je nach Wunsch, in kürzere Stücke von bestimmter Länge oder für Rollenpackung bis zu 100 m abgeschnitten oder mit einer oder mehreren Farben bedruckt. Durch geeignete Apparate, welche an derselben Maschine angebracht sind, werden diese Arbeiten sofort vorgenommen.

Das Zerschneiden in Stücke bis ungefähr einen Meter Länge erfolgt durch ein scherenartig wirkendes Messer, welches auf einer Seitenwelle ruht. Letztere steht wieder in Verbindung mit einer Zahnradübertragung, welche je nach Länge der Streifen besonders eingestellt wird. Sollten längere Stücke wie 10, 50, 100 m oder mehr in Frage kommen, ist mit diesem Zahnrad ein automatischer Zählapparat verbunden, der durch ein Glockenzeichen die eingestellte Länge angibt, welche dann von der bedienenden Person mit der Schere abgetrennt wird.

Das Bedrucken der Spitzenstreifen geschieht nur auf Maschinen mit harten Unterwalzen, und zwar durch einen Färbeapparat, welcher hinter der Prägewalze und vor dem Schneideapparat angebracht ist. Ähnlich wie beim Tapetendruck werden die Spitzenstreifen über hochgravierte, mit Flächenmustern versehene Messingwalzen geführt. Letztere stehen wieder mit einem Farbwerk in Verbindung, welches die Farbe mittels Walzen überträgt. Beim Druck von mehreren Farben ist die Anordnung mehrerer Farbwerke mit entsprechend gravierten Messingwalzen erforderlich.

An Stelle des Färbeapparates lassen sich auch Spritzpistolen so anordnen, daß die durchlaufend geprägten Streifen selbsttätig von links und rechts seitlich angespritzt werden können, wodurch die Wirkung des Reliefs bedeutend erhöht wird.

Um die einzelnen Papierstreifchen aus den Durchbruchstellen leichter zu entfernen, läßt man, wenn erforderlich, die fertigen Streifen noch zwischen zwei Walzen laufen, welche mit langhaarigem, bürstenartigem Plüsch überzogen sind.

Wie oben erwähnt, benutzt man zum Ausschneiden der Durchbruchteile entweder Unterwalzen aus Stahl oder Bleilegierung. Erstere werden nur für Streifen aus Schirting und für Papierstreifen mit möglichst offenen Mustern, wie Stickerei-Imitationen, angewandt. Es ist daher notwendig, daß die gravierten Stahlwalzen vor dem Arbeiten genügend gehärtet werden, um ein Stumpfwerden der Schneiden zu verhüten. Für Häkel- und sonstige feine Durchbruchmuster ist es praktischer, Bleiwalzen zum Ausschneiden zu benutzen.

Letztere werden aus einem bestimmten Gemisch von Blei, Antimon und Zinn gegossen und läßt sich das Material, wenn abgenutzt, durch Umguß unter Hinzufügung frischen Materials wieder verwenden.

Die Herstellung der Gravierung auf der eigentlichen Hauptwalze zu den Spitzenpapiermaschinen muß Spezialgraveuren übertragen werden, welche große Erfahrung in diesem Fach besitzen.

Die Breite der Gravur auf den Walzen richtet sich nach der Arbeitsbreite der Maschinen, welche für Walzen in Breite von 20, 36 und 60 cm gebaut werden.

Auf Maschinen in Breite von 20 cm werden hauptsächlich Kartonnagenstreifen, Küchenstreifen, kleine Tortenpapiere, Aufleger für Konfektschachteln usw. hergestellt, während die Maschinen in Breite von 36 und 60 cm zur Herstellung von mittleren und großen Tortenpapieren, ovalen Tellerpapieren, Shelfpapieren usw. dienen.

Tortenpapiere und Spitzenpapiere mit ringsherum abgegrenzten Mustern, welche stückweise verkauft werden, fallen nicht einzeln aus der Maschine heraus, sondern sind durch Verbindungen zusammengehalten. Beim Auslauf aus der Maschine werden diese Bahnen in bestimmten Längen mittels Schere an den Verbindungen abgetrennt. Diese Längen werden dann von besonderen Arbeiterinnen genau nach dem Muster fest aufeinandergelegt und dann in Lagen von 100 mittels Stechbeutel an den Enden der Verbindungen abgestochen.

Die Papier- oder Matrizenwalzen bestehen aus hydraulisch zusammengepreßten, auf einen Eisenkern aufgeschobenen Papierscheiben, welche an den beiden Enden der Walze durch angeschraubte runde Eisenplatten festgehalten werden. Nachdem die Oberfläche dieser Papierwalzen glatt abgedreht worden ist und genau denselben Durchmesser wie die gravierte Walze erhalten hat, läßt man beide Walzen längere Zeit in der Maschine fest zusammenlaufen. Die Gravur der Walze drückt sich dann in den Papiermantel ein, wodurch die eigentliche Matrize gebildet wird.

Das zur Verarbeitung kommende Papier für die Spitzenstreifen usw. muß möglichst holzfrei und zähe sein, um nicht nur die Spannung beim Lauf durch die Walzen auszuhalten, sondern auch um den feinen Spitzen eine gewisse Festigkeit zu geben. Außerdem ist es notwendig, daß von seiten der Papierfabriken auf eine möglichst feste Wickelung Rücksicht genommen wird.

Wir kommen nun zu einem besonderen Zweige der Luxuspapierfabrikation, deren Erzeugnisse unsere Aufmerksamkeit in hohem Maße verdienen: zu den Torten- und Spitzenpapieren nämlich.

Da dieselben auf Walzen gearbeitet werden, so dürfte es einleuchten, daß auch das Papier auf solche gewickelt ist und automatisch abgewickelt, sowie geschnitten wird. Der Stoff ist fast ausnahmslos sehr dünn, aber in sich sehr fest, um den vielen, dicht aneinanderliegenden Schneiden standhalten zu können, ohne auszureißen.

Nur in sehr wenigen Fällen werden solche Produkte auf Balancierpressen gearbeitet. Die Herstellung kann stets in mehreren Exemplaren erfolgen, doch ist die Fabrikation eine sehr schwierige, weil vermöge des sehr dünnen Stoffes, der den Florpostpapieren zuweilen nahe kommt, unter Umständen viel Ausschuß entsteht und auch das flotte Weiterarbeiten sehr erschwert ist, weil die geschnittenen Stücke so fest zusammensitzen, daß sie nur unter Aufwendung großer Mühe auseinandergenommen werden können.

Ähnlich der Bauart der Gaufrierkalander ist die Maschine, welche zur Herstellung von Spitzenpapieren dient. Man weiß oftmals nicht, wem größeres Verdienst gebührt, den fleißigen Händen der Spitzenarbeiterinnen oder den Maschinen dieses Industriezweiges. Torten- und Tellerpapiere, sowie insbesondere Küchenstreifen sind es, welche dieser Handelszweig schafft. Die Art und Weise der Arbeitsleistung auf den Maschinen zu diesen Artikeln ist im Prinzip ebenfalls dieselbe, wie beim Gaufrierkalander. Nur wird bei einigen Arten dieses Artikels nicht jedes Stück Papier einzeln in die Maschine, sondern dieses wird, wie bereits erwähnt, ähnlich wie bei dem Zeitungsdruck auf der Rotationsmaschine auf Rollen gewickelt eingeführt, welche beim Arbeitsvorgang mechanisch abgewickelt und verarbeitet werden.

Äußerst sinnreiche Vorrichtungen an solchen Maschinen, wie beispielsweise das Anbringen eines Farbwerkes, ermöglichen es, einzelne Teile der Prägung gleichzeitig mit einer beliebigen Farbe zu versehen, wodurch dem Auge eine gefällige Abwechslung geboten wird. Wir finden diese Erscheinung wohl am häufigsten bei den sogenannten Küchenkanten, welche Häkelerzeugnisse nachahmen. Wir sehen eine Borte aus aneinandergereihten Spitzen, während der obere Fries durch blau oder rot gefärbte, in gewissen Abständen sich wiederholende Stellen angenehm von der sonst meist schneeweißen Färbung sich abhebt. Unter Benutzung aller Mittel der modernen Technik und unter Zuhilfenahme überaus sinnreich gebauter Maschinen ist der Industriezweig der Spitzenpapierfabrikation zu einer erstaunlichen Vollkommenheit gelangt.

Während in der guten alten Zeit die Tochter des Hauses oder gar die Hausfrau selbst sich bemühte, durch mühsame Klöppeleien Küchenkanten herzustellen, nimmt ihnen heute die Industrie nicht nur diese Arbeit ab, sondern stellt ihnen im Ansehen gleichwertigen Ersatz in den aus Papier gefertigten Erzeugnissen an die Seite.

Wo sollten denn sonst auch die Buchverleger die aufgewendeten Gelder für ihre Werke herauskriegen, wenn bei den Frauen nicht für die Zeit gesorgt werden würde, sie zu lesen! Handarbeiten werden jetzt durch Maschinenarbeiten annähernd vollkommen ersetzt, folglich ist die früher zu deren Anfertigung verwendete Zeit anderweitig verfügbar. Wir wollen unser Interesse nun der auf diesem Gebiete sehr entwickelten Papierkunst widmen.

Besonders die vielen Arten von Teller- und Tortenpapieren fesseln unsere Blicke. Wir glauben wirkliche Stickereien vor uns zu sehen, wertvolle Häkeleien, französische und flandrische Spitzen, kostbare Kirchenspitzen. Die rauhe Wirklichkeit überzeugt uns aber bei näherem Betrachten davon, daß wir nur — Papier vor uns haben und alles nur eine Nachahmung, ein billiger Ersatz der mühseligsten Handarbeiten ist. Von den „Kuchen-, sogenannten Dessertpapieren" ist zu sagen, daß farbige Stoffe wohl seltener als Herstellungsmaterial Verwendung finden im Verhältnis zu den mehr zur Dekoration dienenden Artikeln, welche wir eingangs erwähnten.

Dem Schreibpapier gleichwertige Stoffe dürften vermöge des hohen Herstellungspreises wohl nur weniger gut geeignet erscheinen, wohl aber dann Bedingung sein, wenn das Mittelstück der Tellerdecke oder sonst welcher Teil in Vielfarbendruck noch verziert werden soll. Dazu ist dann holzfreier Stoff Bedingung. Hierzu wird zudem ein gut geleimtes Papier notwendig sein. Als sozusagen bevorzugte Muster gelten Veilchen und Rosen in allen verschiedenen Arten. Selbst zur Reklame sind die Torten- und Spitzenpapiere zu verwenden. Allerdings würde es hygienischen Ansprüchen schwerlich genügen, wollte man Reklametexte in Buchdrucktypen direkt auf das Papier aufdrucken. Unzweifelhaft würde die Farbe abziehen und sich auf die Ware übertragen. Da hilft man sich durch Aufkleben kleiner Schilder, welche, ausgestanzt und mit ornamentalen Verzierungen versehen, blind geprägt werden, worauf dann Name, Wohnort u. a. m. des Bestellers, am besten in Bronzedruck, aufgebracht werden. Diese kleinen Blankette, welche zudem meist gummiert geliefert werden, lassen sich bequem an irgendeiner Stelle, wo sie gesehen werden, ohne zu stören, aufkleben und erfüllen in jeder Weise ihren Zweck, ohne irgendwie aufdringlich zu wirken oder sonst Bedenken für ihre Zweckmäßigkeit bei ihrer Verwendung aufkommen zu lassen.

Torten-, Kuchen-, Bratenpapiere, Küchenspitzen sowie verschiedene andere Gattungen von Spitzenpapieren in vollendetster Form auf den Markt gebracht zu haben, das ist ein Verdienst des gegenwärtigen Standes unserer Industrie, auf deren Erfolge wir mit Recht stolz sein dürfen.

Die Walzwerke unserer Maschinen arbeiten so zuverlässig und gediegen, vor allem so schnell, daß die Möglichkeit vorhanden ist, die Erzeugnisse für billiges Geld abzustoßen und im Kleinhandel zu erwerben. Dadurch wird einesteils der Verbrauch erhöht, andererseits ist die logische Folge hieraus die stärkere Beschäftigung der Industrie.

Die Formen dieser Artikel, welche die Stickerei in ihren verschiedenen Arten nachahmen, sind gar mannigfaltig: rund, oval, viereckig. in allen Fällen den Bestimmungen angepaßt, denen sie zu dienen berufen sind.

Auch die Kartonnagenindustrie ist ein dankbarer Abnehmer, wenn auch nicht der Kuchenpapiere, so doch der Spitzenstreifen, die sie massenhaft zur Innenausstattung der besseren Kartons als Attrappen, Konfitüren, Wäschekartons u. a. m. benötigt. Gerade an den unendlich vielen Mustern dieser Streifenpapiere ist es recht zu ersehen, wie leistungsfähig die Technik auf diesem Gebiete ist. Es ist ferner sehr interessant festzustellen, wie die kostbarsten künstlerischen Vorbilder von Spitzen und Stickereien durch diese papierenen Erzeugnisse auf das verblüffendste nachgeahmt werden.

Wenn wir der weiteren Veredelung noch mit wenigen Worten Erwähnung tun wollen, so seien noch die Blindprägung bzw. das Ausstanzen von Kuchenpapieren auf der Maschine und dann das farbige Anspritzen der Ränder in den mannigfachsten Variationen hervorgehoben. Vom einfachen Rot und Blau bis zu den erdenklichsten Phantasiefarben, changeantähnlich oder in zwei Farben abwechselnd finden wir die Ränder, bei Küchenkanten die gesamte Fläche gespritzt im Handel. Für Jubiläen gibt es auch Papiere mit Silberrändern, welche allerdings etwas höher im Preise stehen als gewöhnliche Farbenspritzungen. Dafür haben sie den Wert des Originellen für sich.

Die Grundfläche wird selbstredend weiß bleiben, um nicht ein Anziehen und damit verbunden ein Verderben der Ware als eine unangenehme Begleiterscheinung zu zeitigen, besonders dann, wenn die Farbe nicht ganz rein ist von schädlichen Stoffen.

Papierwäsche

Die Fabrikation von Papierwäsche, fast ausschließlich Hemd- oder Halskragen, Manschetten oder den heute wohl nur noch vereinzelt anzutreffenden Vorhemden, ist ein sehr umfangreicher Industriezweig geworden, allerdings auf eine kleine Anzahl Unternehmen beschränkt, dabei aber doch sehr ausgedehnt, und sollen in einer einzigen deutschen Erzeugungsstätte allein täglich 100 000 Hemdkragen angefertigt werden. Papierwäsche besitzt bedeutende Vorzüge; sie ist blendend weiß, genügend fest, ohne je steif zu sein, nützt sich verhältnismäßig wenig ab, unterliegt aber schließlich den Einflüssen der Nässe und wird dadurch unbrauchbar — immerhin ist sie gut an Stelle von Wäsche aus Geweben zu verwenden, und wird sich auch immer im Gebrauch erhalten, solange der Preis sich unter oder gleich mit dem Waschlohn hält. Insbesondere auf Reisen ist die Papierwäsche ein ausgezeichneter Behelf und wird auch vom besseren Publikum auf solchen gerne benützt, weil alle Unannehmlichkeiten des Waschens, welches man ja ganz einwandfrei namentlich in kleinen Orten nicht immer versteht, vermieden werden.

Ursprünglich kannte man nur reine Papierwäsche, d. h. Wäschestücke lediglich aus Papier hergestellt, bei denen insbesondere das leichte Ausreißen der Knopflöcher als Mangel empfunden wurde, den man dann dadurch beseitigte, daß man an der Stelle des Knopfloches einen ovalen Fleck aus Gewebe anbrachte und nachher erst das Knopfloch ausstanzte. Damit war das Zerreißen des Papieres, das ja verhältnismäßig leicht erfolgt, vermieden. Trotzdem man sich schon anfänglich bemüht hatte, dem Papier ein gewebeähnliches Aussehen zu geben, fand die Papierwäsche, die auch farbig und mit farbigen Mustern geliefert wurde, nicht die erhoffte Verbreitung, und man begann dann das Papier auf der Außenseite der Wäschestücke mit Schirting oder Musselin zu überziehen, wodurch das Aussehen und auch die Haltbarkeit wesentlich beeinflußt wurden. Man ist in dieser Richtung noch weiter fortgeschritten und stellte die Wäsche aus Papier her, welches beiderseits mit Gewebe überzogen ist, also Papier nur als Zwischenlage enthält. Vermöge dieses Verfahrens werden Produkte erzielt, die von Wäschestücken aus Gewebe überhaupt kaum zu unterscheiden sind und sich im Gebrauch vorzüglich erweisen; man hat dem Erzeugnis den Namen „Monopolwäsche“ bzw. Stoffwäsche beigelegt.

Über die Herstellung weißer Papierwäsche werden folgende Angaben gemacht: Das Papier darf nur vom besten Material sein und kommt in starken, rein weißen Bogen zur Verarbeitung. Zunächst wird es mit einer schwachen Emailleschicht (Komposition aus Leimkreide und Permanentweiß) mittels Streichmaschine überzogen und dann im Trockenraum auf Gestellen ausgelegt oder an Schnüren aufgehängt. Durch Dampfheizung wird eine rasche Trocknung erreicht und kommt dann das emaillierte Papier zur Pressung, um es mit dem Leinenmuster auszustatten, damit das Papier die Struktur eines Gewebes zeigt und das Fabrikat der echten Wäsche ähnlich ausfällt. Diese Pressung, die sich als Naturselbstdruck darstellt, wird in der Weise ausgeführt, daß ein feines Gewebe (Musselin von kräftiger, regelmäßiger Webart) glatt auf Metallplatten (Schrift- oder Letternmetall) aufgelegt wird (auch aufgeklebt), das Papier zwischen zwei solche Platten kommt und ein Stoß in dieser Weise einzeln zwischen so vorbereiteten Metallplatten liegenden Papierbogen durch schwere Stahlwalzen hindurchgezogen wird. Statt dieser Methode kann man auch das emaillierte Papier in endlosen Rollen durch gravierte Stahlwalzen hindurchziehen. Durch den Druck der Stahlwalzen preßt sich das Leinenmuster der Leinenraster, dem Papier auf. Die nächste Aufgabe ist, daß man dem geprägten Papier mittels rotierender, zarter Bürsten den erforderlichen Glanz gibt, es also gewissermaßen poliert.

Nunmehr kommen die Papierbogen, zu 70—80 übereinandergeschichtet, zum Ausstanzen und werden mit einem Druck die Formen gegeben. Man nützt auf diese Weise die Bogen tunlichst aus und gibt jeder derselben eine bestimmte Anzahl Kragen, Manschetten oder Vorhemdchen. Die erhaltenen Ausschnitte sind flach und ohne Knopflöcher. Mittels Maschinen mandelförmig aus Musselinbändern geschnittene Stoffstückchen werden nun an die für die Knopflöcher bestimmten Stellen geklebt und dann die Knopflöcher ausgestanzt. Von besonderem Interesse ist, daß das Aufkleben der Musselinfleckchen, das Einpressen der die Nadelstiche nachahmenden Knopflochsäume, das Anbringen von Säumen auf der Außenseite der Wäsche, ja sogar das Falten und Signieren mit der Nummer usw. von einer Maschine besorgt werden kann. In einem Formapparat wird dem Kragen, der Manschette usw. noch die Rundung beigebracht.

In ganz ähnlicher Weise wird auch bei der Herstellung mit Gewebe überzogener Wäsche vorgegangen. Man kann entweder unmittelbar starkes, vielfach aus Holzstoff mit Füllmitteln versehenes Papier oder dünnere Sorten nehmen, die dann aufeinandergeklebt werden. Das Papier wird dann in den erforderlichen Formen zu Kragen, Manschetten usw. ausgestanzt, hierauf Schirting ebenfalls in der gleichen Form, jedoch etwa ½ cm an allen Seiten breiter ausgestanzt, mittels besonderer Vorrichtung mit Kleister bestrichen, auf das Papier aufgelegt und das Ganze geglättet, damit sich Falten nicht bilden. Die überstehenden Ränder des Gewebes werden ausgelegt und auf der Rückseite des Papieres angeklebt. Werden beide Papierseiten mit Gewebe versehen, so wird dieses in der doppelten Größe geschnitten, die Ränder am oberen Kragenteil ausgelegt und dann auf der Rückseite des Kragens aufgeklebt, wobei natürlich der schmale Stoffrand mit überklebt wird. Die Knopflochstellen werden durch Aufkleben eines Gewebeovales, um jedem Ausreißen vorzubeugen, noch verstärkt, nach dieser Manipulation folgt das Austrocknen in einer besonderen Trokkenvorrichtung und dann das Ausstanzen der Knopflöcher. Hierauf werden mittels Gaufrierwalzen die Gewebemuster noch ausgeprägt, die Nähte gepreßt und mit derselben Maschine oder anderer Vorrichtung auch Stickmuster nachgeahmt. Endlich werden Kragen und Manschetten noch gerundet, erstere auch umgelegt oder die Ecken bei Stehkragen umgebogen, womit das Fabrikat versandfähig wird.

Eine Anlage zur Herstellung von Papierwäsche stellt sich aus verschiedenen Maschinen zusammen. Es dürften hierfür in Frage kommen: 1 Bogenklebmaschine oder wenn es sich um Großbetrieb handelt: 1 Rollenklebmaschine, sodann 1 Bogenfärbmaschine mit Bogentrokkenapparat, 1 Bogenbürstmaschine zur Erzeugung des Glanzes, 1 Gaufriermaschine, um die Leinennarbung hervorzubringen, 1 Satinierwalzwerk und 1 Dampfkochkessel zum Kochen der Stärke und der Farbe.

Des weiteren gehören zum Betrieb Ausstanzmaschinen für Bogen- oder Rollenverarbeitung mit entsprechenden Stanzwerkzeugen.

Papierwaren für pharmazeutische Zwecke

Dauernd steigenden Bedarf an Papierwaren aller Art haben vorwiegend Apotheken und Drogerien. Wir erinnern hierbei zunächst an den großen Verbrauch von viereckigen, runden oder ovalen Etiketten, welche zumeist in Buch- oder Steindruck hergestellt sind und größtenteils gestanzt oder auf der Schneidemaschine passend geschnitten werden. Um seitens des Verbrauchers ein schnelles Aufkleben dieser Etiketten auf Tuben, Flaschen oder Schächtelchen zu ermöglichen, werden alle derartigen Etiketten gummiert geliefert, so daß sich das Aufkleben derselben ohne jede Schwierigkeit bewerkstelligen läßt.

Groß ist auch der Bedarf an recht- und spitzwinklig geschnittenen Einwickelpapieren, welche zum Teil aus weißen oder farbigen Pergament- oder Wachspapieren hergestellt werden und je nach Bedarf mit oder ohne Firmendruck geliefert werden.

Daneben nennen wir noch Pillenschachteln aller Art, viereckig, rund und oval, sowie Puderdosen in den verschiedensten Ausführungen.

Wir wollen uns jedoch hier an dieser Stelle mit einem Artikel beschäftigen, der geradezu in enormen Mengen benötigt wird und dem man daher auch aus verschiedenen Gründen mehr Beachtung schenken sollte. Dieses ist die Pulverkapsel.

Die Pulverkapsel in ihrer gebräuchlichsten Form besteht in der Hauptsache aus einem zirka 12 cm langen und etwa 7 bis 8 cm breiten Stück weißen Papiers, welches zunächst schlauchartig übereinandergefalzt wird und dessen beide Enden nach erfolgter Füllung ineinandergesteckt werden, so daß die gefüllte Pulverkapsel in der Art und Weise verschlossen ist, wie man etwa auf der Reichspost ein Telegramm verschließt.

Daß die ganze Art und Weise, in der das Füllen der heute gebräuchlichsten Pulverkapsel vor sich geht, in hygienischer Hinsicht recht anfechtbar ist, darüber sind wir uns wohl alle einig. Zumeist wird dabei so verfahren, daß man die schlauchartig gefalzte Kapsel, wenn sie sich beim Füllen nicht sofort in der gewünschten Art öffnet, an den Mund führt, hineinbläst und dann nach erfolgter Füllung an den beiden Enden ineinandersteckt. Ein Vorgang, den man fast täglich beobachten kann und der für manchen Patienten ungemein peinlich ist. Weiter soll daran erinnert werden, daß das Falzen und Füllen der

Pulverkapsel eine sehr zeitraubende Beschäftigung ist. Es vergeht meist eine ganz geraume Zeit, ehe der Apothekerlehrling, dessen ausschließliches Privilegium das Falzen und Füllen derartiger Pulverkapseln ist, sich soviel Fingerfertigkeit angeeignet hat, daß er es auf eine größere Anzahl täglich bringt. Dadurch werden natürlich die so billig gekauften Pulverkapseln nachträglich wesentlich verteuert. Wir wollen daher im folgenden auf eine neue Art von Pulverkapseln hinweisen, die allerdings in bezug auf die Herstellungskosten etwas teurer zu stehen kommt, die jedoch in hygienischer Hinsicht völlig einwandfrei ist. Trotz der Neigung der meisten Apothekenbesitzer, mit aller Zähigkeit am Althergebrachten festzuhalten, darf man doch wohl damit rechnen, daß sie einer wirklich brauchbaren Neuerung keineswegs völlig ablehnend gegenüberstehen werden. Selbst eine kleine Preiserhöhung wird schließlich als kleineres Übel mit in Kauf genommen werden.

Im folgenden soll daher der Versuch gemacht werden, auf die Herstellung einer äußerst praktischen und auch in hygienischer Hinsicht völlig einwandfreien Pulverkapsel hinzuweisen. Die Pulverkapseln, von denen hier die Rede sein soll, können in zwei verschiedenen Ausführungen hergestellt werden. Wir unterscheiden dabei offene, nur leicht vorgebogene oder auf maschinellem Wege vorgefalzte Kapseln und geklebte, bereits zum Einfüllen fertige Kapseln.

Als Material zur Herstellung derartiger Kapseln verwendet man am zweckmäßigsten dünnen weißen Naturkarton im Gewicht von 250 bis 275 g pro Quadratmeter. Dieser Karton darf jedoch keineswegs stark satiniert werden, muß vielmehr rill- oder prägefähig sein. Die Herstellung selbst geht in folgender Art und Weise vor sich. Man verwendet dazu durchweg in bestimmte Breiten geschnittenen Rollenkarton, welcher auf die an der Siegelmarkenpresse befindliche Rollenspindel aufgesteckt wird.

Die Kapseln selbst werden auf einer Siegelmarkenpresse in einem Arbeitsgange gestaucht, gestanzt, gezählt und je nach Bedarf auch gleichzeitig mit Reklame- oder Firmendruck versehen. Je nach der Bauart der Maschine können hierbei 4 bis 8 Stück in einem einzigen Arbeitsgange hergestellt werden, so daß in einem Arbeitstage ganz bedeutende Mengen fertiggestellt werden. Das zu verarbeitende Material läuft hierbei auf einem endlosen Gummituch von der endlosen Rolle zwischen dem Stahlstempel der Maschine und der Matrize hindurch. Bei jedem Niedergange des Druckkopfes werden jedesmal mehrere Kapseln gestanzt und gestaucht, nach vorne zu auf dem Gummituch automatisch weitergeleitet, so daß sie von der die Maschine bedienenden Arbeiterin mit Leichtigkeit abgenommen werden können.

Die fertigen Kapseln werden nun zunächst in Mengen von 100 oder mehr gebändelt oder in bereitstehende Kartons verpackt. Diejenigen

Abnehmer, welche ungeklebte Kapseln beziehen, verfahren nun beim Einfüllen der Pulver wie folgt:

Die Kapseln werden zunächst in kleinen Stößen so gelegt, daß die Innenseite nach oben liegt. Jetzt werden die beiden schmalen seitlichen Fälze nach innen zu umgebogen. Hierauf wird das Pulver unter Zuhilfenahme eines kleinen Holzlöffelchens eingefüllt und die mit Zungenverschluß ausgestattete Schlußklappe in den Schlitz der Vorderseite eingesteckt, so daß die Kapsel jetzt völlig verschlossen ist. Durch einen leichten Druck mit dem Handballen auf die gefüllte Kapsel wird das im Innern der Kapsel befindliche Pulver gleichmäßig auf die Innenfläche verteilt. Die beiden seitlichen Fälze, sowie die untere Klappe und die Verschlußklappe sorgen dafür, daß das Pulver an keiner Stelle der Kapsel heraustreten kann. Das Einfüllen der Pulver wird dadurch wesentlich erleichtert, weil die Bruchstellen der Kapsel bereits auf der Siegelmarkenpresse vorgebogen oder gestaucht werden.

Noch schneller geht das Füllen der in Abb. 3 gezeigten, seitlich geklebten Kapseln vor sich.

Man übt hierbei einen leichten Druck mit dem Daumen und Zeigefinger auf die seitlichen Kanten der geklebten Kapsel aus, so daß sich dieselbe im Moment öffnet. Jetzt wird das Pulver hineingeschüttet und die Kapsel durch die obere Zungenklappe verschlossen.

Natürlich werden die seitlich geklebten Kapseln etwas teurer im Preise sein als die offenen und ungeklebten Kapseln. Dafür erfordert jedoch deren Füllen auch nur noch ein Minimum an Zeit und kann von jedem Laien im Handumdrehen bewerkstelligt werden. Beide Arten der hier erwähnten Pulverkapseln, welche ungefähr in halber Größe abgebildet sind, lassen sich leicht und verhältnismäßig preiswert herstellen und sind vor allen Dingen in hygienischer Hinsicht vollkommen einwandfrei.

Die abgebildeten Packungen sind keinesfalls neu in ihrer Art, werden vielmehr schon seit längerer Zeit beim Verkauf von Heftpflaster verwendet. Neu wäre nur der Versuch, sie auch als Pulverkapseln zu verwenden, doch dürfte ihre Verwendung auf diesem Gebiete auf keinerlei Schwierigkeiten stoßen.

Einen neuen *Pulver-Kapsel-Automaten PKM* (s. Abb. 37), der zum Patent angemeldet wurde, baut die Firma Wilh. Maul jr., Maschinenfabrik, Dresden-A. 27, Hohe Straße 93. Die genannte Firma, die sich seit vielen Jahrzehnten mit dem Bau von Spezialmaschinen des Papierverarbeitungs- und Kartonnagenfaches befaßt, bringt damit eine Maschine auf den Markt, die bisher vielfach vermißt wurde. Der Automat ist für Hand- und Kraftbetrieb eingerichtet und dient namentlich zum gleichzeitigen Paraffinieren, Schlauchen, Falzen, Drucken und Schneiden der bekannten Apotheker-Pulverkapseln, die auch unter dem Namen „Falzkapseln“ im Handel sind. Er stellt das Vollkommenste und Modernste auf diesem Gebiete dar und kann weiterhin noch vielseitig verwendet werden, insbesondere auch zur Herstellung von Kapseln für Farben- und Bronzepulver, zur Herstellung von einfach und doppelt gefalzten oder auch geklebten Schläuchen, zur Erzeugung von Zwischenlagestreifen für Schokoladenfabriken, sowie auf Wunsch auch zum Bedrucken und Schneiden von Etiketten u. dgl.

Das Papier wird in den verschiedensten Breiten von der Rolle verarbeitet. Es läuft zur Erhöhung der Leistungsfähigkeit am besten in zwei Papierbahnen übereinander, auf Wunsch auch gefüttert inein-

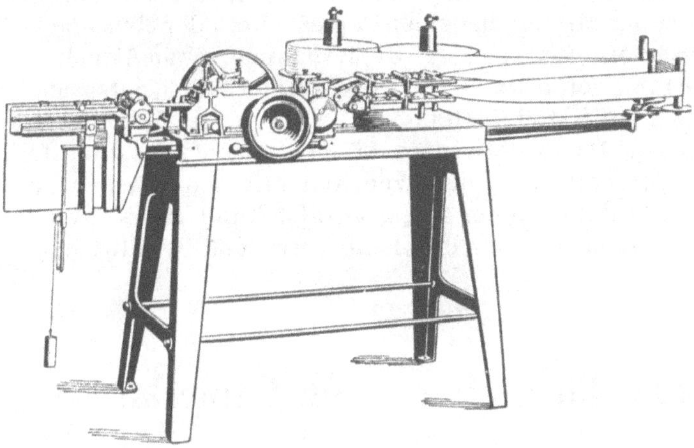

Abb. 37. Pulverkapsel-Automat

ander durch die Maschine. Die Kapseln werden in Schlauchform zweimal gefalzt und laufen in diesem Zustande durch ein kleines modernes Präzisionsdruckwerk, das als Zylinderfarbwerk ausgebildet und für Buchdrucksatz oder Klischee eingerichtet ist. Nachdem werden die Kapseln oder Streifen der selbsttätig arbeitenden Abschneidevorrichtung zugeführt und fallen in den hinter der Schere befindlichen Sammelbehälter, indem sie auch noch gezählt werden. Die gewünschten Kapsellängen werden eingestellt durch Umstecken von gefrästen Wechselrädern aus Stahl. Die Maschine stellt Präzisionsarbeit dar, die übersichtliche Anordnung aller Teile ist ein wesentlicher Vorteil. Die Papierrollen sind oben auf dem Tisch gelagert, die Falzer übereinander angeordnet und leicht zugänglich, da der obere Falzer beim Einstellen der Maschine nach oben geklappt werden kann. Als Druckwerk wird ein Zylinderfarbwerk mit Farbverreibung verwendet. Durch einen Handgriff kann das Farbwerk außer Betrieb gesetzt und auch ohne Druck gearbeitet werden. Da der Druckhebel, an dem sich die Zurichtung befindet, regulierbar eingerichtet ist, spielen Höhenunterschiede der Klischees keine Rolle. Es wird also ein langwieriges Zurichten vermieden. Durch besonders sinnreiche Konstruktion ist ein Verwischen des Druckes trotz des sehr schnell laufenden Mechanismus gänzlich ausgeschlossen. Der Antrieb der Maschine erfolgt durch Riemenscheibe mit Reibungskupplung von Transmission oder auch direkt durch Elektromotor. Auf Wunsch wird die Maschine auch mit Vorrichtung zum Kleben des Falzes oder zum Rillen der Falzkapseln in der Längs- und Querrichtung geliefert, um die Kapseln besser öffnen zu können. Ferner wird auf Wunsch ein kleines Paraffinierwerk eingebaut, das regulierbar elektrisch beheizt ist.

Die Leistung dieser Maschine beträgt etwa 200 bedruckte Falzkapseln in der Minute, bei einer Papierbahn, oder etwa 350—400 Kapseln in der Minute, bei zwei Papierbahnen, ohne Druck, was einer Tagesleistung von etwa 160 000 bis 200 000 Stück entspricht. Die Bedienung ist äußerst einfach und kann von jedem Mädchen vorgenommen werden. Da es notwendig ist, nur wirklich leistungsfähige und moderne Maschinen zu benutzen, um rationell arbeiten zu können, dürften viele Fabrikanten sich zur Aufstellung dieses Automaten entschließen, der sich in der Praxis hervorragend bewährt hat.

Die Herstellung von Papierkapseln

Zu den weniger bekannten Artikeln der Luxus-Papierindustrie gehört die Fabrikation von Papierkapseln für Konfituren und ähnliche Waren, sowie Kapseln für Flaschenverschlüsse, welche zum Teil aus Papier, Stanniol oder Stanniolersatz angefertigt werden.

Ihre Herstellung geht durchweg auf maschinellem Wege vor sich und es ist daher angebracht, wenn wir uns in den folgenden Ausführungen etwas eingehend mit den hierzu notwendigen Maschinen, ihrer Leistungsfähigkeit und Konstruktion beschäftigen.

Die leistungsfähigste und zweckmäßigste Maschine für derartige Artikel ist die Kapselmaschine mit Kraftantrieb.

Wie schon aus der Benennung „Kapselmaschine“ hervorgeht, fertigt die Maschine Papierkapseln (auch Stanniol) für Konfitüren, zu Flaschenverschlüssen (Milchflaschen usw.) für Tekturen.

Die Maschine besitzt einen sogenannten Revolvertisch, der sich automatisch dreht und die zur Verarbeitung bestimmten Papierscheiben unter die Kapselform bringt.

Unter letzterer werden die Papierscheiben in einer Anzahl von gleichzeitig 8 bis 15 Stück, je nach der Stärke des Papiers, zu Kapseln geformt, die alsdann in einen unter die Maschine gestellten Behälter hineinfallen. Der sich drehende Revolvertisch ermöglicht ein außerordentlich schnelles und dabei sicheres Arbeiten, da die bedienende Person immer nur die abgezählten Papierscheiben in die nacheinander erscheinenden Tischöffnungen zu legen hat und niemals mit den Händen unter den sich auf und nieder bewegenden Stempel gelangen kann.

Je nach der Größe der zur Verwendung kommenden Papierscheiben werden in die Tischöffnungen größere oder kleinere Ringe eingelegt, so daß die Öffnungen immer genau den Scheiben entsprechen.

Ganz besondere Sorgfalt ist auf die Ausführung und Anordnung der Stempel resp. Kapselformen verwendet. Sie sind vollständig aus Rotguß hergestellt, durch Gas heizbar und in ihrer Einteilung so konstruiert, daß auf der Maschine jedes Papier, ob stark oder schwach, in der exaktesten Weise verarbeitet wird, *ohne daß es nötig ist, das Papier vorher anzufeuchten oder zu talkumieren.*

Diese Ersparnis ist von besonderer Bedeutung, wie jeder Hersteller von Papierkapseln ohne weiteres zugeben wird. Einfach, wie die ganze Maschine, ist auch die Auswechslung der Formen und der Tischringe.

Die Leistungsfähigkeit stellt sich für Konfitüren- und Flaschenkapseln *auf etwa 150—250 Stück in der Minute,* je nach der Stärke des zur Verwendung kommenden Papiers. Apothekerkapseln haben meist noch eine Papiereinlage und ist immer nur eine Papierscheibe mit Einlage in die Öffnung zu legen, wodurch natürlich die Leistung eine kleinere ist.

Hervorzuheben ist besonders, daß die Maschine die schrägliegenden Falten für Flaschenkapseln und Texturen, was bisher nur durch Handarbeit zu erreichen war, in der saubersten Weise, auch für Kapseln mit kleinstem Bodendurchmesser, hervorbringt, so daß die Maschine für die ganze Kapselfabrikation von epochemachender Bedeutung ist. Durch vorherigen Aufdruck auf die Papierscheiben oder Auszackung des Papiers lassen sich die Kapseln mannigfach und wirkungsvoll gestalten.

Diese Maschine zeichnet sich durch äußerst sorgfältige Arbeit aus, verursacht absolut keinen Ausschuß, und ihre Leistungsfähigkeit ist die doppelte wie diejenige der kleinen Kapselmaschine für Fußbetrieb. Sie liefert etwa 75 000 Stück pro Tag.

Die ausgeschnittenen Scheiben werden hierbei nicht direkt auf die untere Faltform gelegt, sondern vorn in eines der 6 Löcher einer Revolverplatte, die der Maschine dann die einzelnen Scheiben selbsttätig zuführt. Es wird hierdurch erreicht, daß durch das schnellere Einlegen der Scheiben die Maschine ganz bedeutend schneller laufen kann, und daß die Arbeitsspesen beträchtlich vermindert werden.

Die Maschine faltet die Kapseln außerordentlich genau und arbeitet ganz ohne Ausschuß. Sie ist äußerst stabil gebaut und fertigt große Kapseln ebenso leicht wie kleine.

Ein weiterer Vorteil derselben besteht darin, daß die so hergestellten Kapseln bedeutend leichter auseinandergehen wie bisher.

Diese Maschine eignet sich vorzüglich zur Fabrikation von Konfektkapseln, daneben auch zur Herstellung von Flaschen- und Stanniolkapseln jeder Art.

Es kann auch für Stanniolkapseln eine Einrichtung angebracht werden, die den Boden mit Namen resp. Firma und jeder anderen Verzierung prägt.

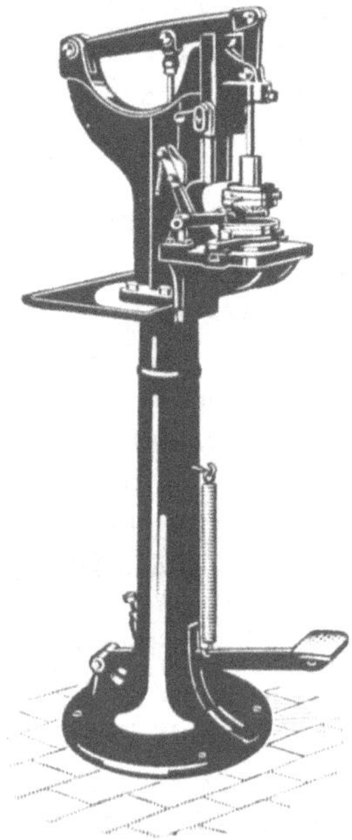

Abb. 38.
Tekturen-Maschine für kleinere Leistungen. Erbaut von der Sächsischen Cartonnagen-Maschinen-A.-G., Dresden

Der Hergang der Fabrikation ist folgender: Das Papier muß feucht verarbeitet werden. Das Feuchten des Papieres geschieht am besten am Tage vor dem Gebrauch; man legt zwischen je 20 Bogen Papier einen mit Wasser getränkten Stoff (Filztuch usw.) und feuchtet so das Papier gleichmäßig durch. Alsdann wird das Papier in Lagen von 10 Blatt vermittels Ausstanzmesser ausgeschnitten, um darauf zum Durchdrücken auf die Form gelegt zu werden. Die Kapsel drückt sich dann unter der Form in das Heizrohr zum Trocknen, wo sie dann von selbst herausfällt.

Die Maschine wird vollständig mit einer Form montiert versandt, so daß bei Ankunft derselben sofort gearbeitet werden kann. Es empfiehlt sich jedoch, daß mit der eingesetzten Form erst längere Zeit gearbeitet wird, damit die betreffende Arbeiterin sie erst genau kennenlernt, bevor eine andere Form eingesetzt wird.

Eine gewandte Arbeiterin kann pro Tag ungefähr 40 000 Konfektkapseln auf dieser Maschine herstellen. Es lassen sich hierauf die kleinsten und allergrößten Kapseln fabrizieren.

Für kleinere Leistungen kommt nach wie vor eine Maschine für Fußbetrieb in Frage. Hier ist das Werkzeugunterteil auf dem mit Durchfalloch versehenen Maschinentisch aufgespannt, während der Stempel des Werkzeuges am Maschinenstößel befestigt ist. Jeder Werkzeugstempel besitzt Vorprägeplatten zum strahlenförmigen Vorfalten der Zuschnitte und Fertigziehstempel, der durch Hindurchstoßen der vorgeprägten Zuschnitte durch den Zugkanal des Werkzeugunterteiles dem Zuschnitt die endgültige Form gibt. Die beiden

Arbeiten, Vorprägen und Ziehen, geschehen nacheinander beim Niedertreten des Maschinenhebels. Die fertige Kapsel usw. fällt durch das Durchfalloch am Werkzeug in einen Sammelbehälter.

Pro Minute können 25—30 Tekturen mit Futter hergestellt werden. Bei Konfitürenkapseln, bei denen mehrere Lagen gezogen werden können, erhöht sich diese Leistung um das entsprechend Vielfache.

Die Firma Albert Schmidt, Leipzig, baut Kapsel- und Tekturenmaschinen in drei Ausführungen. Die einfachste Ausführung ist die bekannte Maschine mit Fußbetrieb. Das Werkzeug zur Kapsel- oder

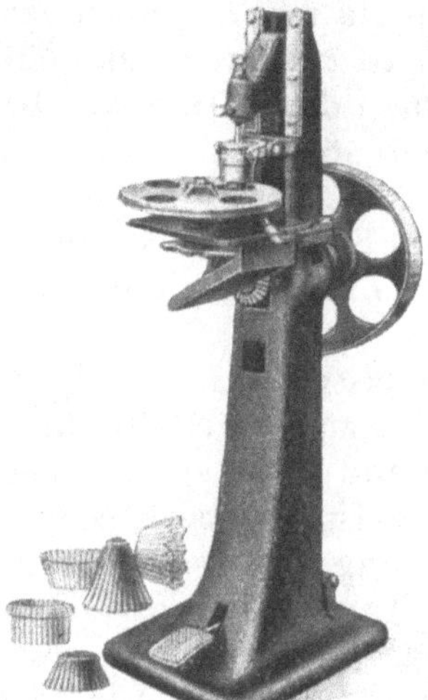

Abb. 39. Kapselmaschine mit Revolvertisch SADKA

Abb. 40. Kapselmaschine für Kraftbetrieb SADK mit patentierter Vorrichtung

Abb. 41. Kapselmaschine für Fußbetrieb SAD

Erzeugnisse der Firma Albert Schmidt, Leipzig

Tekturenherstellung ist in dem Maschinenstößel und auf dem Maschinentisch befestigt. Die Zuschnitte gelangen durch Auflagen mit Hand in das Unterwerkzeug und werden mit Hilfe einer Beilage in zwei Arbeitsgängen hergestellt. Eine der vorgenannten Firma patentierte Vorrichtung gestattet sogar das Herstellen der Kapseln oder Tekturen in einem Arbeitsgange und wird hierdurch die Leistung bedeutend, fast um 50 vH, erhöht. Die Leistung ohne diese Vorrichtung beträgt bei Wellenfaltenkapseln etwa 35 000 Stück in 8 Stunden, bei Tekturen entsprechend weniger. Dieselbe Maschine wird auch mit Kraftantrieb gebaut und werden auf dieser Kapseln und Tekturen in einem Arbeitsgange hergestellt. Die Aus- und Einrückung erfolgt

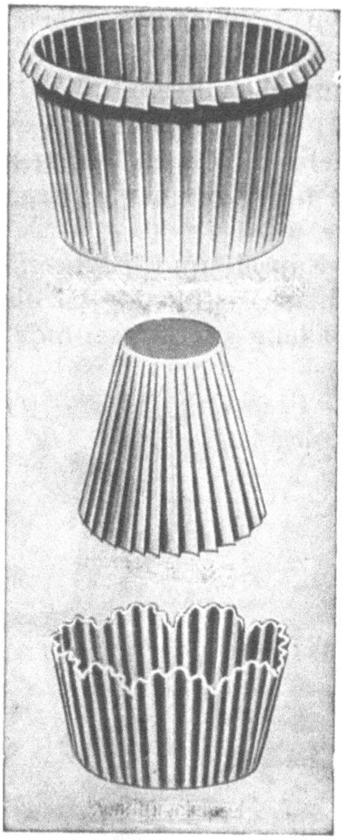

Kapseln

leicht durch Fußhebel. Die Leistung dieser Maschine ist etwa 70 000 Kapseln in 8 Stunden; Tekturen auch hier entsprechend weniger. Bei diesen beiden Maschinen müssen die Zuschnitte durchgefeuchtet sein.

Als Hochleistungsmaschine kommt eine Kapselmaschine mit Revolvertisch in Frage. Der Antrieb erfolgt durch Kraft, der Revolvertisch hat 4 Beschickungslöcher für die Zuschnitte, gezogen werden bei normalem Pergaminpapier, wie dieses jetzt in der Konfitürenindustrie fast nur noch verwendet wird, etwa 20 Zuschnitte auf einmal. Die Tagesleistung dieser Maschine beträgt bis zu 250 000 Stück in 8 Stunden. Der Kraftverbrauch ist äußerst gering und erfolgt das Ziehen der Kapseln in trockenem Zustande der Zuschnitte, also nicht angefeuchtet.

Tekturenkapseln lassen sich auf dieser Revolvermaschine bis zu 6 Stück Zuschnitten, d. h. 3 Papiere und 3 Papierfutter herstellen. Die Leistung ist also bei Tekturen mit etwa $^1/_4$ der Leistung von Wellenkapseln anzunehmen, bei Einzelprägungen dann entsprechend geringer. Auf dieser Maschine können die kleinsten Kapseln mühelos, ohne Abfall, gezogen werden und verarbeitet die Maschine überhaupt Kapseln und Tekturen, deren Zuschnitte nicht über 120 mm im Durchmesser sind.

Die Herstellung von Papierbechern

Während in Amerika und auch in England die Verwendung von Papierbechern schon in großem Umfange durchgeführt ist, beginnen die übrigen Länder des Weltmarktes erst neuerdings derartige Becher zu verwenden. Zum Teil ist dies darauf zurückzuführen, daß die Becher herstellenden Firmen eine intensive Propaganda für die Verwendung solcher Becher betreiben, andererseits darauf, daß man zu erkennen beginnt, wie viel hygienischer doch eigentlich Papierbecher gegenüber den bisher üblichen Glasbechern sind. Ein Papierbecher wird nach dem Gebrauch weggeworfen. Es besteht also keinerlei Gefahr, daß irgendwelche Krankheitsstoffe über die empfindliche Rachenhöhle, Schleimhäute usw. ihren Weg in das Innere des Körpers finden. Zwar werden Glasbecher usw. vor jedem neuen Gebrauch ausgespült, aber trotzdem ist damit eine Ansteckungsgefahr noch keineswegs beseitigt, da, besonders bei flottem Geschäft, dieses Spülen nur selten mit der erforderlichen Gewissenhaftigkeit durchgeführt wird.

Der Vorzug, den in dieser Beziehung der Papierbecher vor dem Glasbecher hat, ist unbestritten. Dazu kommt noch, daß der Preis eines Papierbechers nicht allzu hoch ist, meistens wohl kaum über den Kosten liegt, die das Reinigen der Glasbecher, der Wasserverbrauch und Neuanschaffungen infolge Bruch, umgerechnet auf den Wert des Inhalts, ausmachen.

Um solche Becher so wirtschaftlich wie möglich herstellen zu können, sind verschiedene Spezialmaschinen geschaffen worden, mit denen die Fabrikation nach bestimmten Arbeitsverfahren durchgeführt wird. Zur Zeit kennt man drei solcher Fabrikationsmethoden.

1. Die Herstellung sogenannter Faltenbecher aus einem Stück, bei denen aus einem flach liegenden Zuschnitt der Becher in der Weise geformt wird, daß die rohen Seitenwände entsprechend in Falten gelegt werden (daher auch der Name Faltenbecher). Diese Art von Becher hat sich jedoch nur in beschränktem Maße eingeführt, da bei ihnen ein großer Materialverbrauch stattfindet, ferner das Äußere des Bechers nicht mit Reklame bedruckt werden kann und schließlich die Falten trotz des nachträglichen Paraffinierens sehr leicht aufgehen, so daß der Becher dann unansehnlich wird.

Gegenwärtig stellt man fast allgemein Papierbecher in der Weise her, daß man Zarge und Boden getrennt anfertigt und beide dann durch Umrollen oder Umfalzen der Ränder des Bechers und des Bodens innig verbindet. Man unterscheidet zwei Arbeitsverfahren für diesen Bechertyp:

1. Die Herstellung von Bechern aus überlappt geschlossener Zarge und umgerollten Rändern;
2. die Herstellung aus gewickelter Zarge und umgefalzten Rändern.

Die nach dem zuerst genannten Verfahren hergestellten Becher finden hauptsächlich als Trinkbecher Verwendung, während die nach dem zuletzt erwähnten Verfahren hergestellten als Behälter zur Aufnahme von Eiscreme, Marmelade, dicker Milch, weichem Käse usw. dienen.

Die Arbeitsvorgänge bis zur Fertigstellung eines Bechers nach dem zuerst erwähnten Verfahren sind folgende: Aus den bedruckten Bogen werden die segmentartigen Mantelzuschnitte auf einer Ausstanzmaschine, wie sie Abb. 42 zeigt, ausgestanzt. Das Ausstanzen erfolgt mittels Stanzeisen derart, daß die bedruckten Bogen in mehreren Lagen übereinandergelegt und an den Kanten verleimt werden, so daß sich diese Bogenstapel beim Ausstanzen nicht verschieben können. Auf diese Weise kann mit jedem Stanzvorgang eine ganze Anzahl derartiger Zuschnitte ausgestanzt werden, stündlich etwa 2500 Stück. Bei ganz großen Mengen wird vielfach das Drucken und Stanzen in einem Arbeitsvorgang mittels sogenannter Offsetdruck- und Stanzautomaten durchgeführt, wie sie die Maschine in Abb. 43 zeigt. Solche

Abb. 42. Ausstanzmaschine
Erzeugnis der Sächsischen Cartonnagen-Maschinen-A.-G., Dresden

Maschinen verarbeiten Rollenkarton. Das ablaufende Bahnende wird durch die hintereinander angeordneten Druckwerke hindurchgeführt und im indirekten Druckverfahren ein- oder mehrfarbig bedruckt. In der Stanzmaschine erfolgt dann das Ausstanzen des Zuschnittes und hinter der Stanzmaschine das Sammeln und Zählen. Da in der Regel zwei Zuschnitte auf einmal ausgestanzt werden können, lassen sich mit einer solchen Maschine stündlich etwa 7200 fix und fertig bedruckte Becherzuschnitte herstellen.

Nach dem Trocknen der aufgedruckten Farben werden die Zuschnitte zur Anleimmaschine gebracht und an der Klebenaht mit Klebstoff versehen. Von einer neuen Spezial-Klebstoff-Auftragmaschine wird diese Arbeit in überaus einfacher und exakter Weise durchgeführt. Die ausgestanzten Zuschnitte werden hier in einen Aufgabestapel in größeren Mengen eingelegt und aus dem Stapel dann selbsttätig entnommen und der Klebstoff-Auftragvorrichtung zugeführt. Hier erfolgt das Auftragen des Leimes in der gewünschten Breite und in genau einstellbarer Dicke. Hinter dem Leimwerk ist eine Trockenvorrichtung vorgesehen, die die Aufgabe hat, durch Lufttrocknung den aufgetragenen Leim etwas verraschen zu lassen, damit eine gute Bindung der Klebestelle in der Becherhülsen-Schließ-

Abb 43. Offset-Druck- und Stanzautomat
der Sächsischen Cartonnagen-Maschinen-A.-G., Dresden

maschine möglich ist. Es können stündlich etwa 1000 gummierte Becherzuschnitte hergestellt werden.

Von der Anleimmaschine können die Zuschnitte beispielsweise durch Förderbänder der Becherschließmaschine zugeführt werden oder auch, wenn die Anleimmaschine unmittelbar neben der Becherschließmaschine steht, durch die Bedienungsperson für die Becherschließmaschine entnommen werden. — Das Bilden und Schließen der Becherzarge geht wie folgt vor sich: Man verfährt so, daß man den beleimten Zuschnitt zu einem Trichter vorbiegt und in das Werkzeugunterteil einer Drehtischpresse einlegt. Durch absatzweises Schalten des Drehtisches kommt der in die Form eingebrachte Mantelzuschnitt allmählich unter den Stempel. Dort wird er dann, sobald der Stempel in die Form eintritt, an seiner Schließnaht zusammengeklebt und gleichzeitig wird der Zuschnitt kalibriert und an seinem oberen und unteren Ende umgerollt und mit dem Becherboden verbunden. Der Becherboden wurde vorher in den

Bechermantel eingeführt. Das Zusammenkleben der Schließnaht und das Kalibrieren wird dadurch erreicht, daß der Stempel der Presse geheizt ist.

Allerdings kann es bei der soeben beschriebenen Arbeitsmethode eintreten, daß bei hartem oder widerstrebendem Material nicht genügend kalibriert wird, da die Zeit, in der die Becher in der Formpresse unter Druck bleiben, sehr gering ist. Es wird daher bereits vielfach die Becherherstellung wie folgt durchgeführt: Die beleimten Zuschnitte werden in eine von der Drehtischpresse getrennt angeordnete Kalibriervorrichtung eingelegt, und zwar geschieht es genau wie vorher beschrieben in der Weise, daß die Bedienungsperson den flachen Zuschnitt zu einem Trichter biegt und dann in die Aussparung bzw. Form der Kalibriervorrichtung einsetzt. Hierauf wird selbsttätig ein Stempel in die Form bewegt, der das Schließen und Kalibrieren besorgt. Die Kalibriervorrichtungen befinden sich in einem in der Wagrechten umlaufenden Revolver. Der Stempel bleibt eine längere Zeit unter dem Druck in der Form stehen, so daß die Wärme das Zusammenheften der übereinandergelegten Zuschnittenden, sowie auch das genaue Formgeben des Bechermantels zufriedenstellend durchgeführt wird. Der kalibrierte Bechermantel wird nach einer bestimmten Anzahl absatzweiser Schaltungen des Kalibrierrevolvers ausgeworfen und stehend auf eine umlaufende Scheibe oder ein anderes Fördermittel, das die Kalibriervorrichtung mit der Ziehpresse verbindet, aufgesetzt. Dieses zwischengeschaltete Fördermittel bringt, wie schon erwähnt, den Bechermantel bis über den Drehtisch. Da in dem Zubringer Öffnungen und Haltevorrichtungen sind, die über dem Drehtisch den Becher freigeben, so wird dort der Becher selbsttätig auf den Werkzeugkern der Drehtischpresse, die zum Fertigformen der Becher dient, aufgesetzt. Eine Station vorher wurde auf oder in das Becherwerkzeug der Becherboden eingelegt, der entweder in der Zwischenzeit getrennt mit automatischen Ziehpressen oder auch unmittelbar über dem Becherwerkzeug mit diesen Ziehpressen hergestellt wurde.

Je nach der gewünschten Tagesproduktion kann diese Ziehpresse verschiedener Konstruktion sein. Es kann entweder eine Exzenterpresse zur Verarbeitung von Rollenkarton oder, wie es neuerdings meistens der Fall ist, eine automatisch arbeitende Friktionspresse für Rollenkarton sein oder auch eine liegende Deckelziehpresse. Wenn es sich um die Herstellung von 1000 Becherböden stündlich handelt, verwendet man, wie schon erwähnt, neuerdings meist die automatisch arbeitenden Friktionspressen. Durch den dauernd sich auf und ab bewegenden Pressenstößel — die Auf- und Abbewegung erfolgt durch eine überaus sinnreiche Einrichtung, die der Sächsischen Cartonnagen-Maschinen-A.-G., Dresden, durch Patent geschützt ist —

wird ein Vorschubwerk betätigt, das das ablaufende Ende der Materialbahn in das Stanz- und Ziehwerkzeug einführt. Mit jedem Stößelniedergang wird ein Zuschnitt ausgestanzt und unmittelbar danach dieser Zuschnitt zum Becherboden gezogen, so daß also mit jedem Stößelniedergang und unter Verwendung nur eines einzigen Werkzeuges der fertige, die Form eines runden Schachtelteiles besitzende Becherboden gezogen wird. Der aus der Maschine ausgeführte Abfall wird anschließend wieder aufgewickelt. Bemerkenswert bei dieser automatisch arbeitenden Friktionspresse ist, daß die Automatisierung dieser Pressen durch Nachlieferung der erforderlichen Ergänzungseinrichtungen durchgeführt werden kann, so daß die mit der Becherherstellung sich befassenden Firmen nicht eine komplette neue Maschine zu bestellen brauchen, sondern lediglich die erforderlichen Ergänzungseinrichtungen zu beziehen haben, die sie dann in ihre vorhandenen Pressen einbauen. Mit einer Presse Modell FR II können, wie schon erwähnt, stündlich 1000 derartiger Becherböden gezogen werden.

Abb. 44. Präge- und Einroll-Automat der Sächsischen Cartonnagen-Maschinen-A.-G., Dresden

Der Wölbe- und Einrollautomat (Abb. 44) hat die Aufgabe, das obere und untere Becherende umzurollen und gleichzeitig auch den Boden des Bechers einzusetzen und fest mit der Zarge zu verbinden. Um diese Arbeiten in möglichst kurzer Zeit und doch sehr genau durchführen zu können, besitzt die Presse einen Drehtisch, auf dem sich eine Reihe Werkzeugunterteile befinden, die fortlaufend in absatzweiser Schaltung dem Werkzeugoberteil am Pressenstößel zugeführt werden. Auf diese Werkzeugunterteile legt die Bedienungsperson den Becherboden und stülpt gleichzeitig die Becherzarge darüber. Der Drehtisch macht eine Drehung um 90 Grad, ein neues Werkzeugunterteil wird heranbefördert und in gleicher Weise beschickt. So wiederholt sich der Arbeitsvorgang ununterbrochen. Inzwischen gelangen die Werkzeugunterteile mit den beschickten Werkstücken unter die Presse, wo die Zarge des Bodens und die untere Zarge des Bechermantels zusammen umgerollt werden, so daß sozusagen der Boden unmittelbar in den Mantel eingefalzt ist. Im gleichen Arbeitsgange wird aber auch der obere Becherrand umgerollt. Es wird also in einem Arbeitsgange der fertige Becher hergestellt. Das Fertigformen der Becher in der Presse erfolgt unter Verwendung geheizter Werkzeuge. Gleichzeitig ist im Stößel eine Feder eingeschaltet, die es ermöglicht, daß das obere Werkzeugteil länger auf dem Werkzeugunterteil aufsitzt, so daß die Wärme gut auf das Material einwirken kann. Die fertigen Becher werden dann an der Auswerfstation vom Werkzeugunterteil abgehoben, worauf sie dann von Greifern erfaßt und außerhalb des Drehtisches abgelegt werden. Mit dem Becherwölbe- und Einrollautomaten können stündlich 1000 Becher hergestellt werden.

Die so weit fertiggestellten Becher werden dann noch paraffiniert, und zwar geschieht dies entweder in der Weise, daß die Becher mit entsprechenden Vorrichtungen in einen Behälter mit Paraffin von Hand getaucht und nach dem Tauchen umgestülpt auf ein Sieb abgestellt werden, damit das überschüssige Paraffin abtropfen kann, oder das Paraffinieren wird mit einer automatischen Paraffiniermaschine durchgeführt, die das Tauchen usw. selbsttätig durchführt und die die getauchten Becher dann in eine Trockenkammer befördert, damit das Paraffin in das Bechermaterial gut eindringen und abtrocknen kann.

In ähnlicher Weise wie die Fabrikation von überlappt geschlossenen Bechern erfolgt auch die Herstellung von Bechern aus gewickelter Zarge. Zum Ausstanzen der Zuschnitte dienen die gleichen Ausstanzmaschinen, nur mit dem Unterschied, daß die Werkzeuge so gehalten sind, daß ein Bechermantel von doppelter Länge als bei überlappt geschlossenen Bechern ausgestanzt wird. Die ausgestanzten Zuschnitte werden dann auf einer Spezial-Anleimmaschine bis zur Hälfte mit Klebstoff versehen und dann auf einer Spezial-Hülsenwickelmaschine zu Becherzargen gewickelt. Beim Wickeln werden die Zuschnitte in eine Nut des Wickeldornes eingeschoben, die Maschine, die für Kraftbetrieb gebaut ist, durch Fußtritt eingerückt und hierauf der Zuschnitt leicht von Hand gegen den Dorn gedrückt, damit ein festes und klanghartes Wickeln der Zarge durchgeführt werden kann.

Die gewickelte Zarge wird dann ausgeworfen, und zwar geschieht dies in der Weise, daß durch einen zweiten Fußtritt eine Auswerfvorrichtung betätigt wird, die die Zarge durch einen Anschlagring von rückwärts von dem Dorn herabschiebt. Das Formen der Becherböden geht wieder in der gleichen Weise, wie eingangs beschrieben, vor sich, und ebenso erfolgt das Umfalzen — gewickelte Becher werden meist nur umgefalzt — auf dem Wölbe- und Einrollautomaten, wie es weiter oben bereits beschrieben wurde. Der einzige Unterschied bei dem Arbeitsvorgang, der nunmehr stattfindet, ist der, daß nicht gleichzeitig oberer und unterer Rand umgefalzt werden, sondern daß in dem einen Arbeitsvorgang lediglich das Umfalzen des unteren Becherrandes mit gleichzeitigem Verpressen des Bodens durchgeführt wird und daß dann, nachdem die Maschine mit entsprechend anders gebauten Werkzeugen versehen wurde, erst in einem zweiten Arbeitsgange das Umfalzen des oberen Randes vorgenommen werden kann. In den meisten Fällen wird man natürlich so verfahren, daß man zwei derartige Wölbe- und Einrollautomaten aufstellt, von denen der eine das Umfalzen des unteren Randes usw. und der zweite das Umfalzen des oberen Randes durchführt. Dabei kann die Verbindung dieser Maschinen untereinander so getroffen sein, daß die in der ersten Maschine hergestellten Teile beispielsweise auf ein Band abgelegt und der zweiten Maschine unmittelbar zugeführt werden, so daß irgendwelche Zwischentransporte von Hand wegfallen können.

Solche gewickelte Becher für Eiscreme, Marmelade usw. werden im Handel vielfach mit einer Verschlußscheibe verwendet. Es ist also bei der Fabrikation dieser Becher außerdem noch erforderlich, diese Verschlußscheibe auf der eingangs erwähnten Ausstanzmaschine mit auszustanzen und weiter in den Bechermantel eine Sicke von innen nach außen einzudrücken, damit dieser Verschluß in dem Becher einen Halt hat. Das Sicken erfolgt in der gleichen Maschine, die das Wickeln der Hülsen besorgt, nur mit besonderen Spezialwerkzeugen, die für diese Arbeit in die Maschine eingesetzt werden müssen. Das Einsetzen des Verschlußdeckels erfolgt meistens erst nach dem Füllen der betreffenden Becher.

Sind die Becher so weit fertiggestellt, so erfolgt das Paraffinieren genau so wie vorher für Trinkbecher beschrieben. Auch bei der zweiten Fabrikationsmethode sind die in Frage kommenden Maschinen meist so abgestimmt, daß sie eine bestimmte Arbeitsleistung, in der Regel 1000 Becher stündlich, vollführen oder, falls sie diese Leistung nicht erreichen können, Teile dieser Leistung, beispielsweise die Hälfte, so daß die Maschinen von geringerer Arbeitsleistung einfach nur in Doppel aufgestellt zu werden brauchen.

* * *

Beschreibung der Arbeitsweise der Einrichtung zur Herstellung von Trinkbechern nach dem System der Firma Albert Schmidt, Kartonnagenmaschinen- und Werkzeugfabrik, Leipzig C 1, Sophienstr. 8.

Gegenüber den paraffinierten Trinkbechern hat die Firma Albert Schmidt, Leipzig, einen neuen Trinkbecher mit umgefalztem und eingeleimtem Bodenrand herausgebracht. Dieser hat den Vorteil, daß er nicht mehr paraffiniert zu werden braucht und daß dazu auch kein wasserdichter Karton verwendet werden muß. Die Fabrikationsweise der Einrichtung ist sehr einfach.

Die Bechergeifen werden entweder auf einer Ausstanzmaschine in Bogen von 15 bis 20 Stück ausgestanzt und dann auf einer Tiegeldruckpresse bedruckt oder man druckt und stanzt auf einer Tiegeldruckpresse mit Schneidelinien zwei oder vier Stück auf einmal. Die so bedruckten und gestanzten Bechergeifen werden nun mit einer Seiten- und Bodenfalzklebnaht versehen, und zwar auf eigens dazu konstruierten Anleimmaschinen.

Um die Seitenklebnaht herzustellen, werden die Bechergeifen entweder vom Stapel oder mittels der Hand durch die Leimwalzen der Anleimmaschine durchgeführt. Der Leimauftrag ist auf allen Stellen gleichmäßig. Auf einem Transportband, welches an dem Leimwerk angebracht ist, werden die Geifen mit warmer Luft getrocknet. Hiervon können stündlich etwa 3000 Teile beleimt werden. Das Beleimen der Bodenfalznaht erfolgt auf derselben Anleimmaschine unter Verwendung einer hierfür einzufügenden Führung, passend für die Bodengeifengummierung. Hier erzielt man ungefähr die gleiche Leistung. Um das Auswechseln der verschiedenen Geifeneinführungsvorrichtung an der Maschine zu unterlassen, empfiehlt es sich, aus Praktischkeitsgründen eine Anleimmaschine zum Beleimen der Seitennaht der Geifen und eine zweite für die Beleimung der Bodenfalzklebnaht anzuschaffen.

Auf einer besonders konstruierten Geifenrundemaschine, zu welcher für die verschiedenen Becherkonusse entsprechende Walzen mitgeliefert werden, erfolgt das Runden der Geifen. Der geleimte Bodenfalz wird gleichzeitig gerillt und umgebrochen. Mit dieser Maschine können stündlich 2000 Geifen gerundet und umgefalzt werden.

Der Automat zur Herstellung von Trinkbechern besteht aus zwei Maschinen, die sinnreich miteinander in einfachster Weise verbunden sind, deshalb auch nur einen gemeinsamen Antrieb benötigen. Es kommt hierbei die kleinere Presse, Modell SKM, zum Ziehen der Böden und das größere Modell SADUR mit Revolvertisch zum Fertigprägen der Becher in Frage. Auf der Bodenziehpresse SKM ist eine Rolle Bodenkarton aufgesteckt. Derselbe wird durch Walzenvorschub dem Bodenziehwerkzeug zugeführt. Hier wird der Boden zu gleicher Zeit ausgestanzt und gezogen. Der Abfall wird auf der anderen Seite wieder automatisch aufgerollt. Durch eine Sondervorrichtung wird der Boden umgewendet und in diesem Zustande auf einem Transportband der Becherprägemaschine SADUR zugeführt. Auf dem Revolvertisch sind 4 Werkzeuge angebracht. Die Bedienungsperson setzt eine gerundete Geife in das vorderste Werkzeug ein, der Tisch führt eine

Vierteldrehung aus und bringt das Werkzeug mit der eingesetzten Geife unter den an der Maschine sich befindlichen automatischen Bodeneinsetzapparat.. Zu gleicher Zeit wird ein neuer Boden gestanzt und gezogen, auf dem Transportband, auf welchem sich die Böden sammeln, weitertransportiert bis vor eine Gabel. Hier geht jeweilig ein Boden durch, der nun zu einer Plattform transportiert wird. Eine Vorschubvorrichtung hat den auf der Plattform liegenden Boden erfaßt und unter den Bodeneinsetzapparat geschoben. Hier wird derselbe von einem Greifer erfaßt und in die im Werkzeug befindliche Geife eingeführt. Der Tisch führt eine neue Vierteldrehung aus, das Werkzeug wird unter den Prägestößel gebracht, der Oberstempel bewegt sich nach unten in die Prägeform. In einem Arbeitsgange wird die Bechergeifenseitennaht, die extra beleimt war, verpreßt und gleichzeitig erfolgt die Einrollung am oberen Rande des Bechers. Der Boden wird in den Bodenfalz fest eingepreßt und durch das geheizte Werkzeug eingeleimt. An der vierten Station wird der Becher durch einen Greifer aus dem Werkzeug gehoben und in ein Sammelrohr oder direkt in den Verpackungskarton abgelegt und gestapelt. Durch einen elektrischen Zählapparat, welcher beim 100. Becher ein besonderes Zeichen gibt, kann eine automatische Zählung erfolgen.

Eiskrembecher werden auf derselben Arbeitsweise erzeugt, insbesondere wenn es sich um Massenauflagen handelt.

Mit den erwähnten Automaten können stündlich etwa 1000 Becher hergestellt werden.

Das Sicken der Eiskrembecher erfolgt auf der kleinen Bodenziehpresse, auf welcher mit entsprechendem Werkzeug einzeln oder mit Revolvertisch einzeln oder mit 4 Werkzeugen gearbeitet werden kann.

Die Herstellung der Briefumschläge[1])

Der heutzutage in vielen Millionen von Exemplaren täglich verwandte Briefumschlag ist eine verhältnismäßig junge Erfindung. Noch um die Mitte des vorigen Jahrhunderts wurden die Briefe fast ausschließlich ähnlich wie heute noch in Deutschland die Telegrammformulare zusammengefaltet und mit einer Oblate oder einem Siegel verschlossen. Die Adresse wurde direkt auf den Briefbogen geschrieben, der infolgedessen nur einseitig beschrieben werden konnte. Die

[1]) Im Verlag der Papier-Zeitung, Berlin, ist 1929 ein Spezialhandbuch über das gleiche Thema von Th. Gerdon erschienen, in dem über alle Einzelheiten der Fabrikation ausführlicher berichtet wurde, als es naturgemäß im Rahmen eines nur das Wesentlichste der fachtechnischen Entstehungsvorgänge enthaltenden Beitrages der Fall sein kann.

wenigen verwandten Briefumschläge wurden meist aus einseitig beschriebenem Papier mit der Schere ausgeschnitten und zusammengeklebt. Ursprünglich wurden diese Briefumschläge nur von dem Schreiber selbst hergestellt, oder es wurden in größeren Geschäften die Lehrlinge mit der Herstellung der Briefumschläge beschäftigt. Allmählich gingen auch größere Firmen dazu über, Briefumschläge bei einem Buchbinder herstellen zu lassen, und stammen aus dieser Zeit die ersten, die Herstellung der Briefumschläge erleichternden Hilfswerkzeuge.

Erst nach dem Jahre 1860 hob sich der Verbrauch an Briefumschlägen derart, daß einige der späteren Kuvertfabrikanten den Entschluß faßten, die Fabrikation von Briefumschlägen fabrikmäßig zu betreiben. Natürlich arbeiteten diese Fabriken zunächst nur mit sehr einfachen Werkzeugen. Das Papier wurde mit einer Papierschneidemaschine parallelogrammförmig ausgeschnitten, und es wurde dann an allen vier Seiten des Parallelogrammes mit einem winkelförmigen, mit einem Handgriff versehenen Messer eine Ecke mit einem Hammer ausgehauen, so daß die Ausschnitte die in Abb. 45 gezeigte Form hatten. Die fertigen Ausschnitte wurden dann mit einem Falzbein ausgestrichen, so daß die einzelnen Ausschnitte dachziegelartig übereinanderlagen und jeder Ausschnitt um die Breite der an der Schlußklappe anzubringenden Gummierung über dem auf ihm liegenden vorstand. Hierauf wurden mit einem Pinsel die Schlußklappen gummiert und die Ausschnitte zum Trocknen ausgelegt. Nachdem die Schlußklappe trocken war, wurde die Bodenklappe in gleicher Weise gummiert, und noch während dieselbe feucht war, der Umschlag gefaltet und geklebt. Selbstverständlich wurde diese Arbeitsweise nicht in sämtlichen Fabriken ausgeführt, sondern es wurden in einzelnen Fabriken die Schlußklappen erst gummiert, nachdem das Kuvert gefaltet und geklebt war; in anderen wurde auch der Gummi auf die Bodenklappen einzeln mit einem kleinen Pinselchen aufgetragen usw. Um ein festes Kleben zu erzielen, wurden die fertigen Kuverte meist unter ein Brett gelegt, auf dem die Arbeiterin saß.

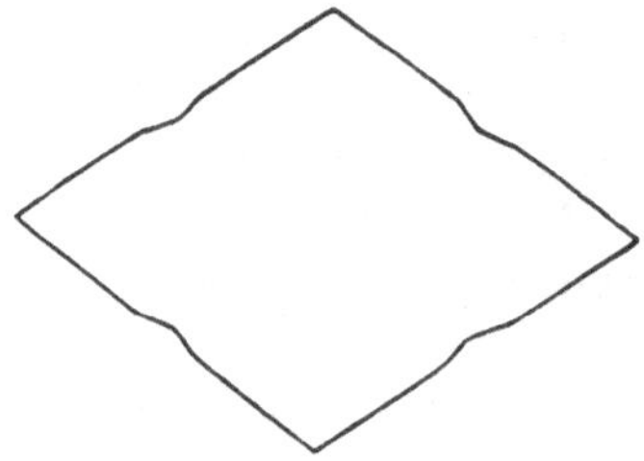

Abb. 45

Die oben beschriebene Handarbeit wird heutzutage noch in fast jeder Briefumschlagfabrik von einer ganzen Reihe von Arbeiterinnen ausgeführt, und zwar werden kleinere Aufträge von Briefumschlägen ungewöhnlicher Größe auf diese Weise hergestellt.

Mit dem wachsenden Bedarf an Briefumschlägen bemächtigte sich auch bald die Technik dieses Fabrikationszweiges, und zwar wurde zunächst die Faltarbeit durch einen Falzbock erleichtert. Diese Falzböcke haben sich teilweise noch bis in die heutige Zeit erhalten und werden beispielsweise noch in Rußland und in Südfrankreich vielfach verwandt. Die Arbeitsweise des Falzbockes ist die folgende: Die in der oben beschriebenen Weise mit der Gummierung an der Schlußklappe versehenen Ausschnitte werden einzeln von Hand zwischen auf dem Tisch des Bockes befindliche Anschläge gelegt, so daß der Ausschnitt genau in seiner Lage auf dem Tisch festgelegt ist. Alsdann wird ein der Größe des fertigen Kuverts entsprechender Oberstempel vermittels eines Handgriffes auf den Ausschnitt gepreßt, wobei die Kanten dieses rechteckigen Oberstempels die Linien andeuten, in denen die 4 Klappen umgefaltet werden. In dem Tische liegen nun 4 Klappen, die mittels der Fußtritte umgelegt werden können, und die beim Umlegen die 4 Klappen des Ausschnittes in den kenntlich gemachten Linien umlegen. Je zwei dieser Klappen, und zwar die beiden Seitenklappen und die Vorder- und Hinterklappe werden durch einen Fußtritt betätigt, so daß beim Niedertreten eines Fußtrittes die beiden Seitenklappen des Kuverts und beim Niedertreten des anderen Fußtrittes die Boden- und Schlußklappe des Kuverts gefaltet werden. Das Auftragen des Gummis zum Kleben der Bodenklappe wurde in der ersten Zeit nach dem Falten von Hand besorgt, während später an dem den Oberstempel tragenden Arm Gummiervorrichtungen angebracht wurden, die beim Niederdrücken des Oberstempels gleichzeitig den zum Kleben der Bodenklappe erforderlichen Gummi auf den Ausschnitt auftragen. Geschickte Arbeiterinnen sind imstande, mit dieser einfachen Maschine 10—12 000 Umschläge pro Tag herzustellen, d. h. zu falten und zu kleben.

Im Jahre 1867 wurde die erste teilweise automatisch arbeitende Maschine gebaut. Die Arbeitsweise dieser Maschine war folgende: Die fertig zugeschnittenen Blätter wurden einzeln von Hand in die Maschine gelegt, die dann das Blatt selbsttätig faltete und klebte. Der fertige Umschlag wurde von dem zweiten Mädchen aufgefangen und einem dritten Mädchen übergeben, das die Arbeit prüfte und sich auf die fertigen Kuverte setzte, um dieselben zu pressen und trocknen zu lassen. Diese Maschinen sind heute ganz verschwunden.

Das Gummieren der Schlußklappe wurde meist noch in der oben beschriebenen Weise von Hand besorgt, doch wurden auch schon Hilfsapparate gebaut, die teilweise heute noch in Benützung sind. Die zugeschnittenen Kuverte werden in hohen Stapeln auf eine Platte gelegt, und zwar zwischen einstellbare Stäbe, die die Lage der Blätter genau festlegen. Auf der Platte befinden sich senkrechte Führungsstangen, die zur Führung eines einen Gummikasten tragenden Gestelles dienen. Der Gummikasten ist unten offen und mit Filz eingefaßt. Die untere Öffnung entspricht der Form des auf der Schlußklappe anzubringenden Gummistreifens. Wird nun der Gummikasten mit Gummi gefüllt, so bildet die zu gummierende Stelle des obersten Ausschnittes den Boden des Gummikastens, so daß, falls das oberste Blatt unter dem Gummikasten fortgezogen wird, die zu gummierende Stelle des Blattes mit Gummi versehen ist. Die Arbeiterin zieht mithin stets das oberste Blatt des Stapels fort und legt es zum Trocknen auf passende Gestelle oder mit Holzrahmen umgebene Pappdeckelbogen.

Wirklich automatisch arbeitende Kuvertmaschinen wurden zuerst in England gebaut, wo schon im Jahre 1845 von einem Papierfabrikanten namens Breves in Brighton ein Patent auf eine Maschine zur Herstellung von Kuverten eingereicht wurde. Die patentierte Maschine war jedoch so einfacher Art, daß sie wahrscheinlich niemals ausgeführt wurde.

Im Jahre 1869 wurde die erste wirklich brauchbare und automatisch arbeitende Maschine in England gebaut, und zwar von der Firma Fenner & Appleton in London. Diese Maschine wurde im Jahre 1870 schon von der Elberfelder Kuvertfabrik Paulmann & Kellermann in Deutschland eingeführt und bald von deutschen Maschinenfabrikanten in verbesserter Ausführung nachgebaut. Die Leistungsfähigkeit der Maschinen schwankte im Anfang zwischen 30 und 35 Kuverte in der Minute, wurde jedoch durch ständige Verbesserungen allmählich erhöht, so daß die Kuvertfabrik Carl Blanke in Barmen auf der Allgemeinen Ausstellung für Unfallverhütung in Berlin im Jahre 1889 schon eine Maschine ausstellen konnte, die bis zu 90 Kuverte in der Minute herstellte. Die Arbeitsweise dieser Maschine ist folgende: Die Ausschnitte werden in hohen Stößen auf den Einlegetisch gelegt, auf ein mit einer Luftpumpe verbundenes Saugrohr, das sich auf den obersten Papierausschnitt niederläßt, denselben ansaugt und hochhebt, worauf eine an einem Pendel befestigte Zange diesen hochgehobenen Ausschnitt erfaßt und denselben über einen der Form des herzustellenden Umschlages entsprechenden rechteckigen Schacht bringt. Der Ausschnitt wird alsdann durch einen rechteckigen Stempel in den Schacht gestoßen, wodurch die 4 Seitenklappen des Kuverts hochgerichtet werden. Bevor der Ausschnitt jedoch in den rechteckigen Schacht gestoßen wird, wird die Bodenklappe desselben durch einen mit Klebstoff versehenen Stempel gummiert. Nachdem die 4 Klappen hochgerichtet sind, werden sie durch besondere Faltorgane vollständig umgelegt. Das fertige Kuvert liegt alsdann auf einer Platte, die sich nunmehr senkt und das Kuvert in den Sammelraum fallen läßt. Auf diesem Wege gleitet das Kuvert über eine mit einem Schlitz versehene Führung. Der Schlitz dieser Führung ist nur in dem Momente geöffnet, in dem ordnungsgemäß ein Kuvert über denselben gleiten muß, während er sonst von einer messerartigen Schiene geschlossen ist. Kommt nun eine Störung in der Maschine vor und ein Kuvert fällt nicht ordnungsmäßig, so wird die den Schlitz verschließende Schiene, wenn dieselbe wieder in den Schlitz eintreten will, diesen Schlitz verschlossen finden, weil das Kuvert nicht im richtigen Moment gefallen ist. Infolgedessen wird ein Druck auf die mit Schlitz versehene Führung ausgeübt, der ein sofortiges Stillstehen der Maschine bewirkt.

Die eben beschriebene Maschine stellt den Typ dar, der bis heute noch zum Teil in den Kuvertfabriken vertreten ist. Die verschiedenen Bauarten von Maschinen werden in einem besonderen Kapitel noch genauer behandelt werden. Gleichzeitig mit dem Falten und Kleben erfuhren selbstverständlich auch die anderen zur Herstellung der Briefumschläge erforderlichen Arbeiten, wie das Zuschneiden der Blätter, das Gummieren der Schlußklappen usw., Verbesserungen, die den ganzen Werdegang des Briefumschlages für den fabrikmäßigen Betrieb geeigneter machten. Selbstverständlich ist der Werdegang des Kuvertes in den verschiedenen Kuvertfabriken, wenn auch nur in geringem Maße, voneinander verschieden. In den heutigen Briefumschlagfabriken sind vor allem 2 Herstellungsverfahren im Gebrauch, die sich voneinander hauptsächlich dadurch unterscheiden, daß nach dem einen Verfahren die fertigen Papierausschnitte zuerst auf besonderen Maschinen mit der Schlußklappengummierung versehen werden, worauf diese an der Schlußklappe gummierten Ausschnitte in die Falt- und Klebmaschine gebracht werden, während nach dem anderen Verfahren mit Maschinen gearbeitet wird, die gleichzeitig die Schlußklappen gummieren und das Kuvert falten und kleben. Über die Zweckmäßigkeit des einen oder anderen Verfahrens ist schon viel gestritten worden und gehen die Meinungen der Fachleute sehr auseinander. In England und Amerika wird meist mit Maschinen gearbeitet, die gleichzeitig die Schlußklappen mitgummieren, während in Deutschland noch vielfach das getrennte Verfahren angewandt wird.

Der Werdegang des Briefumschlages in einer modernen Briefumschlagfabrik ist etwa folgender:

1. Das Papier

Das Papier zu den Briefumschlägen muß sich in seiner Beschaffenheit mehr oder weniger nach dem Zwecke richten, dem der herzustellende Briefumschlag dient. Der bessere Umschlag für den täglichen Bedarf muß aus möglichst wenig holzschliffhaltigem Papier hergestellt werden, damit er sich leicht beschreiben läßt und man nicht mit der Feder in dem Papier hängen bleibt. Das Papier wird meist möglichst dünn gewählt, um das Gewicht des Briefes zu vermindern. Trotzdem muß das Papier möglichst undurchsichtig sein, wenn man nicht

Außenstehenden Gelegenheit geben will, unberufenerweise Kenntnis von dem Inhalt des Umschlages zu erhalten. Während man bei der Wahl des Papieres für die zum Privatbedarf bestimmten Umschläge weniger auf die praktischen Vorteile als auf den jeweiligen Geschmack und auf die Mode Rücksicht nehmen wird, werden im geschäftlichen

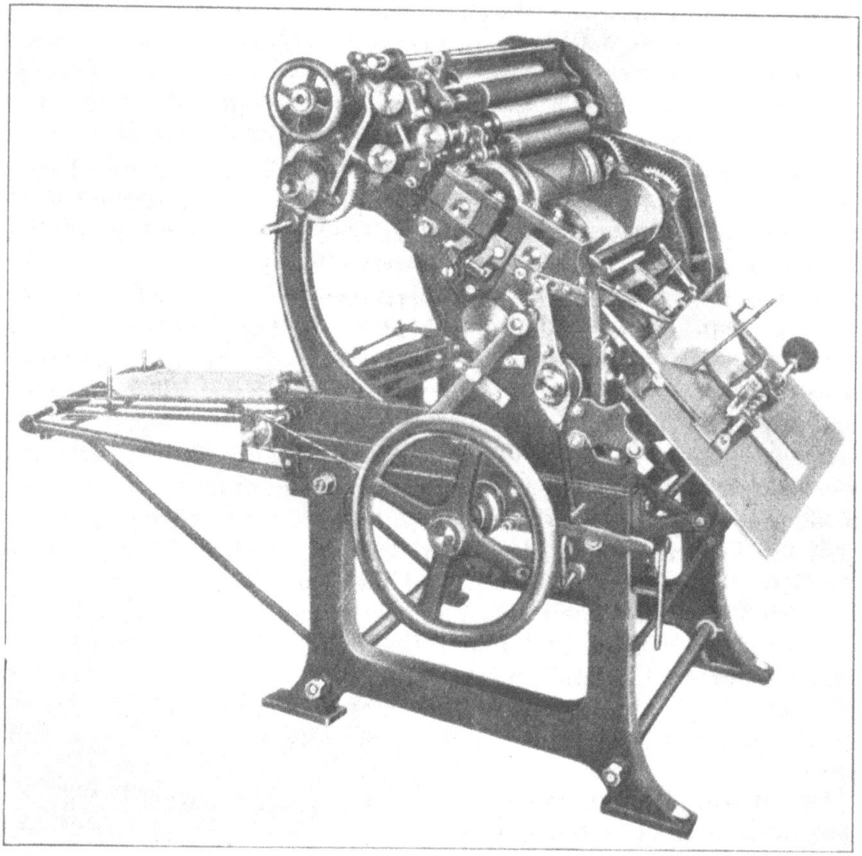

Abb. 46.
Rotations-Blatt-Druckmaschine der Firma R. Ernst Fischer & Wescher, Elberfeld

Verkehr außer weißen Schreibpapieren meist farbige, doppelseitig satinierte oder auch einseitig glatte Papiere verwandt. Handelt es sich darum, möglichst leichte Kuverte herzustellen, so werden vielfach die Papiere mit einem Farbenaufdruck auf der Innenseite versehen. Oder aber es werden aus bunten Seidenpapieren bestehende Futtereinlagen verwandt, was besonders in neuerer Zeit für Luxuskuverte sehr gebräuchlich ist.

Zum Bedrucken der Innenseite hat die Firma R. Ernst Fischer & Wescher in Elberfeld neuerdings eine Rotations-Blattdruckmaschine herausgebracht, die in der Anschaffung wesentlich billiger ist als die bisher verwandten großen Druckpressen. Die Maschine ist für Trocken-Offset-Verfahren eingerichtet, d. h. der Druck erfolgt von dem Klischee auf ein Gummituch und von diesem auf den Ausschnitt. Außerdem ist es aber möglich, in direktem Druck auf der Maschine zu arbeiten.

Bei dieser Maschine werden die ungefaltenen Stanzlinge von Kuverten, Beuteln od. dgl. sowohl mit Innen- als auch mit Außendruck versehen. Bei Verwendung einer geeigneten Farbe ist der Druck so trocken, daß die Ausschnitte sofort gestapelt und weiter verarbeitet werden können.

Die geschilderte Arbeitsweise hat gegenüber dem Verfahren, große Bogen erst zu bedrucken und hinterher auszustanzen, den Vorteil, daß der Druck immer genau in der richtigen Stellung zum Stanzling zu stehen kommt.

Die Leistung der Maschine beträgt rund 10 000 Stück in der Stunde. Die Druckfläche ist so groß, daß alle vorkommenden Formate ohne Schwierigkeit verarbeitet werden können.

Das Papier wird von den Briefumschlagfabriken stets in fertig zugeschnittenen Bogen bezogen, die parallelogrammförmig zugeschnitten sind, um beim späteren Ausschneiden der Kuvertausschnitte möglichst wenig Verlust an Papier zu haben. Die Größe der parallelogrammförmigen Bogen wird für die gängigen Briefumschlaggrößen besonders bestimmt. Um die Größe dieser Bogen zu bestimmen, werden eine Anzahl einzelner Blätter, die zu Briefumschlägen gefalzt werden sollen, unter möglichst ergiebiger Ausnutzung des Raumes aneinandergelegt, wie dies aus Abb. 47 ersichtlich ist, und wird dann festgestellt, wie groß ein Bogen, aus dem sich je nach Größe des herzustellenden Umschlages 4—12 oder sogar noch mehr Ausschnitte herausschneiden lassen, sein muß.

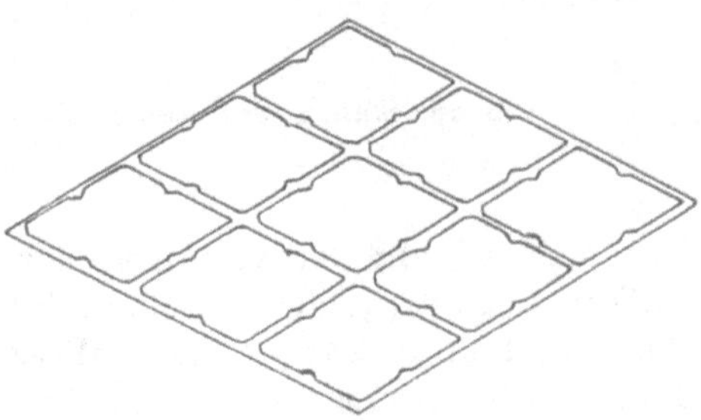

Abb. 47

2. *Das Stanzen*

Das Ausschneiden der Kuvertausschnitte aus den großen Bogen wird mit Stanzmessern ausgeführt, die die Form des herzustellenden Ausschnittes haben. Ein solches Stanzmesser, das in Abb. 48 gezeigt ist, wird auf einen Papierstoß von 300 bis 500 Bogen gesetzt und dann durch besondere Stanzmaschinen durch den Papierstoß hindurchgedrückt. Durch Druck auf die Kurbel kann der Tisch ausgelöst werden, so daß er dem Zug der Federn folgend sich nach rechts bewegt, bis das Stanzmesser sich unter dem Druckbalken befindet. Durch die Klinke wird alsdann der Druckbalken ausgelöst, so daß er nach unten geht und das Messer durch den Papierstoß drückt. Nachdem das Messer durch den Papierstoß gedrückt ist, hebt sich der Druckbalken wieder und wird in seiner höchsten Stellung von dem Antrieb abgekuppelt, so daß er in seiner höchsten Stellung stehenbleibt, bis er

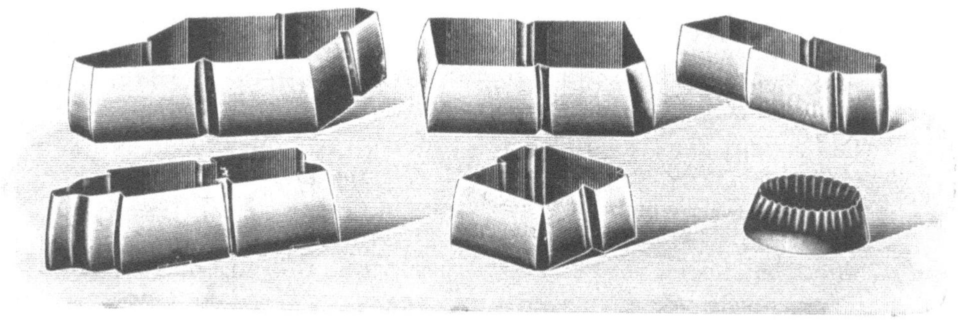

Abb. 48. Stanzmesser von R. Ernst Fischer & Wescher, Elberfeld

durch Betätigung der Klinke wieder ausgelöst wird. Sobald der Druckbalken beginnt, sich zu heben, fährt der Tisch selbsttätig in seine Anfangsstellung zurück. Das Messer wird hier von Hand aus dem Papierstoß herausgehoben und die in diesem Messer sitzenden Ausschnitte fortgenommen. Hierauf wird das Messer wieder auf den Papierstoß, und zwar möglichst nahe an die vorhin ausgeschnittene Stelle herangesetzt, und derselbe Vorgang wiederholt sich, bis sämtliche aus dem Stoß von Papierbogen herauszuschneidenden Stöße von Blättern ausgestanzt sind. Die abfallenden Papierschnitzel werden auf ein an dem Tisch befestigtes Tuch geschoben und werden, sobald der Tisch wieder unter den Druckbalken fährt, durch die Bewegung dieses Tisches in einen hinter der Maschine befindlichen Sammelbehälter befördert.

Für jede herzustellende Größe und Schnittform muß selbstverständlich, wenn in der obigen Weise gearbeitet werden soll, ein besonderes Stanzmesser vorhanden sein. Sollen jedoch Briefumschläge in besonderen, wenig gebräuchlichen Formaten angefertigt werden, so werden die Ausschnitte auch wohl in der Weise hergestellt, daß die rechteckigen Blätter aus den Bogen zuerst vermittels der Schneidemaschine in der bildlich ersichtlichen Form ausgeschnitten werden, worauf die schraffierten Ecken mittels eines verstellbaren Messers ausgestanzt werden. Ein derartiges Messer besteht aus 4 Winkelmessern, die gegeneinander verstellt werden können, um jede beliebige Größe einstellen zu können. Mit verstellbaren Messern können natürlich nur gewöhnliche Spitzschlußkuverte mit geraden Kanten hergestellt werden, während Kuverte mit gebogenen Formen nur mit festen Messern gestanzt werden können.

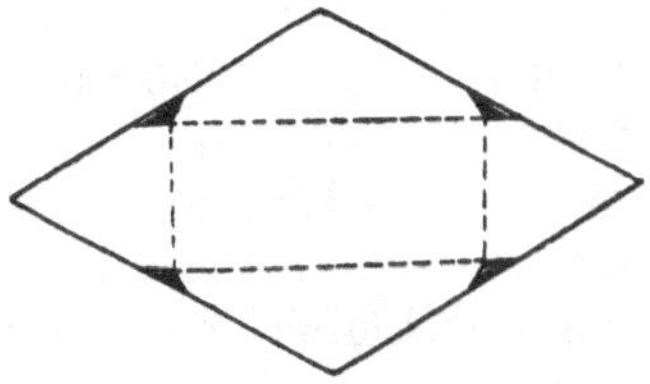

Abb. 49

3. Das Gummieren

Nachdem die Blätter ausgestanzt sind, werden sie nach dem in Deutschland teilweise noch üblichen Verfahren zunächst an der Schlußklappe gummiert. Wie schon vorher erwähnt, wurde dieses Gummieren früher von Hand ausgeführt, indem die Blätter, wie in Abb. 50 gezeigt, ausgestrichen und mittels eines Pinsels gummiert wurden. Diese Arbeit wurde dann später durch Maschinen erleichtert, indem das Ausstreichen der Blätter auf einem Transporttuche vorgenommen wurde, das die dachziegelartig übereinanderliegenden Blätter einer mit Gummi versehenen Bürste zuführte, die das Gummieren besorgte. Die gummierten Blätter wurden dann zwischen Transportbändern liegend durch eine Trockenkammer geführt, an deren Ende sie abgenommen und wieder zusammengelegt wurden. Bei den moderneren Maschinen wird auch das Ausstreichen der Blätter selbsttätig besorgt. Eine solche Maschine ist in Abb. 51 dargestellt. Die Briefumschlagausschnitte werden in hohen Stößen in den Einlegekorb a gebracht, unter welchem sich rotierende Zahnräder b befinden. Die Zähne dieser Räder übernehmen die Arbeit, die früher mit dem Falzbein ausgeführt wurde, d. h. sie bringen die unteren Blätter langsam vor, so daß eine kontinuierliche Bahn von staffelförmig übereinanderliegenden Ausschnitten entsteht, wie bei c ersichtlich. Diese Bahn läuft unter einem Kästchen d her, dem aus dem Gummibehälter e Gummi zugeführt wird. Der

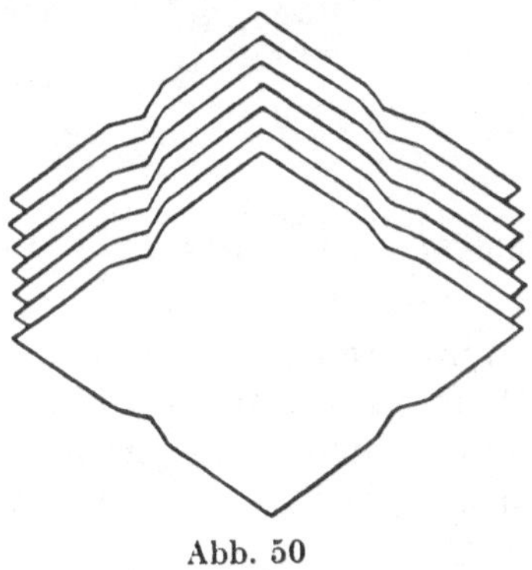

Abb. 50

untere Rand des Kästchens d ist mit Filz versehen, so daß der Gummi gleichmäßig auf die Schlußklappen der Kuvertausschnitte aufgetragen wird. Nachdem der Gummi aufgetragen ist, gelangen die Ausschnitte zwischen schneller transportierende Bänder f, wodurch der Abstand der einzelnen Ausschnitte voneinander vergrößert wird und ein Aneinanderkleben der Blätter vermieden ist. Die Bänder führen die

Abb. 51. Automatische Gummiermaschine von R. Ernst Fischer & Wescher, Elberfeld

gummierten Ausschnitte dann über eine Trockenvorrichtung her. Dann passieren die Blätter eine größere Anzahl von Trockenflügeln und werden fertig gummiert auf dem Tische g abgelegt. Die Leistung einer derartigen Maschine beträgt bis zu 300 000 Ausschnitte im Tage.

4. *Das Falten und Kleben*

Die an der Schlußklappe gummierten Blätter werden nun in die Falt- und Klebemaschine gebracht, deren einfachste Form in Abb. 52 dargestellt und an Hand dieser Abbildung beschrieben wurde.

Die Form dieser Maschine ist selbstverständlich von den verschiedenen Maschinenfabrikanten verändert worden, ohne im allgemeinen das Prinzip zu verlassen. Eine der modernsten Maschinen dieser Art ist in Abb. 53 dargestellt. Bei dieser Konstruktion wird das Papier bei a eingelegt. Der Arbeitsgang ist derselbe wie bei der früher beschriebenen Maschine. Die fertigen Kuverte stapeln sich selbsttätig in dem Sammelkasten b auf. Die Maschine ist mit einer Zählvorrichtung versehen, die in der Weise arbeitet, daß das 25. Kuvert jedesmal durch sein seitliches Vorstehen über die anderen Kuverte gekennzeichnet wird.

Auf den beschriebenen Falt- und Klebemaschinen kann nur eine Größe von Umschlägen hergestellt werden. Auch können dieselben mit 2 oder 3 Faltapparaten für andere Größen ausgerüstet sein, so daß die Maschine durch Aufsetzen eines anderen Faltapparates auch eine andere Größe herstellen kann. Infolge der immer mannigfal-

Abb. 52. Kuvert-Falt- und Klebemaschine
von R. Ernst Fischer & Wescher, Elberfeld

tigeren Kuvertformen und Größen ist es selbstverständlich nicht möglich, für eine Briefumschlagfabrik sämtliche Größen maschinell herstellen zu können, und wurden deshalb bis vor wenigen Jahren noch eine große Menge von Briefumschlägen weniger gangbarer Größen von Hand hergestellt. Dieser Übelstand führte zur Erfindung von verstellbaren Maschinen, d. h. von Maschinen, die sich in gewissen Grenzen für jede beliebige Kuvertgröße einstellen lassen. Die erste verstellbare Maschine, die in größerer Anzahl auf den Markt kam und eine gute Aufnahme fand, war die Universal-Kuvertmaschine der Maschinenfabrik Bruno Pahlitzsch in Berlin. Die Arbeitsweise dieser Maschine ist im Prinzip dieselbe wie die der vorher beschriebenen Ma-

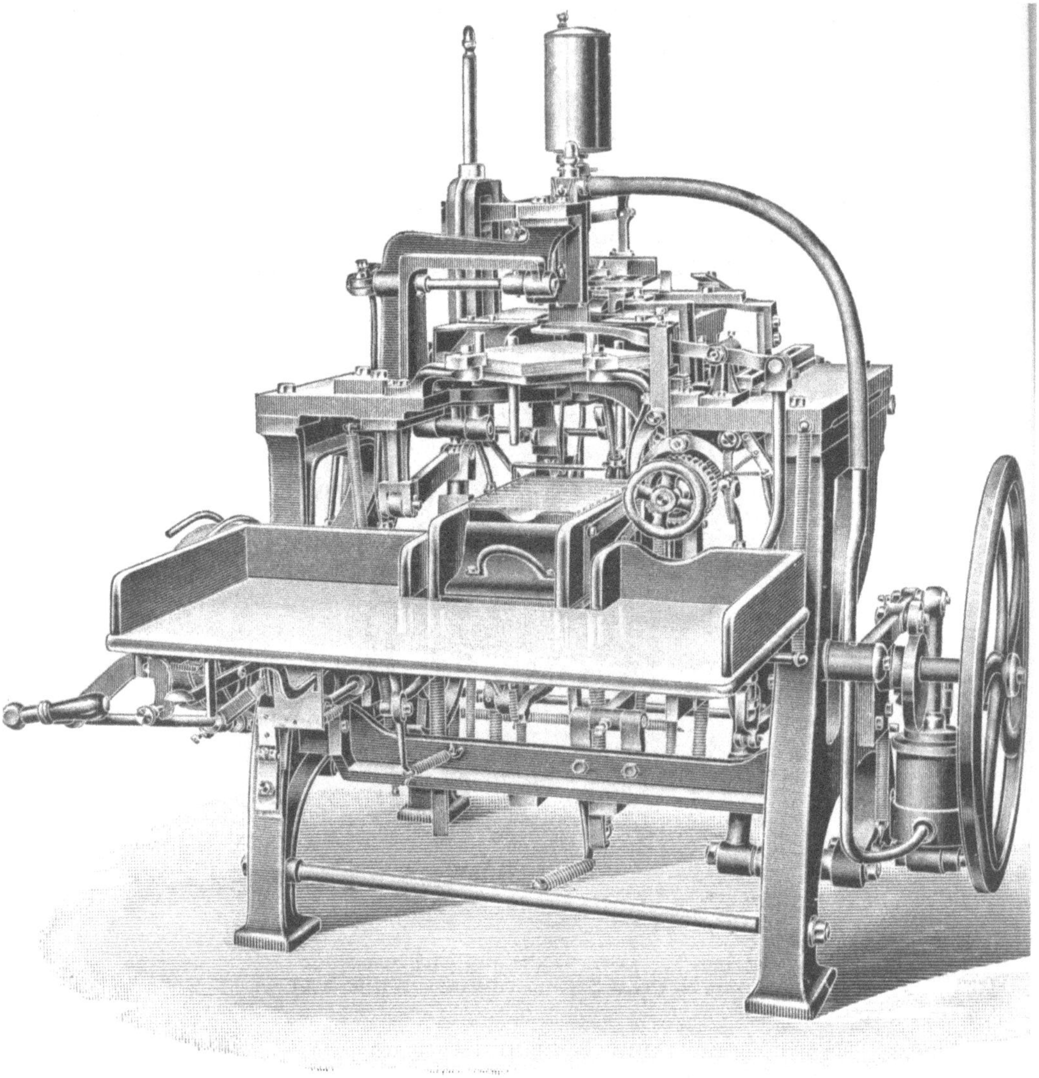

Abb. 53. Kuvertmaschine „Blitz“ von R. Ernst Fischer & Co., G. m. b. H., Berlin

schinen, mit dem Unterschiede, daß die Faltorgane verstellbar sind. Sowohl der Oberstempel, d. h. der Stempel, der das Blatt in den rechteckigen Schacht hineinstößt, um die Klappen des Blattes hochzurichten, als auch dieser Schacht selbst kann auf eine beliebige Größe eingestellt werden. Ebenso lassen sich die Klappen, die das Umfalten der Kuvertklappen besorgen, auf beliebige Größen einstellen. Die Verstellbarkeit dieser Maschine erwies sich infolge der Tatsache, daß die Kuvertformate immer mehr Modesache wurden, als eine vorteilhafte Neuerung, es gingen deshalb die Kuvertmaschinenfabrikanten ohne Ausnahme dazu über, neben den Maschinen für feste Formate verstellbare Maschinen zu bauen, und zwar sowohl Maschinen, die durch Auswechseln einzelner Teile leicht für eine andere Größe eingestellt

Abb. 54. Universal-Briefumschlagmaschine der Firma Ernst Pott & Co., Barmen

werden können, als auch Maschinen, die in gewissen Grenzen auf jede beliebige Größe eingestellt werden können. Die Verstellbarkeitsgrenze der verstellbaren Maschinen ist selbstverständlich eine verhältnismäßig geringe, weil die Faltorgane eine Einstellung auf beliebige Größen nicht zulassen. Eine Maschine mit besonders großer Verstellbarkeit ist die in Abb. 54 dargestellte Universal-Briefumschlagmaschine der Firma Maschinenfabrik Ernst Pott G. m. b. H. in Barmen, auf der sich sowohl Briefumschläge als auch Taschen mit Mittelklebung und Beutel mit Seitenklebung herstellen lassen und die sich deshalb besonders für die Anfertigung von Sonderformaten eignet.

Die Leistung derartiger in sehr großem Rahmen auf alle Formate und Schnittformen einstellbaren Maschinen ist selbstverständlich etwas geringer wie die Leistung der Maschinen für feste Formate und auch die Leistung der in kleinerem Rahmen verstellbaren Maschinen.

Während beispielsweise die in Abb. 53 dargestellte „Blitz-Maschine" der Firma R. Ernst Fischer & Co., G. m. b. H. in Berlin, ebenso wie die „Tell"-Maschine der Firma Gebr. Tellschow in Berlin eine Leistung bei kleineren Formaten bis zu 140 bis 150 Stück in der Minute hat, dürfte eine in größerem Rahmen verstellbare Maschine kaum über 100 Stück in der Minute hinauskommen. Immerhin ist eine derartige Leistung gegenüber der Handarbeit eine so große, daß seit Einführung der verstellbaren Maschinen die Handarbeit in der Briefumschlagfabrikation nur noch in ganz geringem Maße zu finden ist.

Die ganze Bearbeitung des Papieres geschah bei den bisher beschriebenen Maschinen teils durch hin- und herbewegte, teils durch schwingende Organe. Da nun bei jeder Hin- und Herbewegung bei Überschreitung einer gewissen Geschwindigkeit Stöße entstehen, die naturgemäß eine gewisse Stärke nicht überschreiten dürfen, so war man mit den bisherigen Maschinen an der Grenze der möglichen Leistungsfähigkeit angelangt und konnte nur eine Änderung des ganzen Prinzips eine noch höhere Leistungsfähigkeit zeitigen. Es sind deshalb schon seit vielen Jahren Versuche gemacht worden, das Falten der Umschläge durch rotierende Walzen zu erreichen. Diese Versuche gingen ursprünglich von Amerika aus, wurden jedoch bald aufgegeben.

Im September 1900 meldete Max Dünnebier in Dresden eine nach ganz neuen Prinzipien arbeitende rotierende Maschine zum Patent an. Dieses Patent, dem eine Reihe anderer Patente folgten, wurde von einem Konsortium übernommen, das bedeutende Summen für den Ausbau des Dünnebierschen Gedankens verausgabte, ohne zum Ziele gelangen zu können. Nach etwa siebenjähriger Tätigkeit wurde die Sache als aussichtslos aufgegeben. Nach kurzer Unterbrechung nahm jedoch die Maschinenfabrik R. Ernst Fischer & Wescher in Elberfeld den Gedanken wieder auf und gelang es dieser Firma, eine rotierende Briefumschlagmaschine auf den Markt zu bringen, die in der Minute 200 bis 250 Kuverte faltet und klebt. Die Arbeitsweise dieser Maschine ist folgende:

Die vorher an der Schlußklappe gummierten Ausschnitte werden in hohen Stößen in den Einlegekorb der Maschine gebracht, wo das oberste Blatt durch einen mittels des Schlauches mit einer Luftpumpe verbundenen Sauger abgesaugt und nach vorheriger Regulierung seiner Lage in die Walzenstraße gebracht wird. Die Walzen, die nunmehr die Bearbeitung, d. h. das Falzen sowie das Kleben und gleichzeitig den Transport des Papieres durch die Maschine übernehmen, rotieren stets in einer Richtung, wodurch die hohe Leistungsfähigkeit erzielt wird. Die fertigen Kuverte gelangen, in Päckchen zu 25 abgezählt, in den Sammelraum. Die Maschine kann in einem bestimmten Rahmen auf jede beliebige Größe und Schnittform von Kuverten eingestellt werden und verfertigt beispielsweise die Normaltype alle Kuvertgrößen zwischen 90×120 mm und 130 zu 235 mm.

Die aus den Falt- und Klebemaschinen herauskommenden Kuverte werden meist zu 25 gebündelt, d. h. es wird um je 25 Stück Kuverte ein Papierstreifen gezogen und werden diese Päckchen in Schachteln verpackt und versandt.

Nachdem die Herstellung der Kuverte mit getrennten Gummiermaschinen und Falt- und Klebemaschinen beschrieben ist, soll auch noch das kombinierte Verfahren einer kurzen Betrachtung unterzogen werden.

Dieser Maschinentyp wurde zuerst in England gebaut, wo schon im Jahre 1859 die Firma David Carlaw & Son, Glasgow, eine mit Schlußklappengummierung versehene Kuvertmaschine, die heute in England noch gebräuchliche „Leader"-Maschine, auf den Markt brachte. Eine ähnliche Maschine vervollkommneter Konstruktion ist die der Firma Bruno Pahlitzsch in Berlin. Die Arbeitsweise dieser Maschine ist folgende:

Auf den Aufnahmetisch wird ein Stoß von Ausschnitten, der je nach Dicke des Papieres bis zu 2000 Ausschnitte enthalten kann, gelegt. Über diesem Papierstoß befinden sich 2 Gummierer, von denen der eine den Gummi auf die Schlußklappe aufträgt, während der andere die Bodenklappe gummiert. Diesen Gummierern wird von unter denselben hergehenden Rollen Gummi zugebracht. Nachdem dieselben mit Gummi versehen sind, senken sich die Gummierer auf den Papierstoß, wodurch sie den Gummi an das Papier abgeben. Beim Hochgehen der Gummierer wird das oberste Blatt, das infolge des Gummis an den Gummierern haftet, mit hochgenommen und in einen Schlitten gelegt, der das Blatt auf den Faltapparat befördert. Hier wird es von einem Stempel in den rechteckigen Schacht hineingedrückt und von Klappen gefaltet. Die Schlußklappe darf selbstverständlich nicht so scharf gefaltet werden, daß sie sich auf das Kuvert auflegt, da sonst die Schlußklappe zukleben würde. Die fertigen Kuverte fallen nun in eine Kette, die aus plattenförmigen Gliedern besteht, und zwar in der Weise, daß zwischen je 2 Platten ein Kuvert liegt. Selbstverständlich müssen die Platten so ausgestaltet sein, daß sie nicht auf das Kuvert drücken, um ein Zukleben der Schlußklappe zu vermeiden. In dieser Kette werden die Schlußklappen getrocknet, wobei die Trockenwirkung durch eine Heizvorrichtung, durch Windflügel oder dergleichen unterstützt wird. Die Kette befördert die fertigen Kuverte auf den Ablegetisch, wo sie entweder von der Arbeiterin oder auch durch einen selbsttätigen Zählapparat abgezählt und gebündelt werden.

Eine andere Ausführungsform dieser Maschine ist in Abb. 55 dargestellt. Es ist dies die „Ideal"-Maschine der Firma R. Ernst Fischer & Co., G. m. b. H., vorm. Herm. Lütke, Berlin. Die Maschine zeichnet

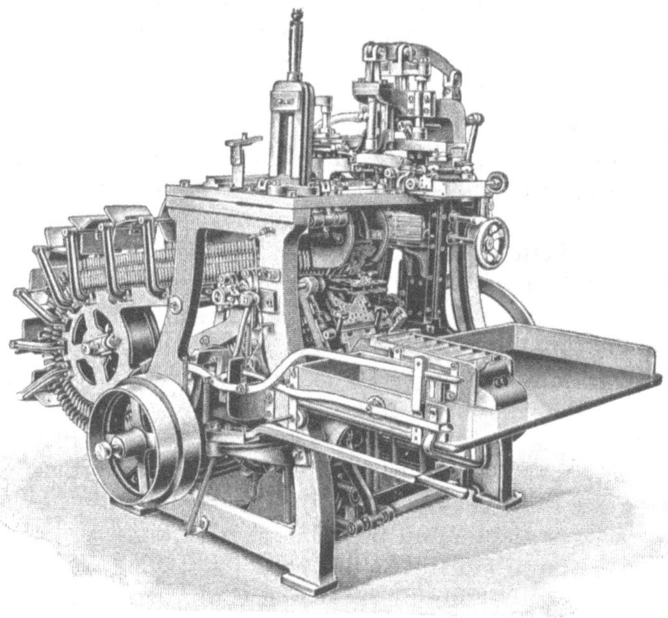

Abb. 55. „Ideal"-Kuvertmaschine von Ernst Fischer & Co., G. m. b. H., Berlin

sich gegenüber den anderen Vertreterinnen dieser Type dadurch aus, daß das Papier nicht von den Gummierern von dem Stapel abgehoben wird, sondern von einer Saugevorrichtung. Dies hat den Vorteil, daß die Maschine unabhängig von der Konsistenz des verwandten Klebstoffes bleibt, denn während beim Hochheben des Papieres mittels des Gummierers bei schweren Papieren beispielsweise ein zäher Gummi verwandt werden muß, kann auf der Ideal-Maschine jegliche Art von Gummi verwandt werden. Die Maschine hat ferner den Vorteil, daß die Kette, die die fertigen Kuverte aufnimmt, infolge ihrer eigenartigen, durch Patent geschützten Konstruktion während des

Abb. 57. Rotations-Briefumschlagmaschine der Firma Winkler & Dünnebier, Neuwied a. Rh.

Trocknens der Schlußklappe auf die zugeklebte Bodenklappe einen permanenten Druck ausübt, wodurch ein festeres und sichereres Kleben der Bodenklappe erzielt wird.

Auch die mit Schlußklappengummierung versehenen Maschinen werden sowohl für feste Formate als auch verstellbar gebaut.

Es war naheliegend, nunmehr auch die hochleistungsfähigen Rotationsmaschinen mit Schlußklappengummierung zu versehen. Die erste Maschine dieser Art wurde in Deutschland von der Firma Winkler & Dünnebier in Neuwied auf den Markt gebracht. Eine solche Maschine ist in Abb. 56 dargestellt. Diese Maschine arbeitet in der Weise, daß die in hohen Stapeln in die Maschine eingebrachten Ausschnitte zunächst dachziegelförmig übereinander ausgelegt werden und dann in ähnlicher Weise, wie dies bei der Gummiermaschine nach Abb. 52 beschrieben wurde, an der Schlußklappe gummiert werden. Die gummierten Ausschnitte werden dann über eine Trockenvorrichtung geführt und gelangen von dort in eine Rotations-Falt- und Klebemaschine.

Die Tatsache, daß die beschriebene Maschine der Firma Winkler & Dünnebier die Schlußklappen in der Weise gummiert, daß bei den dachziegelförmig übereinanderliegenden Ausschnitten der über den nächsten Ausschnitt vorstehende Rand mit Gummi versehen wird, beschränkt die Verwendbarkeit dieser Maschine auf die Herstellung solcher Schnittformen, bei denen die Gummierung der Schlußklappe in genügender Weise durch das Gummieren des vorstehenden Randes erfolgen kann, wie dies ohne weiteres bei Kuverten mit spitzer Schlußklappe der Fall ist. Bei Kuverten mit breiter Schlußklappe muß jedoch die Gummierungsform der Schlußklappe der Schlußklappenform angepaßt werden, d. h. es muß eine sogenannte Fassongummierung vor-

Abb. 56. Hochleistungs-Rotations-Kuvertmaschine mit Schlußklappengummierung der Firma R. Ernst Fischer & Wescher, Elberfeld

handen sein. Aus diesem Grunde ging die Firma R. Ernst Fischer & Wescher in Elberfeld dazu über, die Maschine mit einer Fassongummiervorrichtung zu versehen. Diese neue Maschine ist in Abb. 57 veranschaulicht; sie arbeitet in folgender Weise: Die Ausschnitte werden in hohen Stößen auf den Einlegetisch gebracht. Das jeweils unterste Blatt des Ausschnittes wird von einem Sauger abgebogen, durch Walzen vorgezogen und den Bearbeitungswerkzeugen zugeführt, die die Seitenklappen und die Bodenklappe falten und die Klebung ausführen. Die Schlußklappe wird zunächst nur vorgebrochen und gummiert. Die Gummierung wird durch entsprechend geformte Gummierer ausgeführt, so daß für jede Schnittform eine passende Fasson-

Abb. 58. Von der Rolle arbeitende Hochleistungs-Rotations-Kuvertmaschine mit Schlußklappengummierung und Druckvorrichtung der Firma R. Ernst Fischer & Wescher, Elberfeld

gummierung angebracht werden kann. Die Umschläge gelangen dann in eine Trockenkette, in der die geklebten Bodenklappen unter Pressung gehalten und die offen stehenden Schlußklappen getrocknet werden. Das Umfalten der Schlußklappe wird nach dem Trocknen ausgeführt, und die fertig gefalteten Umschläge gelangen in eine mit Zählvorrichtung ausgestattete Sammelvorrichtung.

Die modernste, durch mehrere Patente geschützte Maschine, die in der letzten Zeit auf dem Markt erschienen ist, wird von der Firma R. Ernst Fischer & Wescher in Elberfeld gebaut. Diese Maschine stellt die Briefumschläge direkt von der Papierrolle aus her, schneidet, faltet, klebt, gummiert und bedruckt die Umschläge in einem Arbeitsgang. Bei dieser Maschine ergeben sich erhebliche Ersparnisse an Papier, Arbeitslohn, Zeit, Kraft und Raumbedarf. Die Arbeitsweise ist ungefähr folgende:

Die genau auf Breite geschnittenen Papierrollen werden auf einen Dorn geschoben und in die Einlegevorrichtung der Maschine gebracht. Von hier wird das Papier zunächst durch eine Schneidvorrichtung geführt, in welcher die Papierbahn in diagonale Ausschnitte zerlegt wird. Diese Ausschnitte werden dann weitergeleitet in eine Rotations-Kuvertmaschine. In dieser werden zunächst die vier Ecken des Papierausschnittes, in denen die Falze des Kuvertes zusammenstoßen, ausgeschnitten, worauf die Seitenklappen und die Bodenklappe umgefalten werden. Die Schlußklappe wird zunächst nur vorgebrochen und gummiert. Erst nach dem Durchlaufen der Trockenvorrichtung werden die Schlußklappen umgelegt und die Briefumschläge der Ablegevorrichtung zwangsweise zugeführt.

Es ist möglich, zwischen der Faltvorrichtung und der Gummiervorrichtung der Schlußklappe noch eine Druckvorrichtung einzuschalten, welche die Umschläge bedruckt, so daß es möglich ist, auch noch diesen Vorgang im gleichen Arbeitsgang zu erledigen.

Da die Breite der Papierrolle genau der Größe des diagonalen Schnittes der Stanzlinge entsprechen muß, so wird der Papierabfall auf das allergeringste Maß beschränkt, weil die Kanten der Papierrolle, ohne daß irgend ein Abfall entsteht, die beiden gegenüberliegenden Kanten des Kuvertausschnittes bilden, während die von der Schneidvorrichtung ausgeführten Querschnitte die anderen beiden gegenüberliegenden Kanten des Ausschnittes bilden. Der einzige Abfall, der entsteht, besteht also aus den kleinen Ecken, die aus dem Papierblatt herausgeschnitten werden, ähnlich wie dieses bei der Verwendung von Eckenausstanzmessern geschieht. Gewünschte Änderungen an den Spitzen der Seitenklappen können durch Einsetzen geeigneter Messer in die Schneidvorrichtung erreicht werden. Dadurch, daß die Papierblätter einzeln geschnitten werden und Unterschiede in der Papiergröße, wie solche beim Stanzen in Stößen entstehen, nicht vorkommen können, ist ein störungsloses Arbeiten gewährleistet sowie ein Verschieben der Ausschnitte vor dem Falten unmöglich gemacht. Auf diese Weise erzeugt die Maschine stets eine tadellos gleichmäßige und saubere Ware.

Die Maschine ist von Millimeter zu Millimeter total verstellbar eingerichtet und in kürzester Zeit umstellbar. Lediglich ist ein Auswechseln der Längsschneidwalze und Gummierer erforderlich, sowie das Einsetzen einer Papierbahn in der entsprechenden Breite.

Auf der Normaltype können die am meisten vorkommenden Größen, wie Billettformat, Geschäftsformat, Kanzleiformat, Dinformat usw., hergestellt werden.

Mit den modernen rotierenden Kuvertmaschinen lassen sich bis zu 250 fertig gummierter, gefalteter und geklebter, in Päckchen abgezählter Umschläge pro Minute erzeugen.

Briefumschlagformen

Während in früheren Jahren nur wenige Größen und Formen von Briefumschlägen hergestellt wurden, ist in neuerer Zeit auch der Briefumschlag, sowohl was Form und Größe als auch das verwandte

Schematische Darstellung verschiedener Briefumschlagarten

Papier anbelangt, Modesache geworden. In neuerer Zeit versuchen zwar die beteiligten Kreise, besonders die Kaufmannschaft und die Postbehörde, darauf einzuwirken, möglichst einheitliche Formate für allgemeine Zwecke einzuführen, wodurch eine geordnete Abwicklung der Geschäfte ungemein befördert wird, was gewiß sowohl im Interesse der Behörde als auch im Interesse des Publikums liegen dürfte. Die kleinen niedlichen Formen sind mehr Gemeingut der Schreibtische für die Damenwelt geworden und darf man den Damen dies kleine Vorrecht gewiß gerne gönnen, das dem Fabrikanten zum Schaffen immer neuer Modelle reichlich Gelegenheit bietet. Wie groß die Anzahl der im Handel befindlichen Briefumschlagformen ist, kann man erst ermessen, wenn man in Briefumschlagfabriken die große, nach Hunderten zählende Menge von Stanzeisen verschiedener Formate sieht. Im Geschäftsleben wird fast allgemein das bekannte Geschäftsformat mit spitzer Klappe verwandt, und zwar in einer Größe von etwa 125×155 mm. In Frankreich ist das übliche Geschäftsformat von gleicher Form, jedoch nur 120×145 mm groß. In England und Amerika ist ein mehr längliches Spitzschlußkuvert von etwa 80×140 mm am gebräuchlichsten.

Für Privatbedarf treffen wir größtenteils die breite Schlußklappe. Als gängigstes Format gilt hier allgemein das Billettformat, das eine Größe von 90×120 mm hat. Außer den Spitzschluß- und Breitschlußkuverten finden im Geschäftsverkehr die Reklamekuverte vielfach Verwendung. Diese Kuverte besitzen eine ganz kleine Schlußklappe und werden meist auf der glatten Rückseite mit der Adresse beschrieben, während die Vorderseite für Reklame bestimmt ist.

Briefumschläge, die die Verschlußklappe an der schmalen Seite tragen, werden meist mit Brieftaschen bezeichnet. Taschen werden zum Versand von Geschäftsbriefen fast nur in England und Amerika verwandt, während sie in Deutschland vielfach in größeren Formaten für Drucksachen, Mustersendungen und zur Versendung von Akten Verwendung finden. Die Taschen werden in 3 Hauptklebearten hergestellt, und zwar als Taschen mit Mittelklebung, Taschen mit Seitenklebung und Taschen mit beiderseitiger Klebung. Sämtliche Arten von Taschen werden heute maschinell in derselben Weise wie die Kuverte gefertigt. Zur Herstellung von Taschen dienen meist Manila- und Tauenpapiere, auch werden häufig Pergamynpapiere verwandt, die vermöge ihrer Durchsichtigkeit den Inhalt schnell erkennen lassen.

Während man beim Kuvert hauptsächlich die Gummierung der Schlußklappe als Verschluß benutzt, werden bei Taschen, die zum Versand von Mustern, Drucksachen oder dergleichen verwendet werden, verschiedene leicht zu öffnende Verschlüsse verwandt, wie Metallklammern, Druckknöpfe usw. Ferner werden vielfach an der Tasche kleine Blechstreifen befestigt, die durch eine an der Klappe befindliche Öse gesteckt und umgebogen werden. Der Fadenverschluß ist infolge seiner hohen Herstellungskosten weniger gebräuchlich. Dieser Verschluß besteht aus 2 Scheiben aus starkem Papier oder Pappe, von denen die eine mittels einer Metallöse an der Schlußklappe, die andere an der Tasche selbst befestigt ist. Unter einer dieser Scheiben ist ein Faden befestigt, der in Form einer 8 unter beide Scheiben gelegt wird.

Gefütterte Umschläge

In den letzten Jahren gelangte mehr und mehr eine Neuerung in den Handel, die dem Zwecke dient, das Briefgeheimnis durch unbedingte Undurchsichtigkeit der Kuverte, selbst bei Verwendung dünner oder durchscheinender Papiere zu wahren. Es sind dieses die sogenannten Fütterungskuverte, bei denen eine farbige Seidenpapierfütterung im Innern des Kuverts vorgesehen ist.

Die Fütterung wird entweder lose in das fertige Kuvert eingelegt, was sich aber als unpraktisch erweist, weil sich das Fütterungspapier beim Einstecken des Briefes leicht zusammenschiebt, oder es wird eingeklebt, was jetzt fast allgemein üblich ist. Das Einkleben des Fütterungspapieres geschieht vor dem Falten der Kuverte, d. h. das Fütterungspapier wird auf den zur Herstellung des Kuverts dienenden Papierausschnitt geklebt. Das Aufkleben des Fütterungspapieres geschieht noch zum Teil von Hand, indem man die obere Kante mit Klebstoff versieht und auf den Papierausschnitt auflegt. Die anderen Kanten des Fütterungspapieres werden nicht angeklebt, da sie beim Kleben des Kuverts ohne weiteres mitgeklebt oder wenigstens mit festgehalten werden.

Das Einkleben des Fütterungspapieres wird meist auf besonderen Einklebemaschinen besorgt. Eine solche Maschine, die von der Firma Maschinenfabrik Ernst Pott, G. m. b. H. in Barmen, gebaut wurde, zeigt die Abbildung.

Die Arbeitsweise dieser Maschine ist die folgende:

Die ausgestanzten Kuvertblätter sowohl als auch das Seidenpapierfutter werden in bekannter Weise in Stößen auf je einen sich selbsttätig nach oben bewegten Blättertisch eingelegt. Das Kuvertblatt wird nun von dem auf der linken Seite der Maschine angebrachten Blättertisch mittels Sauger abgehoben, durch einen Greifer zu der Gummiervorrichtung gebracht und von unten mit dem entsprechenden Klebestreifen versehen. Alsdann wird das gummierte Blatt durch einen zweiten Greifer dem auf der rechten Maschinenseite befindlichen Seidenpapierstoß zugeführt, auf diesen gedrückt und somit das Seidenfutter angeklebt. Nachdem das Kuvertblatt wieder etwas angehoben ist, wird es nunmehr mittels Röllchen abgezogen und nach hinten einer Trockentrommel zugeführt, an deren Ende sich die Blätter zur bequemen Wegnahme an dem schrägen Ablegetisch aufstapeln. In der Regel wird die Maschine mit festen, auswechselbaren Formateinrichtungen gebaut, jedoch kann dieselbe, wenn das Seidenpapierfutter nur im Spitzschnitt ist, auch mit verstellbarer Formateinrichtung versehen werden.

Eine Kuvertmaschine, die gleichzeitig das Seidenfutter einklebt und das Kuvert fertigfaltet, klebt und gummiert, ist von der Firma Gebrüder Tellschow in Berlin auf den Markt gebracht worden. Diese Maschine arbeitet in der Weise, daß in ähnlicher Weise, wie bei der Pottschen Futtereinklebmaschine beschrieben, das Seidenfutterpapier

Abb. 59. Kuvertfütterungsmaschine

auf den Papierausschnitt geklebt wird und dann hieran anschließend der Papierausschnitt einer Falt- und Klebevorrichtung zugeführt wird.

Die mit dem Fütterungspapier beklebten Ausschnitte werden dann in derselben Weise weiterverarbeitet wie Ausschnitte ohne Fütterung.

Fensterbriefumschläge

In den letzten Jahren finden mehr Aufnahme die sogenannten Fensterkuverte. Es sind dies Umschläge, die auf der Vorderseite ein durchsichtiges Fenster haben, welches entweder durch Auftragen eines fettigen Lackes oder durch Ausschneiden eines Fensters und Hinterkleben desselben mit einem durchsichtigen Material hergestellt wird. Der Brief wird nun so gefaltet, daß die auf dem Briefkopf geschriebene Adresse des Empfängers beim Einstecken des Briefes sich unter dieses Fenster schiebt, so daß die auf den Briefkopf geschriebene Adresse außen sichtbar wird und das sonst erforderliche Aufschreiben der Adresse auf das Kuvert fortfällt. Die Neuerung hat also erstens den Vorteil, daß das Beschreiben der Umschläge fortfällt; sie hat aber ferner noch den bei den meisten der zum Gebrauch der Fensterbriefumschläge übergehenden Firmen wohl hauptsächlich in Betracht kommenden Vorteil, daß sie das Einstecken der Briefe in ein mit einer anderen Adresse versehenes Kuvert unmöglich macht. Wenn man die Wichtigkeit der richtigen Adressierung und den Schaden betrachtet, der dadurch entstehen kann, daß ein Brief in einen falschen Umschlag gesteckt wird, so kann man sich den raschen Aufschwung, den die Verwendung der Fensterbriefumschläge genommen hat, leicht erklären.

Trotzdem ist es verwunderlich, daß der Fensterbriefumschlag eigentlich schon älteren Datums ist, und daß er in den ersten Jahren nach seiner Erfindung überhaupt nicht in Aufnahme kam. Als mutmaßlicher erster Erfinder der Fensterbriefumschläge gilt der Amerikaner George Reese, ein Lithograph aus Chicago, der die Umschläge schon im Jahre 1898 in den Handel brachte, und zwar in ungefähr derselben Form, wie sie heute in Deutschland allgemein üblich ist.

Die Herstellung der Fensterbriefumschläge mit eingedrucktem Lackfenster ist immer noch verhältnismäßig umständlich, weil der durch fettige oder ölige Substanzen durchsichtig gemachte Teil der Kuvertvorderseite, wie alle fettigen oder öligen Stoffe, schwer trocknet. Zum Drucken der Umschläge werden alle möglichen Typen von Druckmaschinen benutzt. Die Arbeitsweise der Maschine ist folgende:

Die vorher zugeschnittenen Blätter werden in Stößen auf den Einlegetisch der Maschine gebracht und wird stets das oberste Blatt dieses Stapels bedruckt, abgezogen und zum Trocknen ausgelegt. Der Einlegetisch b hebt sich automatisch, so daß die Oberkante des Stoßes a stets in gleicher Höhe bleibt. Das Drucken selbst geschieht durch einen inwendig hohlen, mit Stoff überzogenen Stempel, der sich ständig auf und ab bewegt. Die zum Durchsichtigmachen dienende Flüssigkeit fließt durch ein Zuführungsrohr dem Inneren dieses Stempels zu. Die Flüssigkeit befindet sich in einem Behälter und wird durch einen Hahn tropfenweise dem Stempel zugeführt. Die gedruckten Blätter werden auf Trockenhorden gelegt, die aufgestapelt werden. Die Flüssigkeit, die dazu dient, das Papier durchsichtig zu machen, besteht meistenteils aus einem Lack, der hauptsächlich aus Leinöl, Terpentin, Harzen und Sikkativmitteln besteht. Es werden jedoch auch, besonders für billigere Kuverte, erwärmte Paraffine verwandt. Die mit Paraffin hergestellten Umschläge haben den Nachteil, daß die eingesteckten Briefe, wenn der Umschlag später erwärmt wird, leicht fettig werden, sie haben aber den Vorteil, daß das Paraffin gleich nach dem Auftragen trocknet und die Herstellung so verbilligt wird.

Da die zum Transparentmachen dienende Flüssigkeit nach dem Drucken meist etwas ausläuft, wodurch der Rand des Fensters nicht vollständig scharf bleibt, werden die Fensterkuverte vielfach mit einem die Übergangsstelle zwischen dem undurchsichtig und durchsichtig gemachten Teil des Umschlages verdeckenden dunklen Rand bedruckt. Das Aufdrucken dieser Fensterumrandung geschieht meist vor dem Ausstanzen der Umschlagausschnitte, d. h. es werden die großen Papierbogen mit mehreren Fensterumrandungen bedruckt und werden dann nachher die Ausschnitte aus diesen Bogen so ausgeschnitten, daß die bedruckten Umrandungen an der richtigen Stelle der Ausschnitte liegen. Vielfach werden aber auch die Ausschnitte einzeln bedruckt, bevor das Fenster eingedruckt wird. Die Umrandung wird meist auf die Außenseite des Umschlages gedruckt, während die Transparentflüssigkeit auf die Innenseite aufgetragen wird. Letzteres geschieht zu dem Zwecke, die Oberfläche des durchsichtigen Fensters an der Außenseite des Umschlages rauh zu erhalten und nicht durch den aufgetragenen Lack glänzend zu machen, was durch die Vorschrift der Postbehörde bedingt ist, die verlangt, daß das durchsichtige Fenster von außen mit Bleistift und Tinte beschrieben werden kann, ohne daß sich die Schriftzüge sofort wegwischen lassen, was der Fall ist, wenn die lackierte Seite beschrieben wird.

Die oben beschriebene Fensterdruckmaschine wird heute nur noch zur Herstellung kleiner Auflagen benutzt. Mit dem Wachsen des Bedarfs an Fensterbriefumschlägen wurde es erforderlich, eine Druckmaschine mit automatischer Kuvertzuführung zu bauen; die erste Maschine dieser Art wurde von der Firma Fr. Hesser in Cannstatt auf den Markt gebracht. Auf dieser Maschine werden wie bei der Kuvertmaschine die einzelnen Blätter mittels Luftpumpe vom Stoß abgehoben und automatisch dem Druckzylinder zugeführt. Die Maschinen können gleichzeitig die Fensterumrandung drucken, auch können dieselben den Firmenaufdruck auf den Umschlag mit besorgen. Die gedruckten Ausschnitte werden automatisch einer Trockenvorrichtung zugeführt, in der sie unter der Einwirkung höherer Temperaturgrade getrocknet werden.

Die Mängel der Fensterbriefumschläge mit Lackfenstern beruhen zum größten Teil darin, daß die Lichtdurchlässigkeit, wenn nicht besonders geeignete Papiere verwandt werden, ungenügend ist. Auch ist die Herstellung eine umständliche und verhältnismäßig kostspielige. Im Auslande ging man deshalb mehr und mehr zu Fensterbrief-

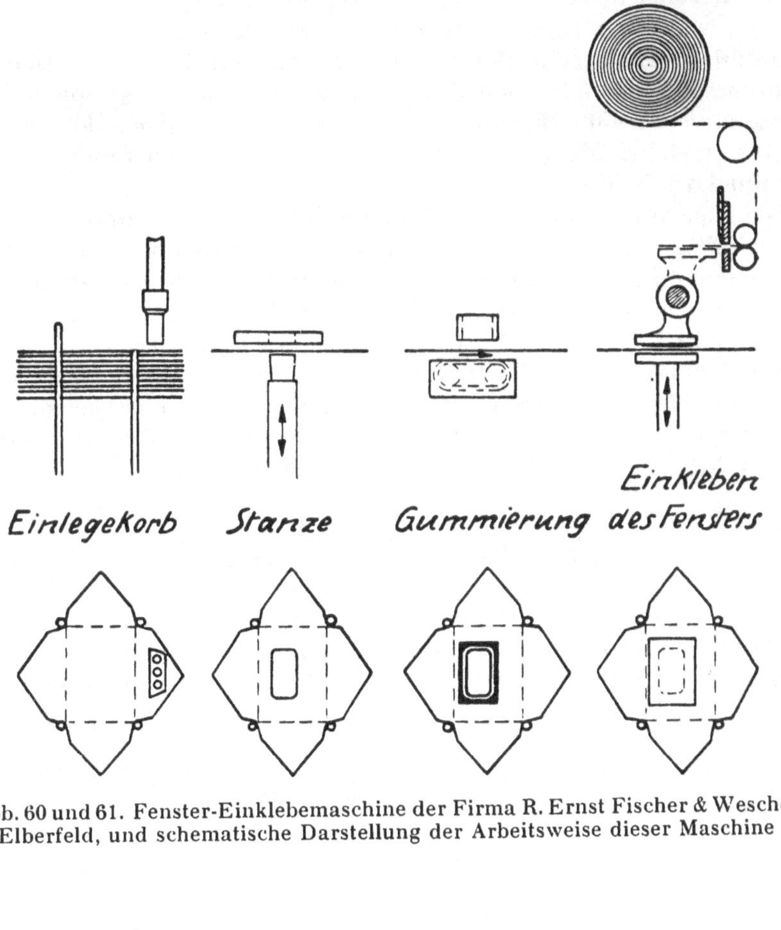

Abb. 60 und 61. Fenster-Einklebemaschine der Firma R. Ernst Fischer & Wescher, Elberfeld, und schematische Darstellung der Arbeitsweise dieser Maschine

umschlägen mit eingeklebten Fenstern über. Die deutsche Postbehörde hat den Gebrauch dieser Briefumschläge aber viele Jahre nicht zugelassen und ist erst nach der im Jahre 1926 auf der Weltpostkonferenz in Genf erfolgten internationalen Einigung der Gebrauch von Fensterbriefumschlägen mit eingeklebten Fenstern auch in Deutschland gestattet. Seit dieser Zeit haben sich diese Umschläge immer mehr eingeführt infolge ihrer großen Vorzüge, die besonders in der großen Durchsichtigkeit, der Möglichkeit der Verwendung jeder Papierqualität und der einfacheren Herstellung bestehen. Eine Maschine zur Herstellung eingeklebter Fenster wurde von der Firma R. Ernst Fischer & Wescher in Elberfeld in den Handel gebracht. Die bildlich dargestellte Maschine arbeitet in folgender Weise. Die Papierausschnitte werden in hohen Stößen auf den Einlegetisch der Maschine gebracht. Das jeweils oberste Blatt des Stoßes wird automatisch abgehoben und zunächst einer Stanzvorrichtung zugeführt, welche die Fensteröffnung ausstanzt. Das so mit der Fensteröffnung versehene Blatt gelangt dann weiter zu einer Gummiervorrichtung, die den Rand der Fensteröffnung mit Gummi versieht.

Der durchsichtige Fensterstoff (Pergamyn, Blankophan, Pliaphan u. dgl.) wird von einer Rolle entnommen, automatisch, auf die gewünschte Größe geschnitten und durch einen mit Saug- und Blasvorrichtung ausgestatteten Schwinghebel in der nächsten Station auf den Ausschnitt gepreßt. Hierdurch wird ein glattes Einkleben des Fensterstoffes erreicht. Die gefensterten Ausschnitte werden dann in einen Sammelkorb befördert.

Die Maschine ist in weitem Rahmen auf jede Größe und Form von Ausschnitten und Fenstern einstellbar. Form, Größe und Stellung des Fensters sind beliebig einzustellen. Hierzu werden nur entsprechende Stanzstempel benötigt. Bei Ausbleiben eines Ausschnittes setzen Gummierer und Fensterstoff-Vortransport automatisch aus.

Die Firma R. Ernst Fischer & Wescher liefert auch eine Druckmaschine, die an die oben beschriebene Fenstereinklebemaschine angekuppelt werden kann, so daß die gefensterten Ausschnitte in demselben Arbeitsgang gedruckt werden können.

Die Tütenfabrikation[1])

Die Verwendung von Papiertüten zu Gebrauchszwecken hat in den letzten 25 Jahren eine ungeahnte Ausdehnung angenommen. Es gibt kaum einen Handelszweig, der die Tüte für Verpackungszwecke

[1]) Tüten-, Beutel- und Papiersack-Fabrikation sowie ihre Nebenfächer von Heinrich Thümmes senior. Zweite Auflage. Zweiter Band, etwa 400 Seiten mit etwa 170 Bildern. Preis in Ganzleinen 15 RM. (Erster und zweiter Band zusammen bestellt 25 RM.) Verlag der Papier-Zeitung, Carl Hofmann, G. m. b. H., Berlin SW 11.

missen kann. Bäcker und Konditor, Kolonialwarenkaufmann und Drogenhändler, Obsthändler und Apotheker, Metzger und Zigarrenhändler, Hutmacher und Modewarenhandlungen usw., alle brauchen die Tüte bzw. den Beutel, um ihre Waren dem Käufer in gefälliger und handlicher Form zu übergeben.

So unbegrenzt der Verwendungszweck, so verschiedenartig sind auch die Papierqualitäten. Die billigsten Tüten braucht der Obst- und Gemüsehandel. Fast ausschließlich verwendet man hierzu das sogenannte graue Schrenzpapier. Dieser Stoff, fast das Billigste, was es auf dem deutschen Papiermarkt gibt, wird aus Altpapier hergestellt. Höhere Ansprüche stellt der Bäcker und die Konditoren. Hier handelt es sich fast ausschließlich um weiße und rosa gefärbte holzhaltige Zellulosepapiere. Die größten Anforderungen hinsichtlich der Papierqualität stellt das bessere Kolonialwarengeschäft. Es kommen hier meistens zweiseitig oder einseitig hochgeglättete gefärbte Tauen- und Zellulosepapiere in Anwendung. Noch erheblich höher im Wert stehen die besonders in Kaffeegeschäften üblichen Tüten. Diese werden dann auch meistens nach Stückzahl angefertigt und verkauft. Zur Verwendung kommen da hauptsächlich weiße, sogenannte Silberpergamin, farbige geprägte Pergamin, geprägte und glatte Kanzleipapiere und bessere, modefarbene und gaufrierte Zellulosestoffe.

So verschiedenartig wie die Qualitäten des Papieres sind auch die Ausstattungen bezüglich des Aufdruckes und der Machart. Obgleich die deutsche Maschinenindustrie die größten Anstrengungen gemacht hat, die gesamte Handarbeit im Tütenfach zu beseitigen, so ist ihr dies hinsichtlich der Machart besserer gefütterter Beutel noch nicht gelungen. Jeder bessere Kaffeebeutel mit Futter oder doppelter Fütterung, jeder feine Teebeutel, Konfekt- und Biskuitbeutel ist Handarbeit. Diese bedingt schon einen erheblich höheren Wert als die Maschinenarbeit. Die Druckausstattung ist unbegrenzt. Die ersten Firmen der Tütenbranche beschäftigen eigene Zeichner und Lithographen. Der Geschmack des Publikums muß, wenn der Tütenaufdruck als Reklame wirken soll, getroffen werden. Die feinsten Ausführungen werden in 3—4farbigem Steindruck hergestellt und findet man da zuweilen Aufmachungen, die der graphischen Industrie zur Zierde gereichen. Meistens sind es Kaffeebeutel, die in hervorragend schöner Weise bedruckt sind. Den breitesten Raum hinsichtlich der Ausstattung nimmt jedoch das Buchdruckverfahren ein. Speziell für den Druck fertig geklebter Beutel gibt es sogenannte Beutelrotationsmaschinen. Die Leistungsfähigkeit dieser Maschinen ist eine ganz erheblich größere als die der üblichen Flachdruckmaschinen. Selbstverständlich ist der Druck qualitativ geringer.

Für die Verarbeitung kommt das zu verwendende Papier flachliegend (plano) und in Rollen auf den Markt. Die flachliegenden Papiere braucht man für alle Tüten und Beutel, die in Handarbeit ausgeführt werden. Jede Tütenfabrik muß ein Größenverzeichnis haben. Die Größen sind mit rohem Kaffee auszuprobieren. Man braucht Beutel in Kreuzboden oder Flachform von ½ bis 30 Pfund Inhalt.

Folgende Größentabelle für Beutel entspricht denen der ersten deutschen Tütenfabriken:

½ Pfd.	= 70 g	pro qm	13 × 19½	cm
1 ,,	= 80 ,,	,, ,,	16 × 23	,,
1½ ,,	= 90 ,,	,, ,,	18 × 25	,,
2 ,,	= 100 ,,	,, ,,	19 × 28	,,
3 ,,	= 100 ,,	,, ,,	21 × 32	,,
4 ,,	= 100 ,,	,, ,,	21 × 35	,,
5 ,,	= 105 ,,	,, ,,	23 × 37	,,
6 ,,	= 110 ,,	,, ,,	25 × 40	,,
8 ,,	= 115 ,,	,, ,,	26½ × 43	,,
10 ,,	= 120 ,,	,, ,,	29½ × 48	,,
12 ,,	= 125 ,,	,, ,,	31 × 50	,,
15 ,,	= 130 ,,	,, ,,	33 × 54	,,
20 ,,	= 135 ,,	,, ,,	35½ × 59	,,
25 ,,	= 140 ,,	,, ,,	38½ × 67	,,
30 ,,	= 150 ,,	,, ,,	42 × 70	,,

Wie aus obiger Größentabelle ersichtlich, verwendet man für jede Beutelgröße eine entsprechende Grammschwere des Papieres. Die Schwere des Papieres wird nach Quadratmetern bezeichnet. Zum Beispiel 1 qm Papier = 10,000 cm^2 wiegt 50 g, so bezeichnet man das Papier als 50-g-Ware. Die oben bezeichneten Grammgewichte sind für Durchschnittsware bestimmt. Selbstverständlich gibt es auch Sorten, die in allen Größen erheblich leichter oder schwerer sind. In diesen Fällen ist das Papier qualitativ wertvoller, so daß der dünnere, aber auch teurere Papierstoff im Verkauf nach Gewicht für den Konsumenten ausgiebiger ist. Bei besonders dicken Papieren ist es umgekehrt. Nach Gewicht werden die gewöhnlichen Beutel für Kolonialwarenhändler und Bäcker, denn diese sind die Hauptverbraucher, fast ausschließlich gehandelt. Um nun die nötigen Papiergrößen für die in Handarbeit herzustellenden Tüten und Beutel zu ermitteln, nimmt man die doppelte Breite des Beutels und zirka 2 cm für den seitlichen Klebstreifen, die Länge des Beutels und zirka 2 cm für den Klebstreifen am Boden. So braucht man z. B. für den 5-Pfund-Beutel folgendes Format:

Beutelgröße 5 Pfund in Flachform ist 23 × 37 cm, gebraucht wird 48×39 cm.

$$23 + 23 + 2 = 48\ \text{cm}$$
$$37 + 2 = 39\ \text{cm}$$

Diese nun festzustellenden Papierformate sind auch zugleich für Kreuzbodenbeutel in Handarbeit zu gebrauchen. Natürlich weicht die Länge des Kreuzbodenbeutels von umstehender Tabelle um so viel ab, als die Umfalzung des Bodens beträgt.

Für Spitztüten, die in einzelnen Gegenden Deutschlands besonders bevorzugt werden, gilt folgende Größentabelle:

Inhalt		Höhe		Papier
20 g	Inhalt	= 10 cm	Höhe	
35 „	„	= 12 „	„	
50 „	„	= 14 „	„	
75 „	„	= 16 „	„	
¼ Pfd. „		= 19 „	„	
200 g	„	= 21 „	„	
½ Pfd. „		= 24 „	„	70 g pro qm
¾ „	„	= 26 „	„	75 „ „ „
1 „	„	= 29 „	„	80 „ „ „
1½ „	„	= 31 „	„	90 „ „ „
2 „	„	= 34 „	„	100 „ „ „

Die nötigen Papierformate ergeben sich wie folgt:

Z. B.: 1-Pfund-Tüte = 29 cm hoch = 29 × 31
Höhe des Papieres 29
Breite des Papieres 29+2 für den Klebstreifen.

Nach diesen nun feststehenden Formaten kommen wir zu der Papierbestellung. An Papierfabriken ist in Deutschland kein Mangel. Um jedoch für die anzuschaffenden Sorten die richtigen Fabriken herauszufinden, ist Erfahrungssache. Die Papiererzeugung ist sehr kompliziert und in jeder Beziehung abhängig von dem Fabrikationswasser und den zur Verfügung stehenden Rohstoffen. Außerdem betreibt jede Fabrik gewisse Spezialitäten. Zum Beispiel kann eine auf einseitig satinierte Papiere eingerichtete Papierfabrik selten zweiseitig satinierte Stoffe herstellen. Schon aus diesen angeführten Gründen ist ersichtlich, daß der Tütenfabrikant seine verschiedenen Qualitäten nie von einer Fabrik beziehen kann.

Jede Papierbestellung muß so groß sein, daß sie eine Anfertigung ergibt. Hierunter versteht man im allgemeinen 500 kg pro Format und Grammschwere. Man wird nun allerdings das Papier nicht in den Formaten bestellen, wie sie zur Anfertigung der einzelnen Beutel gebraucht werden. Da das Papier in den meisten Fällen vor der Handklebung bedruckt wird, so vergrößert man die einzelnen Tüten und Beutelformate auf ein gängiges Format der vorhandenen Buch- oder Steindruckschnellpressen.

Zum Beispiel: Es steht mir in einer Tütenfabrik als in Betracht kommende Buchdruckschnellpresse eine Maschine mit dem Format 70 × 100 zur Verfügung, so werde ich danach meine ganzen Papierformate für Handklebung einzurichten haben. So brauche ich für den am meisten gebrauchten 1-Pfund-Beutel, der 16 × 23 cm groß ist, das Papierformat 34 × 25 cm. Ich habe für diese Größe nun ein Format zu bestellen, das in 70 × 100 aufgeht.

34 : 25
2 × 4 = 8 Beutel aus einem Bogen,
68 × 100 = zu bestellendes Format.

Der Vorteil ist ohne weiteres klar. Der Druck wird ungemein verbilligt. Habe ich z. B. 50 kg 1-Pfund-Tüten mit Buchdruck in Handklebung zu liefern, so werde ich das Format 68 × 100 einmal durchschneiden, so daß ich das Format 50 × 68 erhalte = 4 Beutel aus einem Bogen usw. Für die großen Beutel etwa von 12 Pfund Inhalt an bestellt man das Papier in einfachem Format bzw. nur doppelt. Diese Beutel werden weniger gebraucht und sind die Druckkosten erheblich billiger, weil das Papier dicker ist und daher auf 100 kg nur eine beschränkte Beutelanzahl kommt. Diese Art der Papierbestellung hat einen weiteren Vorteil. Fast jede Tütenfabrik ist zugleich mehr oder weniger Papiergroßhandlung. Sie kann daher die besten Formate in den entsprechenden Schweren zugleich ihren Reisenden zum Verkauf als Packpapier mitgeben. Es kommen hier besonders die dünneren Sorten von 70 bis 80 g pro qm in Betracht.

Nach Eingang des Papieres aus der Papierfabrik müssen die einzelnen Ballen sofort ausgepackt werden. Da die Lattenverpackung in der Fabrik unter Zuhilfenahme von Pressen unter großem Druck ausgeführt wird, so drücken sich die Holzleisten oben und unten derartig in das Papier ein, daß es wellig und faltig wird. Dies ist jedoch für die weitere Verarbeitung ein großes Hindernis. Packt man hingegen die eingehenden Ballen sofort aus, und schichtet sie in großen Stößen sauber auf, so legen sich die Falten mit der Zeit aus. Hat man als Papierlager einen Keller oder einen Raum zu ebener Erde, so kann man die Papierstöße so hoch als irgend möglich schichten. Man verhindert hierdurch das Austrocknen des Papieres, was einmal der Verarbeitung hinderlich und weiterhin für den Verkauf der Tüten nach Gewicht ein nennenswerter Schaden ist. Papierlagerräume in den oberen Stockwerken, eventuell sogar unter dem Dach bedeuten einen andauernden Verlust. Besonders im Sommer, unter der Einwirkung der Sonnenstrahlen ist die Veränderung des Papieres hinsichtlich des hohen Prozentsatzes des Austrocknens (Entziehung der Feuchtigkeit) nicht zu unterschätzen. Auch ist das Papierlager möglichst dunkel zu halten. Gewisse Papiersorten, z. B. weiße Zellulosepapiere und holzhaltige Kanzleipapiere, verbleichen am Tageslicht in ganz kurzer Zeit.

Für die Verarbeitung auf Tüten- und Beutelmaschinen wird das Papier in Rollen bestellt. Ein Aufpreis tritt seitens der Papierfabrik hierdurch nicht ein. Die nötigen Rollenbreiten ergeben sich aus der doppelten Breite der gewünschten Beutel und zirka 3—5 cm für den Einschlag. Bei der Maschinenklebung muß der Einschlag, im Gegensatz zur Handklebung, reichlicher sein.

Zum Beispiel braucht man für den

1-Pfund-Beutel 16+16+3 cm = 35 cm breite Rollen,
10-Pfund-Beutel 29½+29½+5 cm = 64 cm breite Rollen.

Hinsichtlich der Aufbewahrung der Papierrollen gilt das gleiche wie für Formate. Der Schaden bei der Verarbeitung auf der Maschine ist hier, falls das Papier ausgetrocknet ist, noch viel größer. Sprödes trockenes Papier reißt bei dem schnellen Gang auf der Maschine häufig ab und entstehen dadurch fortgesetzt Störungen. Bekommt man das Papier bereits von der Fabrik in ausgetrocknetem Zustande, so bleibt nichts übrig, als die Rollen auf einer Umrollmaschine anzufeuchten und umzurollen. Man kann sich bei langsam laufenden Maschinen auch dadurch helfen, daß man das Papier während der Verarbeitung feuchtet. Entweder von Hand mit einem Schwamm oder durch einen Feuchtapparat, der an die Maschine anzubringen ist.

Der Zuschnitt

Bei dem heutigen Tiefstand der Tütenpreise hängt der Nutzen wesentlich von der richtigen Einteilung des Papieres, dem sogenannten Formatmachen, ab.

Um ein günstiges Format zu machen, d. h. auf einen größeren Bogen Papier verschiedene Tüten und Beutel derart zu zeichnen, daß es fast keinen oder solchen Abfall gibt, der für andere Zwecke verwendbar ist, sind vor allen Dingen mehrere Aufträge aus einer Papiersorte notwendig. Je mehr Aufträge, desto vorteilhafter läßt sich ein Formatbogen zeichnen und die Druckmaschine ausnutzen.

Man hat zwar für jede Tütengröße ein bestimmtes, schon von der Papierfabrik geliefertes Format, so daß bei größeren Aufträgen oder solchen von ganz verschiedener Grammstärke, besondere Zusammenstellung unlohnend ist. Trotzdem kommt es oft vor, daß man eine andere Einteilung machen muß. Ich habe z. B. für A in B 100 Pfund ½pfündige Spitztüten und für C in D 100 Pfund 1pfündige Flachbeutel aus einer Papiersorte mit Druck anzufertigen. Zu beiden Aufträgen kann man nur 75—80 g/qm schweres Papier verwenden. Es wäre nun verkehrt, wollte man hierzu die lagernden zwei Formate nehmen, man hätte dann auch zwei verschiedene Druckauflagen. Man sucht mit Hilfe von Pappschablonen der ½-Pfund-Tütengröße und der Pfund-Beutelgröße beide Größen auf einen Bogen zu bringen. Es muß schon merkwürdig zugehen, wenn dies nicht gelingen sollte, da im angenommenen Fall mindestens sechs verschiedene vorrätige Papiergrößen zur Verwendung kommen können, nämlich die Papiergrößen von 1-, ½- und ¼pfündigen Spitztüten und von ½-, 1- und 1½pfündigen Flachbeuteln.

Für diese Arbeit trifft so recht das Sprichwort zu: „Probieren geht über Studieren".

Wer gute große Formate zusammenstellen kann, bringt dem Geschäft großen Nutzen. Man muß aber auch ein gut Teil Ausdauer und Findigkeit haben, wenn es immer passen soll. Ich habe manchmal schon die Zusammenstellung mehrerer Größen und Mengen aufgegeben und schließlich ging es doch.

Um nach dem Druck das Format richtig auseinanderzuschneiden, bedarf es gleichfalls großer Aufmerksamkeit und vieler Erfahrung. Die Zuschneider in Tütenfabriken sind in der Regel gelernte Buch-

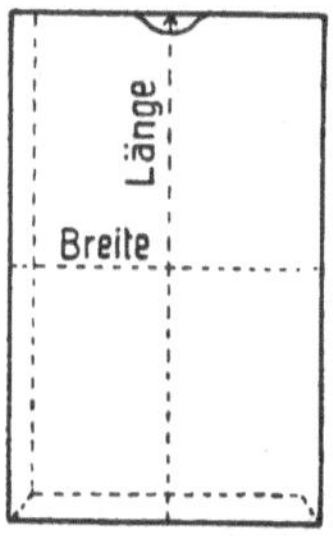

Abb. 62

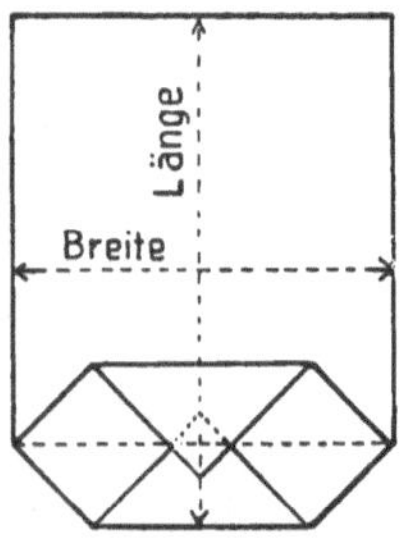

Abb. 63

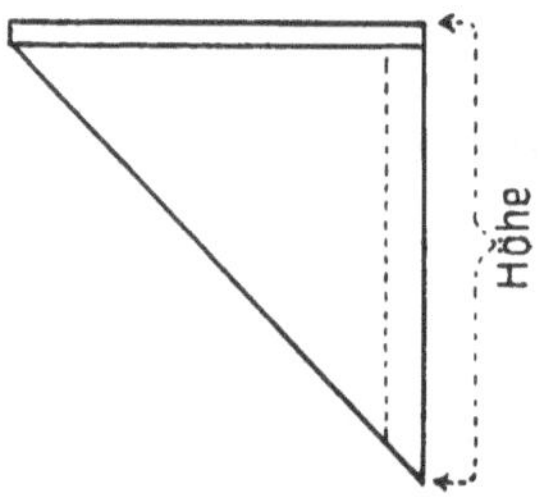

Abb. 64

binder, aber es gibt auch andere, die mit ebensoviel Geschick als Zuschneider beschäftigt sind. Stets müssen es aber zuverlässige Leute sein, die Papier, Maschinen und das Kleben der Beutel genau kennen. Wer beim Zuschnitt sparen will und hierzu billige, ungeeignete Leute einstellt, dem ist nicht zu helfen. Der Zuschneider kann mit einem unüberlegten Schnitt eine ganze Auflage vernichten und in unbewachten Augenblicken mit nur einem Schnitt mehr in den Papierkorb wandern lassen, als sein Tagesverdienst beträgt.

Der Arbeitsplatz des Zuschneiders muß geräumig, hell und sauber sein. Seine Maschinen sollen wöchentlich einmal gereinigt und täglich geölt werden. Ebenso müssen die Riemen gepflegt werden, damit beim Schneiden elastischer Papiere nicht Stockungen entstehen. Der Zuschneider muß sich beim Auseinanderschneiden der Formate streng an den vorgezeichneten Zuschnittbogen halten und diesen zur steten Kontrolle aufbewahren. Wenn sich dennoch Unregelmäßigkeiten ergeben, z. B. der Druck nicht genau in der Mitte des Beutels steht, so kann ein geschickter und geübter Zuschneider die Auflage immer noch richtig herausbekommen.

Die Streitigkeiten zwischen dem Drucker und dem Zuschneider können zuweilen unerträglich werden, einer schiebt dann die Schuld auf den andern.

Genaue Prüfung der Druckstellung ist daher noch vor der Zurichtung zu empfehlen.

Die größte Übung ist zum Schneiden von Kaffeebeuteln aus stark geprägten Pergaminpapieren erforderlich. Nur wenn kleine Lagen von nur etwa 5 cm Höhe genommen werden, kann man sicher auseinanderschneiden, auch sollte man hierzu nur ganz scharfe Maschinenmesser benutzen.

Das gleiche gilt vom Auskröpfen der Flachbeutel. Man hat hierzu zwei Messerarten: solche für Seitenklebung und für Mittenklebung. Die ersteren Messer haben die Form __/‾‾, und man kann hiermit jede Beutelgröße auskröpfen, ohne die Messerstellung zu verändern. Bei der anderen Kröpfart sind zwei Messer ‾‾\ /‾‾ notwendig, die jedoch zu jeder neuen Beutelgröße verstellt werden müssen, was bei vielen kleineren Aufträgen eine äußerst zeitraubende Arbeit ist. Allerdings hat man hiermit den Vorteil, daß man den Mitteneinschlag beliebig breit lassen kann und dadurch den Papierverlust etwas vermindert.

Kleine Drogenbeutel und Zigarrenbeutel müssen, wenn sie mit der Maschine geklebt werden, stets mit Stanzen auf gewöhnlichen Stanzmaschinen ausgestanzt werden. Aber auch für Betriebe, in denen diese Beutel von Hand geklebt werden, ist die Anschaffung von Stanzen im Interesse gleichmäßiger Arbeit zu empfehlen.

Werden Drogen- und Zigarrenbeutel auf der Schneidemaschine zugeschnitten und dann ausgekröpft, so ist die Arbeit zeitraubender und kann nie so genau werden. Dagegen kann eine gewöhnliche Stanze von einem Mädchen bedient werden, und sind solche Beutel dann von Hand sauber geklebt, so sind sie von Maschinenarbeit nicht zu unterscheiden.

Die Handklebung

Diese ist ein Schmerzenskind des Tütenfabrikanten. Sie gänzlich auszuschalten ist jedoch vorläufig unmöglich. Obgleich einige bedeutende Maschinenfabriken geradezu Wunderdinge der Technik hervorgebracht haben, so reichen diese Erfolge bei weitem nicht, den ganz verschiedenen Anforderungen des Tütenfachs zu genügen. Für die gewöhnliche Ware, Spitztüten, Flach- und Kreuzbeutel mit einfacher Buchdruckausführung ist die Handarbeit ja fast ganz ausgeschaltet. Es bleiben aber eine ganze Anzahl Tütensorten übrig, für die die Handklebung vorläufig nicht zu umgehen ist. Es sind dies besonders Kaffee- und Teebeutel in feineren Papiersorten und moderner Druckausstattung, feine Konfekt- und Bonbonpackungen, extra große Hut- und Kreuzbeutel, gewöhnliche Spitztüten und Beutel, jedoch in geschmackvoller zweiseitiger Druckausführung usw.

Die älteren Tütenfabriken werden unter den Schwierigkeiten der Handklebung weniger zu leiden haben, da die Grundbedingung, eingearbeitetes Personal, von früheren Zeiten her zu haben, vorhanden ist. Anders ist es bei neuen Unternehmungen. Junge Mädchen hierzu anlernen müssen, bedeutet bei den heutigen Wirtschaftsverhältnissen von vornherein einen Verlust. Obgleich die Akkordlöhne für alle Tütenarten in den letzten Jahren ganz erheblich gestiegen sind, bleibt die Bezahlung hinter der in anderen Industrien weit zurück. Die Ursachen sind leicht zu ergründen. Ältere Fabriken, die vor etwa 15 bis 20 Jahren schon Handklebereien besaßen, haben die ehemaligen jungen Mädchen heute als perfekt eingearbeitete Hauskleberinnen. Diese Frauen haben erstens eine Fertigkeit, die nur durch jahrelange Übung zustande kam, und zweitens hilft ihnen zu Hause die ganze Familie in unbegrenzter Arbeitszeit.

Ein weiteres schweres Hindernis für die Heranziehung von Handkleberinnen ist die Strafanstaltsarbeit. Fast alle diese Anstalten beschäftigen sich mehr oder weniger mit Handklebung und verhindern dadurch die Wertsteigerung der Handklebung.

Die erste und einfachste Arbeit ist das Kleben der Spitztüten. Man klebt die Tüte auf zwei Arten. Entweder den Einschlag nach innen oder nach außen. Die erstere Arbeit ergibt eine saubere Tüte, während bei Außenklebung durch das Hervortreten von Kleisterteilchen eine Tüte an der anderen leicht kleben bleibt und das Papier dadurch beschädigt wird. Ein etwa 5 cm hoher Papierstoß wird gut passend geradegestoßen und mit Zuhilfenahme eines Falzbeins ausgestrichen, so daß Abstände von ½ bis 1 cm, je nach Tütengröße und Papierart, entstehen. Bei dünnen Zellulosepapieren genügt ½ cm, hingegen muß man bei rauhen Bastpapieren bis 1 cm ausstreichen. Liegt nun eine derartige Papierbahn gleichmäßig auf dem Tisch, so bestreicht man die ausgestrichenen Kanten gleichmäßig mit Kleister. Hierbei ist jedoch auf die Papierqualität zu achten. Handelt es sich um dünnes Pergamin, so muß man möglichst wenig anstreichen, da dieses und auch ähnliche Papiere sehr stark und schnell durchweichen, dadurch wellig werden und Falten schlagen. Bei anderen, besonders dicken Papieren, muß man wieder eine recht lange Bahn mit Kleister bestreichen, damit das Papier durchweicht und geschmeidiger wird.

Jetzt klebt man die Tüten zusammen, ohne sie anzudrücken. Hat man einen genügend großen Stoß geklebt, so schichtet man sie sorg-

sammen, drückt den Stoß tüchtig an der ganzen Klebeseite die etwa aneinander haftenden Stellen. Die Tüte muß also ɘn, darf jedoch nicht aneinander hängenbleiben. Durch ähn- ısstreichen, wie vorher beschrieben, legt man die Tüten zum n in dünnen Lagen übereinander. Eine geübte Kleberin bringt ıf 5—7000 Stück pro Tag, je nach Größe und Papiersorte, in

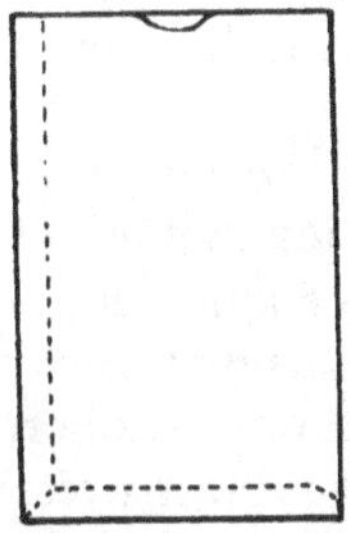

Abb. 65

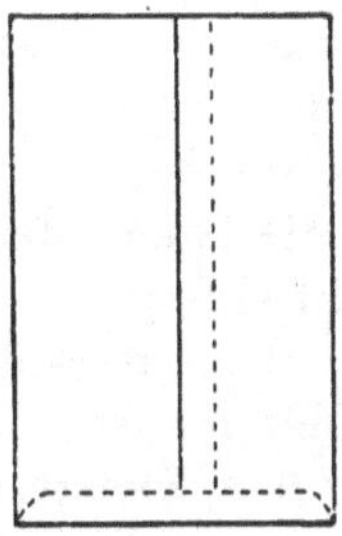

Abb. 66

.iger Arbeitszeit. Allerdings gehört zur Erreichung dieser ät schon große Fertigkeit.

ıächste hauptsächlichste Klebearbeit ist die Herstellung der ɛutel. Hier unterscheidet man Flachbeutel mit Seitenklebung t Mittenklebung. Der Vorgang beim Kleben ist bei beiden Sor- : der gleiche und ähnlich wie bei den Spitztüten bereits ge-

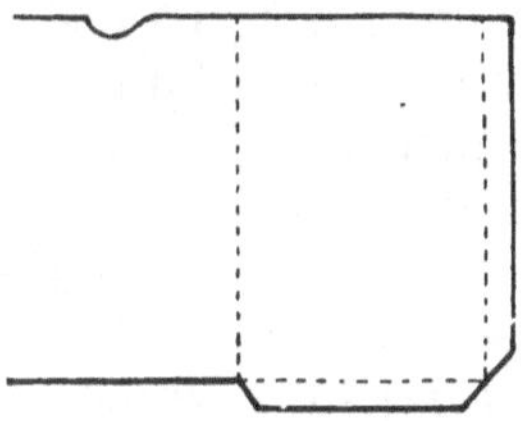

Abb. 67

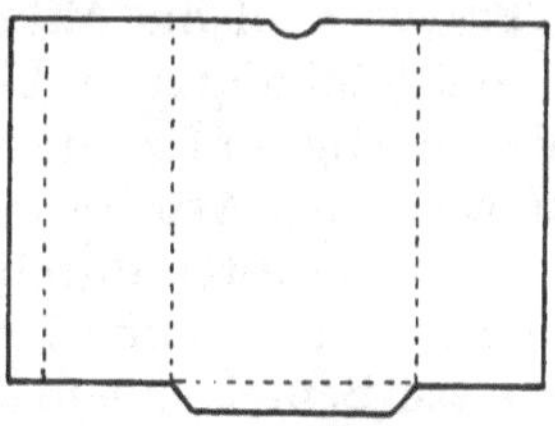

Abb. 68

ıs gibt jedoch zwei Methoden der Klebemanier. Bei der ersten le wird das gestanzte Papier, gleichviel ob mit Seiten- oder ‹lebung, ausgestrichen wie bei den Spitztüten beschrieben.

kann beide Einschlagseiten zugleich ausstreichen und kleben, .uch erst die Längsseiten und dann die kurzen Seiten. Eine Handkleberin wird nach beiden Arten ihr Quantum fertig- .men.

andere Klebeart ergibt eine bessere Arbeit und eignet sich be- 's für dicke Tauenpapiere. Hier werden die Beutel zuerst ge- Allerdings nimmt man je nach Papierstärke 3—10 Stück auf l. Mit einem scharfen Falzbein falzt man das Papier an allen drei Seiten nieder, so daß der Beutel fertig ist, nur nicht geklebt. Hierauf öffnet man die Beutel wieder, streicht sie aus, wie üblich, und klebt sie zu. Durch die vorherigen Falzungen legen sich die Einschläge leicht und glatt an. Ein Anreiben ist gänzlich unnötig. Ist eine genügende Anzahl umklebt, so drückt man die Beutel an den Einschlagseiten tüchtig an, löst die aneinander haftenden Stellen, bringt die Beutel mehrmals durcheinander, ähnlich wie beim Mischen der Spielkarten und legt sie, aufgeschoben in kleinen Lagen, zum Trocknen aus.

Diese Flachbeutel werden in allen Größen gebraucht. Die kleinsten Sorten sind die bekannten Apotheker- und Zigarrenbeutel. Bei diesen kommt es auf eine genaue Arbeit an. Anfänger kann man damit nicht beschäftigen. Erstens sollen diese kleinen Sorten unbedingt pulverdicht sein und ferner soll die Klebung möglichst sauber, d. h. ohne Falten und ohne Kleisterspuren ausfallen. Die dann weiter folgenden Sorten in $^1/_1$ bis $^3/_1$ Pfd. Größe, eignen sich schon eher für Anfänger. Hingegen muß bei den ganz großen Beuteln, etwa 10—30 Pfd. Inhalt, oder bei den Hutbeuteln wieder größere Aufmerksamkeit und Übung vorhanden sein. Die Leistungen sind auch hier ganz verschieden und richten sich nach Papierqualität und Größe. Eingearbeitete Kleberinnen können 3—5000 kleinere Drogenbeutel in 10stündiger Arbeitszeit fertigbekommen. Die Arbeitsleistungen nehmen mit jeder größeren Beutelsorte ab, so daß man bei den ganz großen Hutbeuteln, die etwa 50 × 65 cm groß sind, noch 1000—1500 kleben kann. Wie bereits gesagt, sind die Akkordlöhne, und um solche handelt es sich in der Handklebung ausschließlich, in den einzelnen Landesteilen so verschiedenartig, daß man bestimmte Normen nicht aufstellen kann. Was man bei den Arbeiterinnen durch Akkordpreise erzielt, erzwingt man in Strafanstalten durch Einführung von Pensen. Wer hier nach einer bestimmten Übungszeit von etwa 14 Tagen bis 4 Wochen für eine gewisse Beutelart sein Pensum nicht erreicht, wird bestraft.

Tüten und Beutel aus Pergaminpapieren kleben sich schwerer und sind die Akkordpreise hierfür auch etwas höher.

Eine weitere Beutelart sind die Beutel mit Kreuzboden. Das Papier hierfür wird nicht ausgestanzt. Vielmehr wird die Längsseite ausgestrichen und das Papier geklebt, so daß es einen Schlauch bildet. Auch hierbei kann man, wie bei den Flachbeuteln, Seiten- oder Mittenklebung anwenden. Sind die Papierschläuche geklebt und getrocknet, so wird der Kreuzboden gefalzt. Hier sind verschiedene Methoden üblich. Für ganz besonders genaue Arbeit verwendet man Falzvorrichtungen, die aus einer Pappschablone bestehen. Dies Verfahren ist jedoch leicht zu ersetzen durch die fast allgemein verbreitete Methode, das Falzen aus freier Hand. Hierbei ist die erste Arbeit das Einbrechen der Schläuche. Die Breite des Einbruchs richtet sich nach der Breite des Beutels. Ist z. B. der zu falzende Beutel 12 cm breit, so hat man für den Einbruch genau die Hälfte nötig. Man nimmt jedoch stets ¼—½ cm mehr, um Differenzen auszugleichen. Jetzt wird der Boden eingeschlagen. Es muß Falzlinie auf Falzlinie passen, damit schiefe Böden vermieden werden. Zum Schluß werden die Bodenklappen gleichmäßig umgesetzt. Diese drei genannten Arbeitsgänge macht man in einem Zuge. Um nun für den Einbruch stets die richtige Breite zu haben, macht man sich auf dem Tisch zwei starke Bleistiftstriche, und zwar in der Parallelentfernung, wie der Einbruch erfolgen soll. Handelt es sich um Kreuzbeutel, die schon bedruckt sind, so bricht man zur Probe nach einer bestimmten Stelle des Druckes ein. Für die geübte Handkleberin sind zur richtigen Einbruchsbreite weder Striche auf dem Arbeitstisch noch andere Hilfsmittel nötig. Es ist eine Übungssache, die sich durch andauernde Tätigkeit von selbst einstellt. Nach dem Falzen erfolgt das Zukleben

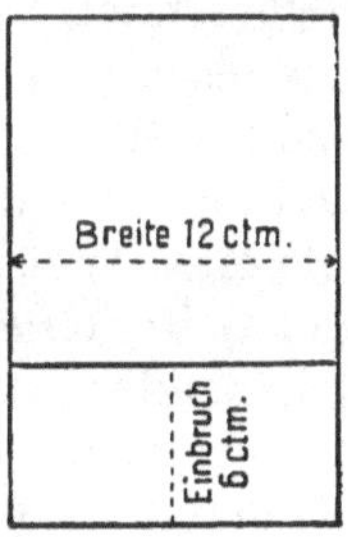

Abb. 69

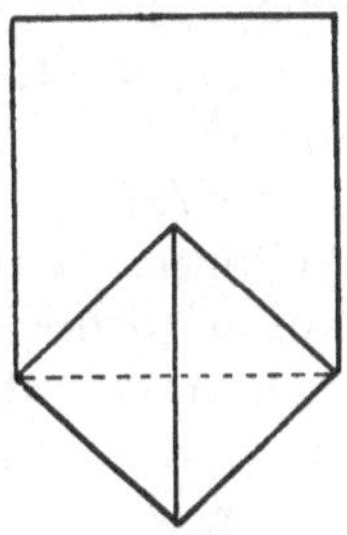

Abb. 70

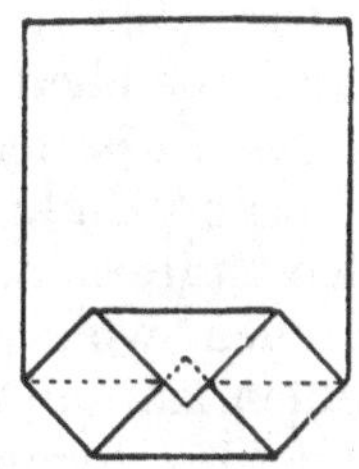

Abb. 71

der Böden. Dies erfordert schon einige Geschicklichkeit. Die Böden müssen auch besonders sorgfältig behandelt werden, denn für den Fabrikanten ist es mit Verlusten verknüpft, wenn er von seinen Abnehmern zu hören bekommt, daß die Böden undicht sind, oder beim Füllen des Beutels der Boden vor den Augen des Käufers aufplatzt und die Ware zur Erde fällt. Um ein gutes Kleben zu erreichen, müssen beide Bodenklappen ganz mit Kleister bestrichen werden. Zu diesem Arbeitsgang, das sogenannte Zukleben, sind am besten 2 Personen zu verwenden. Eine, die die Böden gleichmäßig mit Klebstoff bestreicht, ohne daneben zu schmieren, und die andere, welche die Böden nach ihrem Bruch umlegt und, nachdem eine entsprechende Anzahl fertig ist, andrückt und gleich wieder löst. Für besonders große Beutel, z. B. von 10 Pfd. Größe an und für alle sonstigen Beutel aus dickem Papier genügt das Andrücken von Hand nicht. Da der Klebstoff nicht schnell genug bindet, lösen sich die Klebestellen immer wieder los. Solche Beutel müssen in dünnen Lagen zwischen Brettern etwas gepreßt oder mindestens stark beschwert werden.

Zu der Herstellung von Kreuzbeutel gehört auch das Kleben der so viel gebrauchten Kaffeebeutel. Der Klebevorgang ist im wesentlichen derselbe, nur daß der Beutel durch eine Papiereinlage gefüttert wird. Das Füttern erfolgt vor dem Umkleben des Seitenfalzes in einem besonderen Arbeitsgange durch leichtes Ankleben des Einlagepapiers oben und an einer Seite. Besonders teure Kaffeebeutel werden doppelt gefüttert. In diesem Falle wird die mittelste Einlage nur lose zwischen Oberzeug und Futter gelegt. Da die bekannten Kaffeebeutel meistens in Pergaminpapier verlangt werden, und dieses nicht von jedem Anfänger verarbeitet werden kann, bleibt diese Klebearbeit in der Regel den geübten Arbeiterinnen vorbehalten. Eine geübte Handkleberin bringt es auf 1000—1200 Kaffeebeutel pro Tag.

Eine weitere Beutelart, die auch als besserer Kaffeebeutel viel Verwendung findet, sind die Seitenfalzbeutel mit Kreuzböden. Diese Beutelart ist die schwierigste Arbeit der gesamten Handkleberei. Der fertige Seitenfalzbeutel unterscheidet sich von dem gewöhnlichen Kaffeebeutel in der Hauptsache dadurch, daß die vorgesetzten Seitenteile dem ganzen Beutel nach der Füllung ein gerades und gleichmäßiges Aussehen geben. Ein gefüllter und sauber zugeklebter Beutel muß das Aussehen einer rechtwinkligen Faltschachtel haben. Das Füttern und Umkleben des Seitenfalzes erfolgt in gleicher Weise wie bei den Kaffeebeuteln. Hierauf wird die Falzung der Seitenteile vorgenommen, wobei im Interesse einer guten Arbeit besonders darauf zu achten ist, daß sich die Falzungen genau aufeinander decken. Die Falzung des Bodens ist dann ähnlich wie bei den Kreuzböden vorzunehmen. Allerdings ist diese Arbeit die schwierigste überhaupt und kann dafür nur das geübteste Personal in Frage kommen. Lange Übung und große Fingerfertigkeit ist nötig, um wirklich gutgearbeitete Seitenfalzbeutel herzustellen. Ist der Boden nicht ganz genau auf die vorgebrochenen Richtlinien eingefalzt, so wird der Beutel schief und unansehnlich.

Außer den hauptsächlichsten, soeben beschriebenen Herstellungsarten gibt es natürlich in jedem Betriebe gewisse Eigentümlichkeiten, die sich durch die jeweils besonderen Verhältnisse herausbilden. So z. B. schon bei der Herstellung von gewöhnlichen Spitztüten findet man in einzelnen Gegenden besondere Macharten. Das vorhandene Personal ist darauf eingerichtet und jede Änderung würde, wenigstens in der gewiß nicht kurzen Übergangsperiode, schwer durchzuführen sein. Dasselbe findet man bei allen Tüten und Beutelarten. Hier werden Seitenfalzbeutel aus freier Hand, wie oben beschrieben, dort werden sie auf einem Holz- oder Pappklotz, der natürlich für jede Größe genau angefertigt werden muß, geklebt. Hier klebt man bei Flachbeuteln zuerst nur alle Längsseiten und später in einem besonderen Arbeitsgange die kurzen Seiten, dort streicht man beide Klebeseiten mit einemmal aus und klebt den Beutel auch in einem Arbeitsgange fertig. Beide Methoden sind gleich gut. Ähnlich ist es bei der Verarbeitung der Kreuzbeutel und der Kaffeebeutel. Diese besonders werden ganz verschiedenartig hergestellt. Während sehr geübte Kleberinnen diese Beutelart aus freier Hand vollkommen einwandfrei abliefern, ist das in anderen Gegenden, wo man an das Arbeiten auf einer Papp- oder Zinkschablone gewöhnt ist, fast undenkbar. Genau so verhält es sich mit der Herstellung der Böden. Wo es nicht anders Brauch ist, falzt man diese aus freier Hand. Das sogenannte „Augenmaß" genügt in diesem Fall vollkommen, um geradegefalzte und zugeklebte Böden herauszubekommen. In einem anderen Betriebe, wo man sich an sogenannte Falzeinrichtungen gewöhnt hat, wäre das ganz undenkbar. Diese Falzeinrichtungen sind auch wieder ganz verschieden eingerichtet. Es gibt verstellbare Klotzeinrichtungen für diese Zwecke und ebensooft verstellbare Schabloneneinrichtungen aus starker Pappe, Zink oder ganz dünnem Holz. Nun kann wohl bestimmt behauptet werden, daß allen Kleberinnen, die an das Arbeiten aus freier Hand gewöhnt sind, der Vorzug zu geben ist. Auf der anderen Seite ist wieder zu berücksichtigen, daß die auf Schablonen umgeklebten und später auf gleichem Wege gefalzten Beutel gleichmäßiger ausfallen.

Mit den soeben beschriebenen Beutelarten ist das Feld der Handklebung noch lange nicht erschöpft. Da sind es z. B. die Hut-, Mützen-, Chemisett- und Krawattenbeutel, die meistens in Flachform gewünscht werden. Für Beutel dieser Art kommt fast ausnahmslos weißes, 30—40 g schweres Zellulosepapier zur Verwendung. Ungleich schwerer ist das Kleben dieser Beutel, weil das Papier sehr dünn ist und sich die Umschläge daher ohne Falten schlecht machen lassen. Hat man für Beutel dieser Art fortwährend Absatz, so empfiehlt es sich, für jede Größe ein besonderes Papierformat zu bestellen. Dadurch werden Abfälle ganz vermieden, abgesehen davon, daß sich Reste aus diesen dünnen Papieren nur sehr schwer für andere Zwecke verwenden lassen. Auch sind die Preise dieser Sorten derartig gesunken, daß man nur ohne jeden Abfall auf einen annehmbaren Herstellungspreis kommt. Dann sind es die bekannten Zigarren- und Drogenbeutel, die noch sehr viel in Handarbeit gemacht werden. Beim Kleben dieser Beutel kommt es wieder besonders auf Schnelligkeit und Fingerfertigkeit an. Bei den kleinen Beuteln ist besondere Sorgfalt nötig, weil diese absolut luftdicht geklebt werden müssen.

Bei den Drogenbeuteln wird häufig eine gummierte Klappe gewünscht. Diese Gummierung wird ähnlich vorgenommen wie das Kleben der kurzen Seite eines Flachbeutels. In gleichmäßigen Abständen werden die Klappen ausgestrichen und mit dünnflüssigem Gummiarabikum mittels eines flachen breiten Pinsels bestrichen.

Wird zu dick gestrichen, so platzt nach dem Trocknen die ganze Schicht ab. Besonders ist darauf zu achten, daß beim Überstreichen kein Gummi unter das ausgestrichene Papier läuft. Dadurch kleben die Klappen zusammen und die Ware wird unansehnlich und fusselig. Häufig werden die Drogenbeutel auch mit Fütterung gewünscht. Das Futter, meistens Pergamentersatzpapier, muß in diesem Fall, wie bei den Kaffeebeuteln, oben und an einer Seite angeklebt werden. Die ganze Verarbeitung ist dadurch natürlich schwieriger und zeitraubender. Das Papier für Drogen- und Zigarrenbeutel soll nicht auf der Schneidemaschine ausgekröpft werden, weil bei diesen Beuteln viel auf das Aussehen Wert gelegt wird. Die Schneidemaschine mit dem sogenannten Kröpfmesser  arbeitet nie so genau, wie es für den Zuschnitt derartiger kleiner Beutelchen zu wünschen ist. Selbstverständlich kommt für die Kröpfung überhaupt nur eine Schneidemaschine mit senkrechter Messerführung in Frage, zum Unterschied von den weit mehr üblichen Schneidemaschinen mit schräger Messerführung. Der kleinste Fehler beim Unterlegen des Papiers zum Schneiden und Auskröpfen erzeugt Unregelmäßigkeiten bei der Klebung. Diese wird schief und sehen solche Beutel dann einfach scheußlich aus. Um dies gänzlich zu verhindern, schaffe man sich für jede Drogenbeutel- und Zigarrenbeutelgröße eine Stanze an. Man braucht die Drogenbeutel etwa in 6 und die Zigarrenbeutel etwa in 4 verschiedenen Größen, so daß die Anschaffung von 10 Stanzen für alle Fälle genügt. Diese Stanzen gewährleisten eine schnelle, absolut gleichmäßige Klebung. Ein Beutel sieht genau so aus wie der andere und die ganze Ware erscheint wie aus einem Guß. Zu der Arbeit des Stanzens ist eigentlich eine Stanzmaschine nötig. Man kann sich aber mit einer Schneidemaschine genau so helfen oder auch mit einer kleinen Handpresse. Natürlich kann dies nur da in Frage kommen, wo die Anschaffung einer Stanzmaschine nicht angängig ist.

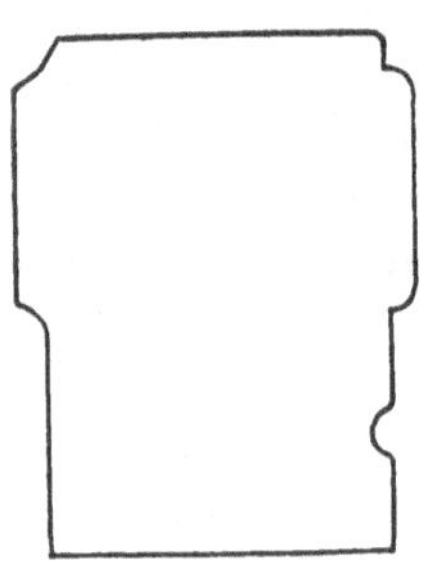

Abb 72

Eine weitere Beutelart, die im Preise noch erheblich besser steht als die soeben besprochenen Sorten, sind die Musterbeutel, die in Drogen-, Furage-, Getreidehandlungen, überhaupt in allen Engros-Geschäften in größerer Anzahl gebraucht werden. Diese Beutel kommen als Flach-, □ Boden- und auch als Seitenfalzbeutel auf den Markt. Ihrem Zweck entsprechend kommen natürlich hier nur besonders starke, sogenannte Tauenpapiere, in Anwendung. Diese Sorten müssen besonders gut und luftdicht geklebt werden, und da die Verarbeitung solcher starken Papiere an sich schon ziemlich schwer ist, kann man für diese Klebearbeiten nur die allergeschicktesten Arbeiter verwenden.

Aus dem gleichen Papier macht man auch in verschiedenen Gegenden Deutschlands Flach- und □Beutel in besonders großen Sorten. Diese werden als Hasen- und Fleischbeutel bezeichnet. Abnehmer hierfür sind Wildbrethandlungen und bessere Metzgereien. Verstärkt man derartige □Beutel am Boden durch einen aufgeklebten Papierstreifen und an der Öffnung des Beutels durch Ankleben von Bändern, so hat man eine Beutelart, die man als *Markt*taschen bezeichnet und die als Reklamebeutel besonders zu Festtagszeiten gerne gekauft werden.

Bei der gesamten Handklebung spielt die Verwendung des Klebstoffes eine bedeutende Rolle. Hierbei ist nicht zu sparen. Gute Weizenstärke, Schabestärke oder auch gutes Weizenmehl sind, wenn richtig gekocht, billiger und ausgiebiger als alle künstlichen Ersatzstoffe. Natürlich muß man den Kleister, besonders in der heißen Jahreszeit, möglichst täglich neu kochen, um dadurch das Sauerwerden zu verhindern. Der saure Kleister hat an Klebkraft erheblich eingebüßt und verbreitet nebenbei einen unangenehmen Geruch, der sich der fertigen Ware mitteilt. Die handgeklebte Ware wird nach dem Kleben, also am besten abends, vor Schluß der Arbeitszeit, zum Trocknen ausgelegt. Man verwendet hierzu zunächst die zur Verfügung stehenden freien Tische und Arbeitsplätze und dann Holzrahmen, die mit dünnem Draht bespannt sind. In vielen Betrieben, besonders da, wo gute Handarbeit noch geschätzt und bezahlt wird, wird die fertige Ware in halbtrockenem Zustande in dünnen Lagen leicht gepreßt. Solche Beutel machen einen vorzüglichen Eindruck und ist die Klebung durch den Pressendruck eine erstklassige. Nach dem Pressen müssen die Beutel wieder gelöst werden und zum Trocknen ausgelegt oder angeschnürt und aufgehängt werden.

Die Druckausstattung der handgeklebten Ware ist durchgehend eine erheblich bessere, als die der Maschinenarbeit, auf die wir noch zurückkommen. Es liegt ja schon in der Natur der Sache, daß Handarbeit in Flachdruck hergestellt wird, und hierfür die im Buchdruckfach allgemein üblichen Schnell- oder Tiegeldruckpressen zur Anwendung kommen. Überhaupt sind die Ansprüche des Publikums in bezug auf Tütenreklame enorm gestiegen. Man findet hier Flachbeutel aus den besten Modepapieren, in leuchtendem Blau, mit dem modernsten Satzmaterial bedruckt. Daneben findet man erstklassig ausgeführte Umrahmungen, Vignetten und Hausansichten. Soweit wie in Handklebung der Buchdruck angewandt wird, wird es sich immer um Plattendruck handeln. Eine Tütenfabrik, die vom Satz drucken wollte, würde in kurzer Zeit ihr Schriftmaterial ruiniert haben. Die Stereotypie ist auch für die kleinste Tütenfabrik unerläßlich. Es gibt derartig hartsatinierte Papiere, daß selbst durch schärfsten Zylinderdruck kein klarer Abdruck erzielt wird. Auch enthalten die für Tütenzwecke benutzten Papiere, die zudem meistens nur einseitig satiniert sind, große Unreinigkeiten, Sand, Holz- und Metallteilchen, so daß selbst die Stereotypieplatten nach kurzen Auflagen abgenützt sind. Bei den besseren Zellulose- und den hochgeglätteten Tauenpapieren ist dies allerdings weit weniger der Fall. Da kann man auch Tüten mit einem Druck versehen, der jedem Buchdruckfachmann zusagen würde. Besonders wirksam ist die Verwendung großer gedeckter Farbflächen in intensiven Glanzfarben. Die Einteilung des Formats vor dem Druck ist die wichtigste Arbeit des Faktors; es gilt hier, den Druck bzw. die Platten auf den richtigen Standort zu nageln. Hierzu zeichne man sich vorher auf den Formatbogen die genaue Beutelgröße auf, denn eine ganze Auflage kann als mißlungen betrachtet werden, wenn bei den fertiggeklebten Beuteln der Druck nicht an den richtigen Stellen steht. Eine große Anzahl der besseren Tüten und Beutel werden in mehrfarbigem Steindruck ausgeführt. Da ist der Originalität und der Farbenwirkung der weiteste Spielraum gelassen. Die bedeutendsten Papierwarenfabriken beschäftigen in eigenen Ateliers in diesem Fach besonders geübte Zeichner. Bei Kaffee- und Teepackungen ist die mehrfarbige Steindruckausführung fast allgemein. Natürlich trägt der Steindruck erheblich zur Wertsteigerung der Tüten bei und hat dadurch der Reproduktionstechnik ein großes Feld zur Ausnützung geebnet.

Die Maschinentütenfabrikation

Der enorme Bedarf unserer Zeit machte es der Handklebung unmöglich, mit den Fortschritten der Maschinentechnik gleichen Schritt zu halten. Heute ist das Angebot in Tütenmaschinen unbegrenzt. Es gibt kaum eine Sorte, die nicht auf einer Maschine herzustellen wäre. Natürlich sind die Anschaffungskosten derartig hohe, daß nur bei andauernder Beschäftigung eine Maschine Nutzen abwirft. Wer jedoch heute auf dem Tütenmarkt nur halbwegs den Anforderungen der Kundschaft in bezug auf Preis standhalten will, kann die Maschinenarbeit nicht ausschalten.

Die Tütenmaschinen kann man trennen in solche, die von der Rolle arbeiten und solche, die vom Blatt kleben. Die ersteren sind am weitesten verbreitet. Da ist zur Herstellung der gewöhnlichen Spitztüten zunächst die von der Rolle arbeitende Spitztütenmaschine mit Druckvorrichtung. Die Zuführung der Papierbahn, die Kleisterung, der Druck, die Falzung und das Kleben erfolgen in ununterbrochener Reihenfolge rein automatisch. Zur Bedienung ist ein Mädchen nötig, die die fertigen Tüten andrückt und zugleich anschlägt. Die Einrichtung der Maschine, das Ändern des Formates und die Zurichtung der Druckplatte muß natürlich von einem geübten männlichen Arbeiter vorgenommen werden. Ist das Papier nicht brüchig oder faltig, so kann eine aufgesteckte Papierrolle ohne das geringste Hindernis durchgearbeitet werden. Die durchschnittliche Geschwindigkeit der Spitztütenmaschinen ist 25—35 000 Stück pro Tag. Allerdings kommen fortgesetzt neue Typen auf den Markt, die unter der Bezeichnung Schnelläufer ein weit größeres (50—55 000 Tüten in 9—10stündiger Arbeitszeit) Arbeitsquantum herausbringen. Wer auf guten Druck Wert legt, dem sind diese Schnelläufer nicht zu empfehlen. Ohne Druck kann man die Leistungen erheblich steigern. Die neuesten Spitztütenmaschinen ohne Druckeinrichtung schaffen in 1 Stunde 15—18 000 Stück fertig geklebter Tüten.

Zur Herstellung der gewöhnlichen Kreuzbeutel benutzt man die von der Rolle arbeitenden Maschinen, die in Deutschland von mehreren Fabriken gebaut werden. Bei allen Systemen, die von der Rolle arbeiten, ist der Vorgang derartig, daß die Papierbahn zu einem Schlauch zusammengeführt und geklebt wird. Ein rotierendes Messer teilt die Schlauchbahn auf die gewünschte Beutellänge und eine weitere, allerdings sehr komplizierte, Falzeinrichtung biegt den Boden in die gewünschten Falzungen, versieht ihn mit Klebstoff und klebt ihn zu. Die am Ende der Maschine rotierende Trommel führt den frisch geklebten Beutel zwischen Spanntücher langsam dem Ausgang zu, so daß der Beutel vollkommen fertig geklebt die Maschine verläßt. Starke Papiere haben allerdings immer noch die Neigung zum Aufspringen, d. h. die gefalzten und geklebten Böden lösen sich wieder. Deshalb müssen die Beutel nach dem Verlassen der Maschine angedrückt und beschwert werden. Ist eine Beutelmaschine sachgemäß eingerichtet, was besonders bezüglich des Falzmechanismus von Bedeutung ist, so arbeitet die Maschine völlig automatisch, und das Mädchen hat nur das Wegnehmen und Andrücken der fertigen Ware zu besorgen. Einseitige Zellulosepapiere in Grammschwere von 90 bis 120 g lassen sich am leichtesten verarbeiten. Ein großes Hindernis ist häufig die Sprödigkeit des Papiers. In diesem Falle hilft das beste Einstellen der Maschine nichts. Das Papier bricht, wirft Falten und reißt in der Regel beim Anlassen der Maschine. In solchen Fällen empfiehlt es sich, das Papier vorher auf der Umrollmaschine zu feuchten. Diese Arbeit macht sich immer bezahlt. Auch bleibt die Feuchtigkeit dann dauernd im Papier, so daß der fertige Beutel schwerer ist, den späteren Druck leichter annimmt und im Gebrauch nachgiebiger und elastischer ist. Für jede Beutelgröße ist ein besonderes Blechformat und eine Falzeinrichtung notwendig. Es muß daher jede Größe ausgewechselt und umgestellt werden. Es ist dies eine Arbeit, die man nur durch die Stetigkeit der Übung erlernen kann.

Eine weitere sehr verbreitete Beutelmaschine ist die sogenannte Union- oder Seitenfalzbeutelmaschine, auf der man außer den Faltenbeuteln auch die gewöhnlichen Flachbeutel ohne besondere Einrichtungen herstellen kann. Die Leistungsfähigkeit dieser Maschine ist bedeutend größer. Der mechanische Vorgang ist im Gegensatz zu den Kreuzbodenbeutelmaschinen einfach zu nennen. Die Maschinen sind reichlich lang gebaut, so daß der weitaus längste Teil der Schlauchbildung zukommt. Ein rotierendes Messer mit Zackenschnitt schlägt die nötige Beutellänge ab. Durch Bänderführung wird ein abgeschlagenes Ende des Schlauches mit Kleister versehen, umgefalzt und durch Spanntücher dem großen heizbaren Trockenzylinder zugeführt. Der zackige Schnitt eignet sich besonders gut zur Aufnahme des Klebstoffes, so daß eine sehr gute Bodenklebung, sofern es sich um dünnere Papiere handelt, erzielt wird. Diese Maschine kann ganz beliebig Flach- oder Seitenfalzbeutel, natürlich ohne Kreuzboden, kleben. Für jede Beutelgröße ist ein besonderes Formatblech nötig. Dieses gibt dem zu bildenden Papierschlauch die gewünschte Breite- bzw. Faltentiefe. Der ganze Mechanismus ist leichter übersehbar und einfacher hinsichtlich der Konstruktion, so daß man schon nach kurzer Übung bzw. durch Anlernen seitens des Monteurs arbeiten kann. Fast ausschließlich werden mit dieser Maschine die in ganz Deutschland verbreiteten Unionbäckerbeutel hergestellt. Je dünner das Papier, je häufiger sind die Störungen. Am besten verarbeitet sich 40 bis 50 g schwere Ware, und ist die Arbeitsleistung bei einer Durchschnittsgröße etwa 18—20 000 in der Stunde. Die Leistung nimmt selbstverständlich ab, je größer die zu klebenden Beutel sind. Von den jetzt viel gebrauchten Hutbeuteln mit Seitenfalten bringt man kaum 8—10 000 pro Arbeitstag heraus. Die neuesten Unionbeutelmaschinen werden zugleich mit einer Druckvorrichtung versehen. Ein wirklich guter Druck ist damit allerdings nicht zu erzielen, auch sind die Zu- und Einrichtungskosten so zeitraubend, daß hierfür nur sehr große Auflagen, wie sie von Warenhäusern häufig gebraucht werden, lohnend sind.

Eine von der Rolle arbeitende Kreuzbodenbeutelmaschine, die zugleich mit Druckvorrichtung versehen ist, ist auf dem Markt. Der Klebevorgang ist ähnlich wie oben beschrieben, nur wird die Papierbahn, noch bevor sie sich zu einem Schlauch vereinigt, in den gewünschten Abständen bedruckt. Bei der Schnelligkeit der Maschine (bei guter aufmerksamer Bedienung und gutem Papier etwa 50 000 Beutel pro Tag) kommen als Druckplatten nur vulkanisierte Gummiplatten in Betracht. Diese werden auf den Druckzylinder geklebt und geben natürlich zufolge ihrer Elastizität einen wohl lesbaren, aber durchaus nicht einwandfreien Abdruck. Als Farbe verwendet man hierzu nur sofort trocknende Anilinfarben. Jede andere Farbe ließe sich hierzu nicht verwenden, da bei der weiteren Verarbeitung und dem schnellen Prozeß, Schlauchbildung und Bodenfalzung, die Farbe verwischen und abschmutzen würde. Auch diese Maschine kommt nur für den Massenbedarf einzelner Größen in Anwendung. Zudem ist der ganze Bau kompliziert und nur nach längerer Übung mit Erfolg zu bedienen. Zur Bedienung ist außer einem flinken Mädchen mindestens die halbe Arbeitskraft eines geübten Maschinenmeisters nötig. Als Klebstoff für Maschinentüten und -beutel kann man für die Längsnaht einen billigen Pflanzenklebstoff benutzen, während man für die Bodenklebung einen dicken Klebstoff mit hoher Klebkraft braucht. Gut gekochter Kleister aus Weizenmehl oder Schabestärke ist allen künstlichen Ersatzstoffen vorzuziehen.

Der andere Maschinentyp, der im Gegensatz zu den von der Rolle arbeitenden Maschinen vom einzelnen Blatt arbeitet, ist weniger verbreitet. Hiermit werden die zahlreichen Zigarren-, Drogen-, Apotheker-, Gewürz- und Lohnbeutel hergestellt. Der Klebevorgang ist hier ein anderer. Das zu klebende Papier wird, nachdem es in großen Bogen in Buch- oder Steindruck bedruckt ist, mit bestimmten Stanzen auf die richtige Größe ausgestanzt. Ein handhoher Stoß wird in die Maschine eingesetzt und auf richtige Höhe hochgeschraubt. Dann saugt eine Hebevorrichtung ein einzelnes Blatt an und hebt es so hoch, daß eine Zangenvorrichtung das Blatt erfaßt. Die Zange führt nun das Blatt auf die Falzeinrichtung, wo es mit Klebstoff versehen und gefalzt wird. Eine stempelartige Preßeinrichtung drückt nun die geklebten Stellen an und wirft den Beutel fertig in die Zählvorrichtung. Die Bedienung der Maschine ist sehr einfach und kann von einem Mädchen besorgt werden. Das Einstellen und Umstellen auf ein anderes Format ist allerdings ungleich schwerer. Diese Maschinen sind heute geradezu unentbehrlich geworden. Ihre Leistungen sind bei einem guten Papier, das ist dünnes Kanzlei- oder 40-g-Zellulosepapier, 30 bis 35 000 in 10 Stunden.

Auch für Kreuzbodenbeutel werden seit einigen Jahren von verschiedenen Fabriken Maschinen angeboten, die vom Blatt arbeiten. Diese Maschine ist der letzte Anlauf zur gänzlichen Verdrängung der teuren Handarbeit. Ihre Einführung scheitert jedoch vorläufig an den großen Anschaffungskosten und dem äußerst komplizierten Mechanismus. Nur einige größere Firmen bedienen sich dieser Maschine. Der Arbeitsgang ahmt in allen Teilen die Handarbeit nach. Das Futter wird von drei Seiten auf einer hierzu besonders nötigen Futtermaschine angeklebt, dann werden die flachliegenden Papiere von einem Sauger erfaßt und auf eine Blechschablone auf der richtigen Breite geklebt. Auf dieser Schablone, die automatisch weitergleitet, wird der geklebte Schlauch dann zunächst angepreßt, getrocknet, glattgeschnitten, vorgebrochen, mit Klebstoff versehen, gefalzt und der fertige Boden gepreßt. Dann gleitet der fertige Beutel von der Schablone, und diese nimmt bereits ein weiteres Blatt auf und arbeitet wieder in der soeben bezeichneten Reihenfolge. Die Maschine hat etwa

18 solcher Bleche, die stationsweise rund laufen. Das Arbeitsquantum ist 12 bis 16 000 gefütterter Beutel in 10 Stunden. Allerdings ist die Leistungsfähigkeit zunächst von dem zur Verwendung gelangenden Papier abhängig und von einer aufmerksamen Bedienung. Der Zuschnitt des Papiers muß hierzu überaus genau und rechtwinklig sein. Am besten verarbeiten sich harte Tauen- oder Zellulosepapiere. Ungefütterte Kreuzbeutel lassen sich etwas leichter arbeiten, wenngleich nicht zu verkennen ist, daß die Maschine hierfür zu teuer und zu wenig rationell ist. Ihre Anschaffung eignet sich nur für solche Betriebe, die sehr große Aufträge in ganz gleichmäßiger Größe und Qualität zur Verfügung haben.

Die Druckausstattung der Maschinenware ist nicht zu vergleichen mit der der Handarbeit. Während hierfür der übliche Flachdruck in Anwendung kommt, ist für das Bedrucken der fertigen Maschinenbeutel die Rotations-Beuteldruckmaschine entstanden. Hiermit ist allerdings nicht gesagt, daß man besonders große Beutel oder auch kleine Beutel nicht auf einer gewöhnlichen Schnellpresse drucken kann, ja im Notfall kann man sogar von zwei Seiten anlegen. Es ist dies aber nur ein Notbehelf, denn die Druckpreise der Tüten sind auf einen so niedrigen Stand gesunken, daß die schnellste Buchdruckpresse zu langsam läuft, um wirklich etwas verdienen zu können. Die Beutelrotationsmaschine druckt je nach Einrichtung ein- oder zweifarbig unter der Voraussetzung, daß eine wirklich geübte Anlegerin vorhanden ist, das dreifache Quantum. Die Ansprüche an die Druckausführung muß man allerdings immer mehr herabsetzen, je mehr die Maschine leisten soll. Nach dem Bedrucken der Beutel werden diese zum Trocknen ausgelegt und am folgenden Arbeitstag von den jüngsten bzw. ungeübtesten Arbeiterinnen zusammengenommen.

Zur Entwicklung und Einführung des Papiersackes

Zementsäcke aus Papier haben sich in den letzten Jahren zunächst in Deutschland derart eingebürgert, daß es heute schwer fällt, einen solchen aus Jute zu Gesicht zu bekommen. Trotzdem liegt die Einführung mehrwandiger Papiersäcke noch nicht allzuweit zurück, und die Umstände, unter denen der Papiersack Eingang in die Zement-, Kalk- und Gipsindustrie fand, sollen hier einmal kurz geschildert werden. — Es ist ein Verdienst des Herrn Gustav Fischer, Seniorchefs der Firma Fischer & Krecke, G. m. b. H. in Bielefeld, daß der Papiersack von Amerika zu uns herüberkam und sich hier trotz anfänglicher Ablehnung schließlich doch durchsetzte. — Bei seinem ersten Vortrag über Säcke aus Papier, welcher in Berlin gelegentlich der Hauptversammlung Deutscher Portland-Zement-Fabriken im Jahre 1908 gehalten wurde, begegnete man den Ausführungen mit größtem Mißtrauen, ja, man lehnte sie glatt ab. Daß ein Papiersack dem Jutesack gegenüber Vorteile aufweisen sollte, leuchtete damals anscheinend nicht ein, und niemand dachte daran, auch nur einen Versuch damit zu machen. Die Bemühungen schienen fast vergeblich, trotzdem nichts unversucht blieb, um das Interesse, wo immer angängig, zu wecken. Nicht mehr als sechs Zementsackmaschinen konnten in der ersten Zeit abgesetzt werden, und erst die schwere Kriegszeit gab Veranlassung, auf den Papiersack zurückzugreifen. Interessant sind im Zusammenhang hiermit auch die ersten Versuche, welche man im Frühjahr 1915

Abb. 73

Abb. 74

Abb. 75

unternahm, um die Infanterie mit Papiersäcken auszurüsten. Dieselben sollten, wo gerade erforderlich, schnell mit dem Spaten gefüllt und als leicht transportabler Deckungsschutz dienen. — Nach Beendigung des Krieges nahm die Verwendung von Papiersäcken in dem Maße zu, wie das Geld durch die eintretende Inflation knapper wurde. Es bildeten sich im Laufe der Zeit verschiedene Sackformen heraus (siehe Abb. 73 bis 76), zu deren Herstellung die obengenannte Firma seither stets die erforderlichen Maschinen lieferte. Schon im Jahre 1908 wurden derartige Maschinen für Säcke aus zwei Lagen Papier geliefert, und da sich herausstellte, daß mehrere Lagen dünnen Papiers haltbarer sind als eine oder zwei Lagen stärkeren Papieres, wurden von 1917 ab nur noch Maschinen gebaut für drei- bis sechswandige

Säcke. — Augenblicklich ist die Konstruktion einer Maschine in Angriff genommen, welche außer Flach- und Seitenfaltenschläuchen auch geklebte Ventilsäcke vollautomatisch aus mehreren Lagen Papier herstellt und im gleichen Arbeitsgange mit ein- oder mehrfarbigem Aufdruck versieht. Abb. 77 zeigt einen solchen Sack, dessen vorteilhafte Form und Klebeart schnelle Einführung verspricht. — In welchem Umfange die Papiersackfabrikaton nach Erfindung der geeigneten Maschinerie zugenommen hat, beweist wohl zur Genüge die Tatsache, daß bis jetzt etwa 100 Maschinen dieser Art die Fabrik verlassen

Abb. 76

Abb. 77

haben. Das Modell „Zentaur", welches jedem Fachmann zur Genüge bekannt sein dürfte, läuft außer in Deutschland auch in der Schweiz, Frankreich, Italien, Österreich, Tschechoslowakei, Rumänien, Polen, Finnland, Schweden, Norwegen, Belgien und England, ja sogar aus Mexiko und Australien liefen Bestellungen ein. — Die neue Verpackungsart brachte der deutschen Papierindustrie außerordentlich große Beschäftigung und der deutschen Handelsbilanz Vorteile durch Verminderung der Einfuhr der ausländischen Jute. — Die Leistung der von obengenannter Firma bis jetzt gelieferten Maschinen kann auf 2½ Millionen Säcke täglich geschätzt werden und, da viele Maschinen in Doppelschicht arbeiten, noch höher.

Die Technik des Kolorits

Die Möglichkeiten der koloristischen Ausgestaltung zur Veredelung von Papiererzeugnissen

Das Kolorit wird zur Veredelung des Papiers und als Ersatz für farbigen Druck in erheblichem Umfange angewendet und soll daher diese farbenfrohe Technik hier besonders behandelt werden.

Im Prinzip versteht man unter Kolorit die farbige Ausführung irgendeiner gegebenen einfarbigen Vorlage. Diese Ausführung kann in zweierlei Arten erfolgen; erstens in dem eigentlichen, von Hand unter Verwendung entsprechender Farben vorzunehmenden Kolorit, zweitens unter Verwendung von Schablonen.

Branchenüblicherweise wird unter Kolorit ausschließlich das Letztere verstanden. Selbstverständlich ist auch eine Kombination beider Verfahren möglich, indem nämlich nur die großen Flächen unter Zuhilfenahme der Schablone hergestellt werden, während die Feinheiten mittels Pinsel und Ziehfeder nachgetragen werden. Die erste Art, das sogenannte Handkolorit, findet in allen solchen Fällen Anwendung, in denen auf eine besondere künstlerische Ausführung Bedacht genommen werden muß, während das Schablonenkolorit mehr dazu berufen ist, um Farbendrucke zu ersetzen. Im Handkolorit lassen sich die eventuell nötigen Übergänge — Schatten — besser erzielen, während sich durch Schablonenkolorit wieder größere Flächen besser — gleichmäßiger — herstellen lassen.

Ehe wir auf die technische Seite der skizzierten Arten eingehen, wollen wir den

Verwendungszweck

erläutern.

Handkolorit wird seit alters her zur farbenfrohen Ausgestaltung von Holzschnitten, Bibelbildern und Initialen und neuerdings auch von Handpressen-Kupferdrucken, bei denen es sich um beschränkte Auflagen handelt, verwendet, das Schablonenkolorit dagegen in solchen Fällen, in denen entweder durch die Art des Materials — z. B. Bromsilber — oder durch die Kleinheit der Auflage usw., durch ungünstiges Format, in dem z. B. bei verhältnismäßig großen Flächen nur ein Teil koloriert werden soll, Briefköpfe, Abbildungen auf Prospekten usw. sich das Kolorit wesentlich billiger stellen würde als der erforderliche Farbendruck. Früher wurden auch Bilderbogen, die als Vorläufer unserer heutigen Witzblätter anzusehen sind, in dieser Art farbig hergestellt. Allgemein bekannt ist ja die Anwendung des Verfahrens in der Postkartenindustrie. Ferner werden große Mengen von in einfarbigem Maschinen-Tiefdruck reproduzierter Bilder koloriert, die zur Ausschmückung von Kalenderrückwänden und Schachteldecken Verwendung finden, sowie die Überzüge für Briefpapierkartons, in Avisen, Prospekten usw. Besondere Spezialanstalten leisten auf diesem Gebiet erhebliches, indem Musterblätter und ganze Kataloge für die Exportindustrie koloriert werden. Ein altes Anwendungsgebiet des Schablonenkolorits ist auch die Modeindustrie. In keinem Verfahren sind die jeweiligen Modetöne so gut zu erzielen wie durch das Kolorit.

Grundsätzlich sind zwei Arten zu unterscheiden, und zwar je nachdem, ob Abbildungen, die Halbtöne enthalten, oder einfache flächige Zeichnungen koloriert werden sollen. Im ersten Falle sind ganz *ausschließlich* Lasurfarben, im anderen *auch* Tempera- oder Aquarellfarben, selbst Bronzen zu verwenden. Dies spielt eine besonders große Rolle bei Wiedergabe von Stoff-Farbtönen, die bei Anwendung von Aquarell- oder Temperafarben schöne pastellartige Effekte ergeben.

Ein Übereinanderarbeiten der Farben kommt in *sehr* beschränktem Umfange *nur* für Lasurfarben in Frage, und zwar können jeweils nur zwei *helle* Farben aufeinander gearbeitet werden. Da es sich bei Lasurfarben ausschließlich um Wasserfarben handelt, würde eine dunkle Farbe, auf eine helle gearbeitet, die helle restlos verdecken, und zwei dunkle Farben übereinander gearbeitet würden ein vollkommenes Fiasko ergeben, weil sich die erste Farbe beim Auftragen der zweiten Farbe wieder lösen und bei fortschreitender Arbeit die zweite Farbe vollkommen verändern würde.

Unter gegebenen Umständen können auch Farben mit Verlauf — perspektivischer Himmel und ähnliches — wiedergegeben werden.

Selbstverständlich müssen alle für ein späteres Kolorit bestimmten Vorlagen auf gutgeleimtem Papier gedruckt werden, da andernfalls die Farben nicht nur durchschlagen, sondern auch unsaubere Ränder durch Auslaufen der Farbe ergeben würden. Die Vorlagen selbst können in jedem beliebigen Reproduktionsverfahren hergestellt werden; auch Kunstdruckpapier kann, sofern es den vorerwähnten Ansprüchen genügt, Verwendung finden.

Die technische Ausführung des Kolorits

a) *Das Handkolorit*

wird unter Verwendung sehr guter, mit elastischer Spitze versehener Pinsel, am besten aus Marderhaar, deren Spitze sich beim Arbeiten nicht spalten darf, angefertigt. Wie vorerwähnt, zwingt die Vorlage, soweit sie Halbtöne enthält, ausschließlich zur Verwendung von Lasurfarben. Empfehlenswerte Farben von höchster Transparenz:

I. G. Farbenindustrie, Abt. AGFA (auch für Film und Diapositive geeignet),

Keilitz Brillant-Farben,

Eiweiß-Lasurfarben von Günther Wagner, Hannover,

Assur-Farben, Chemische Fabrik, vorm. Schering, u. a.

Solche Vorlagen, die ausschließlich aus Konturen bestehen, kann man dagegen, häufig sogar wirksamer, mit Aquarell- oder Deckfarben kolorieren. Empfehlenswert sind die überall leicht erhältlichen Tubenfarben (Plakatfarben) von besonderer Leuchtkraft und in reicher Farbtonauswahl der Firmen Günther Wagner, Hannover (Pelikan-Farben), „Marabu-Werke", Tamm i. Württ., H. Schmincke & Co., Düsseldorf und anderer.

b) *Das Schablonenkolorit*

wird unter Verwendung extra hergestellter Schablonen und großer Spezialpinsel, Schablonier- oder Patronierpinsel, die aus feinsten elastischen Schweinsborsten ohne Stil fabriziert werden, hergestellt. Die Schablonen werden entweder aus transparentem Papier, Zelluloid oder ganz dünn gewalzter Zinn- oder Kupferfolie geschnitten. Die beiden ersten Materialien sind einfacher zu bearbeiten, weil man ein entsprechendes Stück von ihnen *(größer* als das *Original)* auf die Vorlage legen und dann ohne Schwierigkeiten mittels Schablonen-(Feder-) Messer die Schablone herstellen kann, während man bei Verwendung der letztgenannten Materialien die Konturen erst darauf übertragen muß. Für jeden Farbton wird in der Regel eine Schablone hergestellt werden müssen. Umschließt aber eine zu kolorierende Fläche einen hellen oder andersfarbigen Innenraum, ähnlich wie der Rahmen eines Bildes, das Bild, so ist die Herstellung zweier Schablonen notwendig, da ja andernfalls der umschlossene Innenraum nicht farbenfrei bzw. frei für die anderen Farben gehalten werden könnte.

Bei den aus geöltem bzw. gefirnißtem Papier gefertigten Schablonen ist ein nachträgliches Überziehen mit einem möglichst wasserfesten Lack und ausreichendes Trocknen vor dem Gebrauch erforderlich. Es lassen sich bei sorgfältiger Behandlung der Schablonen und bei sukzessiver Herstellung des Kolorits unter günstigen Umständen Auflagen von 3000 bis 4000 Stück mit einem Schablonensatz herstellen. Ist die Auflage größer, so muß nach Abnutzung des ersten Satzes ein zweiter Schablonensatz gefertigt werden.

Auch im Schablonenkolorit findet das Handkolorit dann Anwendung, wenn es sich beispielsweise für figürliche Darstellung um die Tönung (Belebung) der Wangen handelt. Diese Tönung wird zweckmäßig mit echter Schminke unter Verwendung eines kleinen Wattebausches von Hand aufgetragen. Sie ergibt einen ganz randlosen, einwandfreien Verlauf.

Für die Anwendung der Farben im Schablonenkolorit gilt das unter a) für das Handkolorit Gesagte.

Von der exakten Herstellung der Schablone hängt natürlich die Güte des Produktes maßgebend ab.

Das Schablonenkolorit wird nun in der Art, meist von weiblichen Hilfskräften, ausgeübt, daß die Koloristin auf einen Stapel der zu kolorierenden Vorlagen eine Schablone auflegt, die ausgeschnittenen Teile der Schablone mit dem Pinsel überstreicht, die Schablone mit der linken Hand etwas anhebt und mit der rechten Hand, *ohne* den Pinsel loszulassen, das bearbeitete Blatt abnimmt. Ein kurzes Einpassen durch Rücken, und die Schablone liegt bereits korrekt auf dem nächsten Blatt. Mittels Schablonierpinsels wird die vorher ausprobierte Farbe in der Art aufgetragen, daß der Pinsel unter kreisenden Bewegungen möglichst schnell und in senkrechter Haltung über die gesamte ausgeschnittene Fläche der Schablone geführt wird, so daß auch alle Eckchen und kleinen Ausschnitte bedacht sind. Je nach dem Papier, auf dem die Vorlage gedruckt ist, muß der Pinsel mehr oder weniger feucht, keinesfalls naß gehalten werden. Wie beim Farbendruck wird auch hier mit der leichtesten Farbe zuerst begonnen.

Um einen gleichmäßigen Farbton auch bei einer größeren Auflage zu erzielen, ist es unbedingt erforderlich, daß die Koloristin recht *häufig,* aber recht *wenig* Farbe in den Pinsel aufnimmt. Ein nasser Pinsel würde nicht nur die Farbe stärker zum Ausdruck bringen wie ein trockener, so daß also mit der fortschreitenden Arbeit die Farbe immer dünner erscheinen würde, sondern würde auch unsaubere, eventuell klecksige Ränder erzeugen. Ein zu trockener Pinsel dagegen würde Streifigkeit der Farbe hervorrufen, die Fläche nicht ganz ausstreichen und die Koloristin zwingen, ein zweites Mal über die Fläche zu fahren, wodurch eine stark ungleichmäßige Farbengebung erfolgen würde. In jedem Falle muß der Farbton auf einigen Blättern der betreffenden Auflage ausprobiert werden.

Bei der großen Auswahl, die die Industrie in ihren Farbtönen bietet, bedarf es keiner allzu großen Arbeit bei der Herstellung gewünschter Farbtöne, da die vorhandenen leicht durch entsprechende Zusätze in der gewünschten Richtung geändert werden können. Wer sich über die bekannten einfachsten Mischungsregeln hinaus informieren will, sei auf die entsprechende Literatur verwiesen, u. a. Wilhelm Oswald — Farbenfibel, Verlag Unesma, G. m. b. H., Leipzig.

Das Kolorit nimmt an der Veredelung des Papiers einen sehr großen Anteil.

Wenn wir uns in dieser Abhandlung mit den Eigenarten des Kolorits abzufinden versuchen, so werden wir zunächst von jener Art zu sprechen haben, bei deren Ausführung die Farbe durch den Pinsel direkt auf den zu bearbeitenden Gegenstand aufgetragen wird. Es ist diese Technik das sogenannte *Handkolorit,* eine sehr vornehme, man kann wohl sagen künstlerische Art der Ausschmückung von Papierwaren.

Die Herstellung des Handkolorits wird auch nur von solchen Personen auszuführen sein, welche etwas künstlerisches Empfinden haben. Meist finden wir Handkolorit auf Büttenpapierbriefbogen, auf denen bildliche Darstellungen, Blumen oder Figuren untergedruckt sind, das Handkolorit bildet hier eine zur Belebung der Bilder dienende Ergänzung durch das Hinzutreten der Farbenfreudigkeit.

In Ansichtskartengeschäften, also Schreibwarenhandlungen, kommt es vor, daß irgendeine Sorte einfarbiger, d. h. schwarzgedruckter Ansichtskarten schwer verkäuflich ist, weil die Karten ein wenig zu nüchtern aussehen, und da sagt sich dann der Geschäftsmann mit Recht, daß solche Ladenhüter besser verkäuflich werden, wenn sie bunt, also koloriert sind.

Der einfachste Ausweg bei größerem Vorrate ist nun der, daß man die Karten irgendeiner besseren Kolorieranstalt einsendet, die mit ihrem ausgebildeten Personal und verschiedenen Hilfsmitteln bei billigster Berechnung das Kolorieren besorgt. Doch anders verhält es sich, wenn kleinere Posten vorhanden sind, und man kann bei einigem Zeichen- und Maltalent die Kolorierung solcher Karten selbst vornehmen.

Doch nicht alle der gewöhnlichen Tusch- und Malfarben irgendeines der billigen Farbenkästchen, wie solche in den Papiergeschäften verkauft werden, sind zu gebrauchen, weil diese erstens keine einwandfreien Kolorierungen zulassen und zweitens als Hauptsache wegen ihrer kalkigen, erdigen Beschaffenheit zu stark deckend sind, so daß das schwarze Druckbild mit solchen Farben zugedeckt wird. Es kommt also besonders darauf an, daß die besten transparenten (lasierenden) Farben zur Kolorierung verwendet werden, wie solche die größeren und bewährtesten Farbenfabriken liefern.

Einige der billigeren Farben sind wohl auch transparent, doch besitzen sie zu wenig Feuer und Schönheit, sie werden in kurzer Zeit grau und unansehnlich auf dem Papier.

Wir werden unsere Aufmerksamkeit den besseren Farben zuwenden, mit welchen die Kolorierungen anstandslos und sauber ausfallen, und dies sind die im Handel geführten feuchten Eiweiß-Lasurfarben in Tuben von Günther-Wagner, Hannover und Wien, oder die Aquarellfarben in Tuben von Dr. Schönfeld oder H. Schminke, Düsseldorf usw. Unter Lasurfarben versteht man solche, die durchschnittlich die unter dem Kolorit liegende schwarze Zeichnung oder den

Druck völlig glasig durchscheinen lassen, so daß nicht die geringste Verschleierung oder Verdeckung entsteht.

Da es hauptsächlich darauf ankommt, hintereinander die ganze Menge der Karten gleichmäßig durchzukolorieren, so wird eine kleine Portion der betreffenden Farbe, z. B. Blau, in einem Schälchen mit Wasser verdünnt und auf einer Probekarte der Versuch gemacht, ob die Farbe genügend dünn zurechtgemacht ist, denn es ist zwecklos, dicke Farben aufzutragen, weil hierdurch keine Schönheit erzielt wird. In dieser Weise malt man mit der Hand diese Probekarte als Vorlage fertig, wobei irgendeine gute handkolorierte, von auswärts bezogene Karte oder ein Farbendruck (Autochrom, Photochrom usw.) wiederum als Malvorlage zu verwenden ist.

Je dünner die Farben aufgetragen werden, um so besser ist die Wirkung, und man richtet sich nach den erwähnten handkolorierten Vorlagen. Die Konturen der einzelnen Gegenstände müssen scharf eingehalten werden, besonders dann, wenn es sich um Gebäude, Bäume, Wasserufer, Straßen usw. handelt, andernfalls verlieren die Bilder ihr sauberes, nettes Aussehen.

Bezüglich des Kolorierens hätte ich zu den Eiweiß-Lasurfarben zu bemerken, daß man z. B. zum Himmel und dem Wasser Preußischblau, welches mit viel Wasser verdünnt wurde, verwendet. Uferwasser wird mit Blaugrün (etwas dunkelgrün mit Preußischblau) angelegt. Straßen, Wege und Häuser legt man mit hellem Ocker (Goldgelb und Vandyckbraun, je nach Helligkeit mit Wasser verdünnt) an. Ziegeldächer mit Orange (etwas Karmin mit Goldgelb gemischt). Bäume, Sträucher und Wiesen mit Hellgrün (Goldgelb mit Blau). Braune Partien, wie alte Holzhäuser, Baumstämme usw., mit Sepia (gemischt aus Vandyckbraun, ein wenig Karmin und Blau). Für den Horizont, z. B. mit der Stimmung nach Sonnenuntergang, Abendröte usw., wird je nach Intensivität der Lichtwirkung stark verdünntes Karmin, Goldgelb, einzeln oder vermischt, benutzt.

Es lassen sich hier nur gerade die nötigsten Anhaltspunkte zur Vermischung und Verwendung der Farben geben, weil sich andere Kombinationen nach dem jeweiligen Charakter der zu kolorierenden Kartenbilder ergeben. Ihre Zusammenstellung ist reine Gefühlssache.

Als eine besondere Art des Kolorits kann das Schablonenkolorit gelten, bei dem die Anforderungen an das Verständnis der diese Arbeit ausübenden Personen bedeutend niedriger geschraubt und auch die verminderten Herstellungskosten entscheidend für die Wahl der Ausführung mitsprechen.

Das Kolorit erfolgt bei größeren Auflagen fast ausschließlich mittels Schablonen, nur in den seltensten Fällen werden die Karten einzeln mit einem Haarpinsel koloriert.

Die Schablone, speziell für das Bemalen von Glückwunschkarten aller Art, wird aus ganz dünn gewalztem Blech (Zinkblech) oder Stanniol der farbigen Vorlage entsprechend ausgeschnitten, über die zu kolorierenden Karten usw. gelegt, und dann werden die Farben mit einem Pinsel über die ausgeschnittenen Partien der Schablone gestrichen, wodurch die in der Schablone ausgeschnittenen Grundflächen gedeckt werden. In der Regel werden Aquarellfarben benutzt, denen etwas Ochsengalle zugesetzt wird, damit die Farben auf den gedruckten Karten besser haften.

Auf diese Weise werden nicht nur Bromsilber- und Lichtdruckkarten, sondern auch mittels Autotypie auf der Buchdruckpresse gedruckte Karten mit der Hand koloriert.

Die Ansichtskartenbogen, welche koloriert werden sollen, werden nicht in einzelne Karten zerschnitten, sondern es werden in der Regel vier und mehr Karten mittels einer Schablone gleichzeitig koloriert. Für das Kolorieren einzelner Karten mögen die nachstehenden Anleitungen dienen.

Feine Pinsel sind unbedingt nötig, und befleißige man sich, möglichst naß zu malen; übermäßige Feuchtigkeit wird mit weißem Fließpapier weggetupft. Durch die mehr oder weniger verdünnten Farben lassen sich durch mehrmaliges Übereinandermalen eine Menge Farbentöne auf den Kartenbildern erzeugen, um so mehr, als der darunterliegende schwarze Lichtdruck Schattierungen in allen Tiefen zeigt, so daß schon mit einem ganz geringen Kolorit die Kartenbilder bedeutend gewinnen, wie man sich aus den kolorierten Ansichtskarten überzeugen kann.

Das Anreiben der Tubenfarben geschieht, indem man etwas davon auf ein Schälchen nimmt, eine Wenigkeit Gummilösung dazu gibt, mit dem Finger gut verreibt und schließlich das Ganze mit Wasser verdünnt.

Die Farben kann man leuchtender und wasserfester machen, wenn sie mit etwas Ochsengalle angemacht werden; doch haben die erwähnten Eiweiß-Lasurfarben an und für sich genügend Glanz und bezieht sich die Vermischung mit Ochsengalle nur auf gute Aquarellfarben, bei welchen indessen, wie anfangs erwähnt, auf die Durchsichtigkeit jeder einzelnen Farbe ganz besonders zu achten ist.

Geringere Farben haben keine lange Dauerhaftigkeit, sie verschießen im Tageslichte, d. h. sie werden grau und unansehnlich, weil sie zumeist ausbleichen, so daß es sich empfiehlt, nur wirklich gute, dauerhafte Farben zum Kolorieren der Ansichtskarten zu verwenden.

Die hier gegebenen Fingerzeige zur Selbstkolorierung schwarzgedruckter Ansichtskarten beziehen sich nur auf Verwendung der besten Farben, wie solche erwähnt wurden.

Um nun das Kolorieren großer Flächen, z. B. Himmel und Wasser usw. schneller zu betreiben, ist es nötig, daß man sich Schablonen aus Tauenpapier zuschneidet, welches wegen seiner Transparenz vorzüglich ist. Die Anfertigung der Schablonen geschieht folgendermaßen: Man legt eine Ansichtskarte unter ein etwas größeres Stück dieses Papieres, dann zeichnet man mit Blei alles genau auf das Papier, was ausgeschniten werden soll, legt es nachher auf eine Glasplatte und schneidet mit einem scharfen Federmesser alles das heraus, was frei werden soll. Die so erzeugte Schablone wird dann ebenfalls genau auf die darunter flachliegende, zu kolorierende Karte aufgelegt und mit einem etwas größeren, feinen flachen Pinsel die entsprechende Farbe aufgetragen.

Man darf nicht zuviel Farbe, d. h. keinen zu nassen Pinsel nehmen, derselbe soll vielmehr ausgedrückt und nur halb feucht sein, damit mit einem einzigen Pinselstrich, den man über die Schablone hinüberzieht, auf einmal der volle Auftrag geschehen kann, ohne daß sich auf den Schnitträndern der Schablone eine starke Ablagerung von Farbe bildet. Mit dem Schablonieren versuche man erst einigemal auf einem anderen, flachliegenden weißen Papier, bis die genügende Übung erreicht ist; die Schablone muß stets flach aufliegen, weshalb auch eine ganz ebene, flache Unterlage benutzt werden kann. Das ist von ganz besonderer Bedeutung.

Wenn nun vermittels der Schablone der ganze Posten Karten mit einer Farbe durchschabloniert ist, wird mit der zweiten Schablone und Farbe begonnen und ebenso verfahren. Die schablonierten Karten werden nebeneinander ausgelegt und so getrocknet. Von der Farbe muß auf einmal so viel angesetzt werden, daß man ausreicht; der übrigbleibende Rest in der Schale kann zur etwaigen Mischung der nächsten Farbe genommen oder verwahrt werden.

Kleinere und feinere Partien auf den Karten werden nicht schabloniert, sondern mit der Hand eingemalt und bezieht sich die Verwendung der Schablonen nur auf größere Flächen; das Handkolorieren läßt man bis zum Schluß.

Statt des Tauenpapiers zur Erzeugung der Schablonen kann man auch ein hartes, glattes, mittelstarkes Zeichenpapier nehmen, welches einige Tage vorher mit Paraffin, in Benzin gelöst, mehrmals nur auf einer Seite bestrichen wird. Das Papier wird, um eine gute Durchsicht zu erzielen, in Zwischenräumen von ein bis zwei Stunden so lange mit dieser Lösung gleichmäßig überzogen, bis es eine gute Durchsicht zeigt und nach dem Trocknen nicht mehr fleckig wird. Nach der völligen Austrocknung kann es zum Schablonenschnitt verwendet werden.

Die Mode ist unerbittlich in dem Verlangen nach Abwechslung. Von der Farbengebung wird es abhängen, ob die Erzeugnisse das

Publikum für sich gewinnen oder nicht. Je sorgfältiger das Kolorit ausgeführt wird, desto wahrscheinlicher kann auch auf den erhofften Absatz gerechnet werden.

Es muß eine Grenze gedacht werden zwischen dem Kolorit, welches stilgerecht in der Anordnung der Farben gehalten ist, einen durchaus künstlerischen Charakter trägt und dem billigen Kolorit, an das naturgemäß nur Anforderungen einfachster Art gestellt werden können.

Gerade auf diesem letztgenannten Gebiete wird etwas geleistet! Kein Mensch kümmert sich darum, ob auch nur ein Fünkchen künstlerischen Wertes in dem Erzeugnis steckt, und daß man sich nicht scheut, solchen Schund dem Publikum anzubieten, das war in der Vorkriegszeit bezeichnend dafür, wie verflacht dasselbe bereits durch die Übererzeugung an diesen Waren geworden war, denn sonst würde es sich gegen derartige Zumutungen, für solche Erzeugnisse sein sauer erworbenes Geld auszugeben, gewehrt haben. Besonders bei dem Kolorit der Bromsilberkarten können wir die Wahrheit des Gesagten leicht nachprüfen.

Für Ware erstklassiger Beschaffenheit wird jedermann auch gerne entsprechende Preise anlegen. Das Kolorit in seinen mannigfachen technischen Sonderheiten ermöglicht es, allen Ansprüchen des kaufenden Publikums gerecht zu werden.

Die Kalkulation des Schablonenkolorits ergibt verhältnismäßig billige Preise und wird dasselbe wohl ausschließlich da angewendet werden, wo es die Umstände angebracht erscheinen lassen, durch Aufarbeit größerer Mengen in verhältnismäßig kurzen Lieferfristen.

Apparaturen der Spritztechnik

Die Wirtschaftskrise der Nachkriegszeit, die eine intensive Überprüfung aller Arbeitsverfahren auf Rationalität und Verbesserungsmöglichkeiten hin zur Folge hatte, ist auch der schon gegen die Jahrhundertwende bekannt gewesenen Spritztechnik sehr förderlich gewesen und hat ihr zahlreiche Gebiete industrieller und gewerblicher Betätigung neu erschlossen.

Eine kurze Übersicht über die zur Ausübung der Spritztechnik erforderlichen Geräte und Vorrichtungen, wie sie von einer auf diesem Gebiete kompetenten Firma, der Spezialfabrik für Farbenzerstäuber G. m. b. H., Berlin S 42, Alexandrinenstraße 36, die seinerzeit der von ihr propagierten Flachspritzungsmethode für Stoffe, Seide, Glas, Porzellan, Steingut, Papier usw. den Weg in die weite Welt gebahnt hat, in bewährter Qualität hergestellt werden, sei im folgenden gegeben.

Die für die Betätigung der Spritzapparate erforderliche Druckluft von 1,5 bis 4 Atmosphären wird in einer Preßluftanlage durch Verwendung eines Kompressors erzeugt. Die Preßluftanlage besteht neben dem Kompressor samt Antriebsmotor in der Hauptsache aus einem autogen geschweißten Windkessel nebst Armaturen, einem Hochleistungs-Preßluftentöler-Wasserabscheider (Schuppenplatten-System DRP.) und der Rohrleitung und arbeitet in der Weise, daß die im Kompressor erzeugte Druckluft zwecks Druckausgleichs in den Windkessel gelangt, von wo aus sie über die aus Gasrohren hergestellte Rohrleitung den Spritzstellen zugeführt wird. Der Spritzapparat wird mittels Schlauch und Schlauchhahn an die Druckluftleitung angeschlossen. Im Dauerbetrieb — wenn ein Spritzapparat z. B. fünf Stunden im Tag gebraucht wird, kann man jedenfalls schon von Dauerbetrieb sprechen — ist eine solche Anlage, deren Anschaffungskosten verhältnismäßig niedrig sind, unter keinen Umständen zu umgehen, soll Rationalität der Arbeitsweise erzielt werden. Handelt es sich dagegen um fallweise Spritzarbeiten, so genügt zum Betrieb des Farbenzerstäubers Kohlensäure, die überall in Leihflaschen erhältlich ist, oder Preßluft in Flaschen. Die Regulierung der Druckluft bzw. Kohlensäure und des Farbstrahls erfolgt durch einen am Apparat befindlichen Hebel, der zurückgezogen und nachgelassen werden kann und so den Luftaustritt und Farbstrahl anschwellen bzw. abflauen läßt. Die Nadel an den stabilen, leichten und äußerst leistungsfähigen „Flora"-Spritzapparaten ist sehr leicht herauszunehmen, die nacheinander angeordneten Luft- und Farbeinschaltungen können sich beim Arbeiten nicht verstellen, weitgebohrte Luftwege verhindern das Verstopfen der Kanäle, und durch den ganz kurzen Farblauf, der mit der Abdichtungsnadel nur wenig in Berührung kommt, sind die mitunter vorkommenden Unreinigkeiten der Lacke und Farben sofort zu entfernen.

Raummangel erlaubt es leider nicht, auf die übrigen ganz vortrefflichen Ein- und Vorrichtungen einzugehen, doch ist aus dem wenigen Gesagten schon zu ersehen, daß die Spritztechnik unter der Führung einer bewährten Firma erfolgversprechende Wege wandelt.

Die diesem Werke beigegebene, im Spritzverfahren von der Spezialfabrik für Farbenzerstäuber, G. m. b. H., Berlin SW, Alexandrinenstraße, hergestellte Tafel zeigt jedem Interessenten mit genügender Deutlichkeit die farbenfreudige und wirkungssichere Anwendung der Farbspritztechnik in der Praxis.

Das Auftragen des Glimmerstaubes

Die Verarbeitung des Brillantstaubes (das Beglimmern) ist sehr einfach. Man überstreicht mittels Pinsels die zu verzierenden Stellen mit einer flüssigen Leimlösung und streut auf diese Stellen alsdann sofort den Glimmerstaub. An allen den Stellen, die mit Leim vorgestrichen wurden, werden die Flitterchen kleben bleiben, die übrigen fallen von selbst wieder ab, sobald man den Gegenstand umlegt und ihn rückseitig etwas beklopft.

Zum Beglimmern von Luxuspapieren (Postkarten, Gratulationskarten usw.) werden dünne Glasröhrchen mit feinen Ausflußöffnungen, sogenannte Glasfedern, verwendet. Mit denselben ist es möglich, leicht und mühelos sehr feine Leimlinien herzustellen, auch lassen sich diese Federn zum Schreiben mit Leim verwenden. Der Preis für solche Glasfedern ist ein sehr geringer. Das Auftragen des Glimmerstaubes kann auch erfolgen ähnlich wie das Aufbringen von Bronzeflächen bzw. Linien, nämlich durch Unterdruck eines entsprechenden Bindemittels, das für das Aufbringen des Glimmers natürlich eine wesentlich stärkere Klebkraft haben muß als für das Festhaften des Bronzestaubes. Für die zu dekorierenden Partien werden entsprechende Platten geschnitten und auf dem Schließrahmen einer Tiegeldruckpresse genau wie für den Druck anderer Buchdruckarbeiten auf dieser zugerichtet. An Stelle der Farbe wird ein Klebstoff geführt. Durch diesen maschinellen Unterdruck auf die zu dekorierenden Teile wird natürlich eine wesentlich schnellere Arbeitsweise erzielt als durch das vorherige Auftragen einer Klebflüssigkeit von Hand und das darauf folgende Aufstreuen des Glimmerstaubes, ganz abgesehen von der durch die Maschinenarbeit bedingten Gleichmäßigkeit aller zu dekorierenden Teile. Voraussetzung ist natürlich eine entsprechende Auflagenhöhe.

Die Erzeugnisse der Luxuspapierfabrikation

Die aus Papier gefertigten, auf den praktischen Gebrauch zugeschnittenen Gegenstände sind für das tägliche Leben ebenso wie Speise und Trank geradezu unentbehrlich geworden und wir bedürfen ihrer an allen Orten und bei allen Gelegenheiten, und daher dürfte es gerechtfertigt sein, wenn wir uns mit der Charakteristik derselben näher beschäftigen.

Wenn wir einmal im Drange der Geschäfte wenige Augenblicke vor den Auslagen eines Papiergeschäftes verweilen, welcher Fülle von Erzeugnissen sehen wir uns gegenübergestellt. Wieviel Arbeit und wieviel geistvolle Momente haben unsere Künstler befähigt, alles dieses zu entwerfen, um den Fabrikanten die Möglichbkeiten der Ausführungen zu geben.

Vor allem sind es einige Artikel, welche dem Ausdruck der Freude an unseren Festen geweiht sind, und welche zugleich die Freude am

Leben erhöhen sollen, wenn wir unter strahlenden Kerzen im Ballsaal unserem Mut die Zügel schießen lassen.

Im frohen Treiben des Faschings sehen wir das Konfetti und die Luftschlangen durch den Saal fliegen.

An Juxartikeln haben wir eine Reihe mehr oder weniger gediegener Sachen aufzuweisen: Schneeballen, Pfannenkuchen mit Papierfüllung, Kotillonartikel und viele andere Scherzartikel finden wir in Hülle und Fülle überall da, wo wir hinsehen.

Jeder von uns weiß, wie vielfach und unentbehrlich das Papier für unsere Lebensbedürfnisse geworden ist, vom Anbrechen des dämmernden Morgens bis zum Hereinsinken der Nacht ist es unser steter, treuester Begleiter, ein unentbehrlicher Träger der Kultur unserer Zeit. Das Papier und die daraus gefertigten Waren dienen zum großen Teil unverkennbar dem Luxusbedürfnis, doch kann man ihnen eine überwiegend praktische Bedeutung nicht absprechen.

Nach diesen allgemeinen einführenden Betrachtungen der Grundlage, gewissermaßen für die Ausbeutung, wollen wir zu den einzelnen Gattungen Stellung nehmen und uns wieder mit den Freuden am Leben, den Bedürfnissen der Lebenskunst, befassen:

Wenn die gesellschaftliche Pflicht uns ruft, so sind es die Tafeldekorationen, welche zunächst auf unseren Kunstsinn wirken. Kunstvoll in reizenden Formen geschmückte Aufsätze, nicht selten zusammengefaltete Seidenpapierservietten, die aus den Gläsern wie Treibhauspflanzen herausquellen, und stilvoll ausgeführte Menüs, welche uns verraten, welche Genüsse zur Befriedigung der kulinarischen Bedürfnisse unserer harren, erblicken wir neben dem mannigfachen Zierat einer zeitgemäß ausgestatteten Tafel, neben den Silbergeräten und duftenden Blumenarrangements, sofern selbst für diese nicht die künstlichen Blumen aus Papier Verwendung finden, die zwar nicht duften, den Farbenreiz echter kostbarer Gewächse wenigstens annähernd ersetzen. Wir werden Veranlassung nehmen, auf das Entstehen aller der Gegenstände näher einzugehen, welche unser Interesse im täglichen Leben in Anspruch nehmen.

Die bekanntesten Produkte der Papierverarbeitung sind zweifellos die Schreib- und Luxuspapiere, speziell die Papierausstattungen. Wenn wir uns die Auslagen der modernen Geschäftsläden des Papierhandels ansehen, so werden wir überall die wiederkehrende Erscheinung finden, daß das Briefbehältnis derjenige Handelsartikel ist, welcher sich die Welt erobert hat und ein Geschäft ohne diesen Artikel zu führen aufhört mitzuzählen. Unsere Freuden und unsere Schmerzen, alles was wir fühlen und denken, vertrauen wir dem Schreibpapier an. Freudige Mitteilungen, ebenso wie traurige finden darauf ihren letzten Ausdruck, der zu dem Empfänger je nach dem darauf niedergeschriebenen Inhalt spricht.

Neben dem Briefpapier sind es glatte Karten, die wir als Blanko- (Vordruck-) und Glückwunschkarten kennen, welche bei dem Publikum einen sehr großen Anklang finden. Ein dankbares Feld für den Verdienst sind die Besuchskarten.

Die einfachste Form der Glückwunschkarte ist die Blankokarte, die lediglich auf der Kreiskartenschere mit seitlich glatten Rändern in verschiedenen Größen und Formen in den Handel kommt, seltener von der Platte geschnitten, d. h. mit verzierten Außenrändern. Häufig werden die Ränder farbig gestrichen, angespritzt oder werden mit irgendeinem Zierschnitt versehen. Durch Aufdruck irgendeines Textes entsteht die sogenannte Schriftkarte. Erfolgt die Aufbringung des Textes durch irgendwelche edlere Technik (Monogramm-Prägung und Tiefdruck), so haben wir es mit den besseren Arten der Glückwunschkarten zu tun, deren Außenränder, wie unter Blankokarten gesagt, auch mit verschiedenen Zierschnitten versehen werden, sofern nicht auch hier der Plattenschnitt Verwendung findet.

Diese Karten sind, soweit die Veredelung mittels maschineller Hilfsmittel nicht Berücksichtigung finden kann, im allgemeinen nicht billig. Wesentlich geringere Herstellungskosten beanspruchen die unendlich vielen Glückwunschkarten, die in irgendeiner Drucktechnik in mehr oder minder großen Auflagen hergestellt werden und deren Ränder entweder glatt bleiben bzw. vermittels des Stanzeisens oder von der Platte zugleich oder getrennt beim Prägevorgang in den verschiedensten Formen ausgeschnitten werden. Gleichzeitig werden dann beim Prägen auch noch irgendwelche Zierstücke, Ornamente u. a. blind in den Karton hineingeprägt, um die dekorative Wirksamkeit zu erhöhen.

Soll die äußere Wirksamkeit noch weiter erhöht werden, so werden einzelne Teile des Hintergrundes den jeweiligen zeichnerischen und dekorativen Formen den Darstellungen entsprechend ausgeschnitten und in dieser Form oder hinterklebt mit farbigem Papier oder Stoffen in den Handel gebracht. Mit diesem letzteren Artikel werden wir uns jetzt zunächst beschäftigen.

Das Aufbringen der Texte erfolgt meist in der Technik der Ausführung, bei gedruckten Artikeln also in Steindruck; vielfach werden die Texte jedoch auch nachträglich aufgebracht vermittels Relief- oder Tiefprägung, in welchem Falle die gleichen Karten den verschiedensten Zwecken dienstbar gemacht werden können, sofern nicht durch die Wahl des Materials bzw. der Darstellung *(Trauer- und Myrtenkarten) eine* bestimmte Verwendungsart gegeben ist.

Die weitere Aufmachung dieser Karten in Form von bedruckten Doppelkarten, Karten mit einem ein- oder mehrfarbigen Einlagenblatt, sowie mehreren Lagen solcher (Buchkarten), die meist eingelegt bzw. eingeheftet oder noch durch Verwendung von seidenen

Schnüren oder Bändern in der äußeren dekorativen Wirkung erhöht werden, ist besonders unter Fachleuten so bekannt, daß ein weiteres Eingehen darauf überflüssig erscheint. Ausstattung, Farbenwahl, Form und Darstellung sind Mode- und Geschmacksache, und ebenso wie die Wahl der Texte den jeweiligen Zwecken entsprechend verschieden. Für erstere gibt es keine feststehenden Regeln, wie sie z. B. für bestimmte begrenzte Fabrikationsgebilde und -methoden bestehen; die Textmottos richten sich selbstredend nach dem Zweck der Karten als allgemeine, Geburtstags-, Neujahrs-, Weihnachts-, Oster-, Pfingst-, Beileids-, Verlobungs-, Hochzeitskarten in den verschiedenen Variationen, Geburts-, Taufs-, Einladungskarten für Haus, Familie, Sport, sowie Beileidskarten und solchen zu bestimmten Gelegenheiten (besonders für das Exportgeschäft). Daß sich die Darstellungen möglichst nach dem Zweck der Karte richten werden ist notwendig, um eine Anpassung und ein Zusammenwirken aller äußeren Mittel zu einer bestimmten Verwendungsmöglichkeit zu erreichen.

Während für allgemeine Sachen Blumen oder Figuren vorherrschen, findet für Beileidskarten gerne schwarzer Karton Verwendung, mit Silberdruckimitation (Tiefdruck), oder schwarze Vignetten, gedruckt oder gespritzt auf weißen Karton, mit gleichfalls schwarzen gedruckten oder gespritzten Rändern, für grüne Hochzeit grüne Myrten mit Ringsymbolen für silberne silberne, für goldene goldene usw.

Die Karten werden aus großen Bogen auf der Kreisschere in bestimmte Formate geschnitten und dann bedruckt. Bei dem Steindruck erfolgt der Nameneindruck in ganzen Bogen vor dem Schneiden desselben, bei dem Buchdruck und anderen Reproduktionstechniken, wie beispielsweise beim Kupferdruck, muß der Karton vor dem Bedrucken in entsprechend kleine Teile geschnitten werden, was durch die verhältnismäßig geringe Ausnutzungsfläche des Satzspiegels der Maschinen bedungen ist. Jeder von uns weiß, wie sich diese Karten nach dem Willen der Verfertiger umbilden und gestalten lassen. Die Besuchskarten bleiben entweder an allen Seiten glatt oder werden verziert gehandelt. Wir wissen aus eigener Anschauung, daß zuweilen der Goldschnitt Anwendung findet, sei es, daß nur die Ecken oder aber die Karten an allen vier Seiten vergoldet werden. In neuerer Zeit hat man versucht, auf die Karte außer dem Namen des Überbringers auch noch dessen Bildnis zu setzen. Diese Ausführung ist schon ziemlich alt und sozusagen nur aufgewärmt worden, ohne dadurch Anspruch darauf zu erheben, einen bleibenden Wert wohl gar von künstlerischer Bedeutung zu erringen. Es gibt Gründe, welche *für* die Verwendung der Besuchskarten mit Bildnis sprechen, andere dagegen sprechen *dagegen*. Die technische Ausführung solcher Bilder kann auf photomechanischem Wege erfolgen, oder ist durch Lichtdruck zu erzielen.

Der Verkauf dieser Erzeugnisse erfolgt meist nicht unter einem Mindestquantum von 50 bis 100 Stück; schon des Herstellungspreises wegen lohnt sich ein kleineres Anfertigungsquantum nicht. Es ist natürlich, daß bei größeren Mengen auch die Fabrikationsunkosten geringere werden, da das Schneiden zwar im Verhältnis die gleiche Zeit erfordern wird, beim Druck jedoch jedes Mehrquantum für den Fabrikanten einen Vorteil bedeutet insofern, als das zeitraubende Einrichten neuer Druckformen bzw. Platten, öfteres Waschen der Walzen bei geänderter Farbenstellung u. a. m. in Fortfall kommt.

Der besseren Verpackung und Aufbewahrung wegen hat es sich eingebürgert, die Karten in Glacékartons zu verpacken, sofern der Besteller nicht ausdrücklich eine andere Verpackung gewünscht hat.

Großer Beliebtheit erfreuen sich verzierte Kartons als Behälter solcher Karten, wofür besonders die Bijouteriewarenindustrie einen schlagenden Beweis zu erbringen in der Lage ist. Die Verwendung von Leder oder dessen Nachahmung als Überzugstoff solcher Kartons ist allgemein bekannt, während die Kartonnagenindustrie für Papierausstattungszwecke, also in weiterem Sinne auch für diese Art Erzeugnisse, gerne das weiße Glanz- oder Glacépapier verarbeitet, welches im Verhältnis zu den Luxusartikeln weniger kostet und im allgemeinen die gleichen Dienste tut wie ersteres, wenn man von einer Befriedigung eines verwöhnten Geschmackes einstweilen ganz absieht.

Neben den einfachen Besuchskarten, welche auch in Monogrammprägetechnik hergestellt werden können und dadurch natürlich an Reiz gewinnen, sind es von glatten Sachen die sogenannten Blanko- und Goldschnittkarten, welche gern und viel gekauft werden. Bei ihnen finden wir häufig die Prägetechnik, um dem nüchternen Aussehen des Erzeugnisses den Stempel künstlerischen Gepräges zu geben. Blindprägung oder solche in wenigen Farben heben natürlich den Eindruck einer solchen Karte beträchtlich und sind dazu berufen, die Gangbarkeit eines solchen Artikels beträchtlich zu erhöhen, wenn der Mehrpreis sich in angemessenen Grenzen hält.

Als das einfachste und am meisten verlangte Handelsprodukt in der Luxuskartenfabrikation darf man wohl die Blankokarten betrachten, worunter man eine Karte versteht, welche ohne jeden Schmuck gedacht ist. Doch nicht immer genügt diese einfache Beschaffenheit dem Käufer und er wird dann solche Karten, welche irgendeine kleine Verzierung in Blindprägung oder farbiger Ausführung tragen, verlangen, um sie dann selbst oder in Druckereien mit beliebigen Texten geschäftlicher Anpreisungen usw. versehen zu lassen.

Die moderne Reproduktionstechnik bietet hier ein weites Feld zur Betätigung. Wo dieselbe ausgeschlossen ist, tritt ein Ersatz dafür ein und das ist die Prägearbeit, die wir bereits in ihrer einfachsten Form, der Blindprägung, erwähnt haben, welche ebenso für glatte Artikel als auch für solche, zu deren Ausschmückung Gold oder Silber als Linienschmuck oder zeichnerische Ornamente Anwendung gefunden haben, die dann reliefartig herausgeprägt werden, um sich dem Beschauer in plastischer Form darzubieten.[1])

Um noch ein paar Worte über die Blankokarten zu sagen, soll erwähnt werden, daß deren Verwendung im allgemeinen Verbrauch eine außerordentlich vielseitige ist. Sie sind ebenso Reklamezwecken dienstbar zu machen, als auch zu kurzen Mitteilungen, Empfehlungen, Gratulationen zu allen erdenklichen Gelegenheiten, für die Feste des Hauses und des öffentlichen Lebens zu verwenden.

Erwähnt soll hierbei gleich werden, daß für jede besondere, ständig wiederkehrende Gelegenheit, wie beispielsweise bei hohen christlichen Festzeiten, auch in der Industrie diesen Umständen angepaßte Erzeugnisse hergestellt werden, zu deren Eigenheiten in Form und Ausstattung wir noch Stellung nehmen werden.

Besonders luxuriös werden natürlich solche Erzeugnisse ausgestattet sein, welche sich dem Bedürfnis wohlhabender Klassen anpassen.

Während die im Verkehr allgemein bekannte und beliebte Post- und Ansichtskarte ein Gemeingut aller Volksklassen geworden ist, und somit auch dem Empfinden und dem Ausdrucksvermögen desselben in allen seinen Teilen entspricht, gibt es eine Reihe von Erzeugnissen, welche ausschließlich dem Luxus dienen: Menüs-, Tisch-, Tischführungs- und Ballkarten u. a. m.

Während der erfahrene, zeitgemäße Geschäftsmann eine möglichst einfache und zweckentsprechende Karte zu Reklamezwecken führt, muß der Gastgeber auf seinen „Reklamekarten" — das sind doch solche Erzeugnisse mehr oder minder — das zum Ausdruck bringen, was er an künstlerischem Empfinden besitzt und was kund zu tun ihm seine Mittel erlauben.

Daher finden wir auch auf diesen Erzeugnissen die denkbar mannigfachsten Verschiedenheiten nicht nur in der Form, sondern auch im Ausdruck der äußeren Aufmachung, die ihre Motive entweder der Natur, dem Reiche der Phantasie oder den geistvollen Einfällen sowie der Laune des Künstlers verdanken.

Ein an einer seidenen Schnur, die um die Karte gebunden ist, befestigter Bleistift aus farbigem Holz mit knöchernem Kopf (auch Edelmetall findet zuweilen Verwendung) dient zu Notizen in dem Innenteil der Karte, die aus einem Einlagenteil besteht. Solche Karten pflegt man als „Tanzkarten" zu handeln, bei denen dann meist die

[1]) Heß, „Die Papierprägetechnik", 2. Aufl., M. Krayn Verlag, gibt Aufschluß über alle Arten des Prägens und Pressens auf kaltem und heißem Wege mit und ohne Verwendung von Blattmetall und Folienpapieren.

Darstellungen auf der Ansichtsseite entweder durch den Aufdruck „Tanzkarte" oder durch bildliche Darstellung der rhythmischen Körperbewegung auf den Zweck hinweisen, dem sie zu dienen bestimmt sind. Diese Tanzkarten verdienen die Bezeichnung als Luxusartikel in weitgehendstem Maße, weil die raffiniertesten Ausführungen am ehesten verlangt werden und weil diese Artikel wohl mehr oder minder von Leuten gekauft werden, die dem Frohsinn huldigen.

Anstatt des zu Notizen dienenden Bleistifts kann auch ein Halter treten, der ein Befestigen an dem Fächer der Dame möglich macht.

Hier also haben wir es mit dem Frohsinn zu tun, welcher seinen Tribut fordert, doch auch der Ernst des Daseins fordert seine Rechte.

Jeder weiß und hat es vielleicht schon an sich selbst erfahren müssen, wie unangenehm est ist, wenn man etwas vergißt.

Es ist wohl nicht übertrieben, wenn man behauptet, daß fortwährend Tausende von Mark verlorengehen, eben weil die Leute vergessen, weil sie im Drange der Geschäfte ihrem Erinnerungsvermögen nicht in geeigneter Weise nachzuhelfen vermögen.

Da helfen die Erzeugnisse der Papierindustrie aus den Disteln. Sie liefert Notizbücher, Notizkalender, Abreißkalender, Abreißblocks, Kartothekkalender, meist perforiert, welche ein rasches Aufnotieren aller wichtigen Geschäftsvorfälle oder sonstiger Vorkommnisse ermöglichen und für das Erinnerungsvermögen ein vortreffliches Memento bilden, um wichtige Sachen dem Schicksal des Vergessens zu entreißen.

Wo an Stelle der Bleistiftnotizen solche mit Tinte und Feder treten, da ermöglicht uns das Löschpapier ein schnelles Arbeiten durch Aufnahme der überflüssigen Tinte in seine poröse, saugfähige Oberfläche. Das Schreibpapier, welches geleimt sein muß, nimmt die Feuchtigkeit der Schreibflüssigkeit nur bis zu einer gewissen Grenze in sich auf. Das Löschpapier ist nur ganz wenig oder gar nicht geleimt und daher wird jede Flüssigkeit von dem Stoff aufgesogen.

Es dürfte im allgemeinen bekannt sein, daß Löschpapier als solches in Bogen oder zu bestimmten Formaten geschnitten zum Überziehen der Tintenlöscher gehandelt wird oder in 8°, 4° und Folioformaten als Einlage in entsprechende Schreibbücher abgegeben wird.

Wir wollen ferner nicht unerwähnt lassen, daß selbst Löschpapier dem Luxusbedürfnis des kaufenden Publikums Rechnung trägt und gleichzeitig einen praktischen Wert in sich schließt dadurch, daß es zu Schreibmappeneinlagen, Schreibunterlagen (wobei zur besseren Stütze der Ecken diese zuweilen aus Leder oder einem anderen widerstandsfähigen Material) Verwendung findet.

Hier dürfen wir nicht die Erwähnung jener Erzeugnisse und ihrer Verfertiger vergessen, welche den Artikel „Löschpapier" besonders pflegen. In Mappenform werden diese Erzeugnisse gehandelt, wobei die Deckelform der Außenseite mit einem vielfarbigen Chromobild geschmückt wird, das mehr oder minder alten Jahrgängen von Malvorlagen und Schachteldecken entstammt, sich jedenfalls aber sehr gut zur Ausnützung solcher alten Lagerdessins eignet, wodurch nicht selten recht ansprechende Wirkungen erzielt werden.

Das Löschpapier dient außerdem noch im weiteren Sinne zur praktischen Geschäftsreklame insofern, als es zu Jahres- oder Monatskalendern verwendet wird, welche in Form von Schreibunterlagen bzw. Schreibmappen an die Geschäftsfreunde abgegeben werden und bei denen das zur Benutzung dienende Löschpapier die größte praktisch benützbare Fläche einnimmt, während an den Rändern das Kalendarium, der Name des Spenders und der erforderliche Reklametext entsprechend verteilt sind.

Einen großen Raum nehmen beim Handel von Papierwaren die Merkantilarbeiten ein, die sich besonders reger Nachfrage erfreuen. Nicht jedem, besonders dem Privatmann — der Geschäftstreibende wird sich mehr der praktischen Seite zukehren — genügt es, den Bedarf an Formularen, wie beispielsweise Postkartenvordrucke, Postanweisungen, Postbegleitadressen usw., bei den Reichspostanstalten zu decken. Das Ordnungsbedürfnis erfordert Sammlung aller dieser für das tägliche Leben so außerordentlich wichtig erscheinenden Dinge. Diesem Ordnungsbedürfnis, zugleich der Bequemlichkeit des Verbrauchers trägt die Industrie insofern Rechnung, als sie solche Artikel zu 50 oder 100 Stück geblockt oder in Pappkartons in geschmackvoller Aufmachung sowie in mannigfachster anderer Weise abgibt, deren weitaus beste als Postblocks bezeichnet wird, in denen alle für den täglichen Gebrauch berechneten, eben erwähnten Formulare vertreten sind, in mehr oder minder künstlerisch, zugleich praktisch und zweckentsprechend durchdachter Aufmachung. Die äußere Aufmachung erinnert an die der Schreibmappen und zeichnet sich durch entsprechende, wenig Raum einnehmende Form aus.

Was uns bei der Besichtigung von Auslagen in Papiergeschäften besonders interessiert, das sind die unendlich vielen Erzeugnisse der Postkartenindustrie, welche es nicht nur versteht, ihre Produkte anzubieten, sondern dieses auch in einer Weise tut, die für die Karten die Bestimmung als solche mehr und mehr in den Hintergrund drängt, um sie vielmehr als kleine Kunstwerke erscheinen zu lassen.

Kunstvoll gefertigte Papprahmen in den Formen von Passepartouts prägen der Karte mehr und mehr den Stempel des Bilddrucks auf und drängen ihre praktische ursprüngliche Bestimmung dadurch mehr in den Hintergrund. Die der Postkarte als Bilddruck mangelnde Vollkommenheit wird durch diese Rahmen ersetzt und wollen wir bei dieser Gelegenheit nicht unerwähnt lassen, daß sich Passepartouts in größerer Aufmachung als Erzeugnisse der Papierindustrie ein großes Feld erobert haben und als eine notwendige Ergänzung zu den Reproduktionen der graphischen Künste auf dem Gebiete des Wandschmucks dienen.

Um auf die Postkartenrahmen noch mit wenigen Worten zurückzukommen, kann man wohl mit Recht sagen, daß ihnen ein einheitlicher künstlerischer Zug nicht ganz abgeht. Man darf nicht verkennen, daß solche Sondererzeugnisse immerhin nur ein Mittel zum Zweck sind. Daß sie nur dann auf uns wirken werden, wenn sie ihrem Zweck dienen, dürfte einleuchten.

Meist wird eine einheitliche Farbentönung dieser Papprahmen bevorzugt, die außerdem durch farbige Farbdruckpressungen noch ausgeschmückt werden können.

Es ist schwer zu sagen, welche bevorzugt werden; auch hier wird der Modegeschmack und der Farbensinn des Herstellers ausschlaggebend sein für das Geschaffene. Eine Reihe von Modefarben finden Verwendung. Nicht selten werden die Ränder der Rahmen farbig gestrichen. Wo das nicht angängig erscheint, wo die Ansprüche eines in seinem Geschmack verfeinerten Publikums größer sind, als man sie an die Ausstattung und Wirkungsmöglichkeit solcher Papprahmen stellen kann, da werden diese durch Holzrahmen ersetzt. Entweder finden wir aufgelegte Hölzer, d. h. dünne Holzfurniere auf Karton aufgezogen, die durch Auflegen von Metall sehr geschmackvoll auszuschmücken sind, oder es werden Leistenrahmen bevorzugt, welche die mannigfachsten Formen haben können. Solche Holzrahmen lassen sich dem künstlerischen Gesamteindruck eher anpassen. So werden für Reproduktionen der Gravüretechnik beispielsweise ganz schmale, einfache Leisten dem Bilde einen ruhigen Ausdruck verleihen, der ausschließlich von dem Kunstprodukt, dem Bild selbst ausgeht und nicht in seinem ausschlaggebenden Schwerpunkt in der Hervorhebung der Nebensächlichkeiten liegt.

Die führende Technik in der Herstellung dieser Photographierahmen war früher fast ausschließlich der Vielfarbendruck, die Motive der Darstellungen verschiedenster Art. Wir sahen entweder ornamentalen Blumenschmuck, zeichnerische Ornamente, Tierbilder oder Jagdmotive.

Figürliche Darstellungen erscheinen und erschienen für diesen Zweck ungeeignet. Nicht selten zeigten die Rahmen eine glänzende Oberfläche, die durch Gelatineüberzug zu erreichen ist, wodurch zugleich die Haltbarkeit erhöht und der schädliche Einfluß äußerer Einwirkungen herabgemindert wird.

Hier sehen wir das Ineinandergreifen zweier verschiedener Industrien. Die eine ergänzt die andere, die eine geht in der anderen auf. Aus den Handelsobjekten, die dem allgemeinen Nutzen dienen sollen, sehen wir die Möglichkeit gegeben, die selbst den kleinen Mann in den Stand setzt, sich für geringe Aufwendungen einen kunstvollen Schmuck für sein Heim zu beschaffen.

Hier anschließend soll auf die ungemein vielen, zur Aufnahme von Photographien bestimmten Rahmen hingewiesen werden, die sich der jeweiligen Mode der Formate anpassen und zum großen Teil ebenfalls Erzeugnisse der Papierindustrie sind, wenn auch zugestanden werden muß, daß der Löwenanteil der Galanterie- und Lederwarenindustrie zuzusprechen ist.

Wo es sich um kostbare Karten handelt, deren Aussehen durch öfteres Entnehmen aus der Umhüllung leicht leiden könnte, oder wo auch mit dieser Möglichkeit bei der Beförderung zu rechnen ist, tut man die Karte in eine Schutzhülle aus gewöhnlichem, nicht zu starken Karton. Die Preise dieser Karten, die in solchen Umschlägen geliefert werden, sind verhältnismäßig keine geringen. Sie entsprechen dem gerechtfertigten Ansinnen des Käufers, derartige Waren auch in einer möglichst gesicherten Verpackung ihrer Bestimmung zugängig zu machen.

Im wesentlichen haben wir uns nun mit den Artikeln befaßt, die in diesen Zweig der Papierbranche, nämlich den Handel mit Schreib- und Papierwaren, fallen. Wir wollen nur noch auf ein Sondergebiet besonders hinweisen, welches für jeden Papierhändler unentbehrlich ist, und welches einen beträchtlichen Teil an dem alljährlichen Geschäftsgewinn abwirft: das sind die Gratulationskarten für besondere Gelegenheiten.

Diese sind entweder in der Monogrammprägetechnik oder mittels Vielfarbendruck hergestellt. Auch Karten, deren als Schmuck dienende Figuren, Ornamente usw. blind geprägt und dann in verschiedenen Farben angespritzt werden, sind sehr beliebt. Sie wirken in ihrer koloristischen Ausstattung je nach der Belichtung verschieden, sie zeigen verschiedene Farbeneffekte irisierend ineinander übergehend, sowie wieder als Einzelfarbe in zartbegrenzter Wirkung.

Man unterscheidet gewöhnlich Doppelkarten, bei denen entweder die Innenseite ganz frei ist und von dem Käufer ausgefüllt wird oder solche, bei denen ein Vers oder sonst ein zweckentsprechender Aufdruck auf die Bestimmung derselben hinweist. Entweder ist es der Buch- oder der Steindruck, durch die die Texte aufgedruckt werden, oder aber die Preßvergolderei (der Tiefdruck). Doch dürfte allgemein den beiden ersten Arten der Vorzug gegeben werden, da die Preßvergoldetechnik vermöge ihrer geringen Abwechslungsmöglichkeit zur Befriedigung künstlerischer Ansprüche wenig beitragen dürfte.

Die Mottos und Verse, besonders bei Hochzeits- und Konfirmationskarten, können auch in Form besonderer Einlagen gedruckt und dann in die Karten eingelegt werden, wodurch diesen dann das Gepräge eines Buches gegeben wird, besonders wenn mehrere solcher Einlagen in einen Umschlag getan werden. Zarte Seidenbändchen oder Schnüre, der vorherrschenden Grundfarbe auch der Karte angepaßt, halten diese Einlagen mit dem Umschlag zusammen und erhöhen den Reiz der Wirkung. Zu grünen Hochzeiten werden die Karten ausnahmslos Motive aufweisen, zu deren Versinnbildlichung die bei uns Deutschen so beliebte grüne Myrte mit ihren weißen Blüten dient, oder zwei Ringe, die auf die Eheschließung hindeuten, während bei Silberhochzeiten die Silbermyrte prangen wird und dadurch auf ihre besondere Bestimmung hinweist.

Für alle anderen Gattungen der Wunschkarten sind die Arten der Darstellung grundverschieden. Vom figürlichen Dessin angefangen bis zu allen mehr oder minder seltenen Gaben der Flora, von dem Mohn und der Kornblume, wie dem allbeliebten und arg ausgenutzten Veilchenmotiv bis zur kostbarsten Orchidee erbringen uns die hervorgebrachten Muster einen sprechenden Beweis für die Schaffensfreudigkeit unserer Künstler.

Die Arten sogenannter komplizierter Karten sind voneinander grundverschieden und lassen sich oft ohne Unterlagen nicht ohne weiteres ihrer Bestimmung zuführen. Es sei nur auf die vielen Karten mit Seidenpapierverzierungen hingewiesen. Allgemein bekannt dürften wohl die sogenannten Klappkarten sein, die in dieses Gebiet fallen, ebenso wie die Zugkarten. Diese waren zeitweise Gegenstand lebhafter Nachfrage, heutzutage werden sie nur noch in minder großem Maßstabe gehandelt, da man sie im Grunde genommen als überlebt bezeichnen kann. Dennoch wird ihr traditionelles Bestehen in einigen wenigen Häusern gezeitigt durch Schaffung zeitweiliger neuer Aufmachungen, die nach der Eigenheit beurteilt, der sie dienen sollen, das Alte, Dagewesene mehr und mehr in den Hintergrund drängen, um in längeren Zeitpausen immer nochmals von neuem den geheiligten Gedanken ihres Daseins zu beweisen.

Ausschließlich als Luxuserzeugnisse sind solche Karten zu bezeichnen, welche durch Auflagen von Blumen sozusagen plastische Formen annehmen.

Der Unterkarton wird häufig so gestaltet, daß er wie aus Ton modelliert erscheint. Der Stoff muß gut prägefähig sein und die Prägeplatte muß sehr tief graviert werden, um die beabsichtigte Wirkung zu erzielen.

Vermittels des Farbenzerstäubers wird dann von einer Seite Farbe auf die Prägefläche gespritzt, wobei vermöge der ungleichmäßigen Prägung auf eine Stelle mehr Farbe kommt, als auf eine andere. Dadurch wird eine eigenartige Wirkung erzielt. Auf den Zweck der Karte deuten entweder aufgedruckte Texte oder derselbe geht aus den aufgelegten Blumen schon hervor. So wird man zu Ostern Schneeglöckchen und Weidenkätzchen am häufigsten finden, zu Pfingsten

Birkenzweige und zu Weihnachten den typischen Tannenzweig mit oder ohne Zapfen, mit Seidenbändern (Schleifen) gebunden, die auch mit zweckentsprechenden Wunschmottos versehen sind.

Zur grünen Hochzeit wird meistens eine mit Seidenauflage und entsprechendem Text versehene Karte genommen, auf die grüne blühende Myrten aus Stoff gefertigt und oft noch mit Seidenschleifen geziert, aufgelegt werden, die bei dem Feste der silbernen Hochzeit durch Silbermyrten ersetzt werden. Solche Karten werden in den vornehmsten Aufmachungen gehandelt und sind zufolge der verhältnismäßig schwierigen Herstellung in der Preisbewertung entsprechend bemessen. Die Art und Weise der Aufmachung dieser Karten lehnt sich an die vor Jahren üblichen und auch noch jetzt hier und da auftauchenden Taufandenken an, die mit der Form von Klappbüchern gewisse Ähnlichkeit haben, nur daß bei ersteren meist religiöse Bilddrucke verwendet wurden, die jedoch heutzutage bei der fortschreitenden Volksaufklärung in nur noch geringerem Maße gehandelt werden. Der Grund liegt wohl darin, daß die praktische Seite des Lebens mehr und mehr hervorgehoben wird, anstatt solcher Patenbriefe Geschenke zu geben, welche einen materiellen Wert haben, zum Schaden natürlich für die Papierindustrie und zum Nutzen für den Empfänger.

Nichtsdestoweniger erfreut sich die vielseitige Form der Gratulationskarte wachsender Bedeutung. Aufgelegte Blumen, Veilchen, Heckenrosen usw. eignen sich für alle Zwecke, besonders die ersten Blüher des Frühlings, Schneeglöckchen, Weidenkätzchen, Gänseblümchen, letztere besonders für Osterwünsche. Auf starkem weißen Karton mit Tiefdruck oder auf geprägtem Karton, ein- oder mehrfarbig, wie soeben angedeutet, finden wir künstliche Blumensträußchen mit Seidenschleifen geziert, während Goldmottos, auf den Unterkarton geprägt, der oft noch mit Seidenrüschen besetzt eine vornehme Ausstattung erfährt, auf den Zweck hindeuten.

Bei solchen Erzeugnissen zu besonderen Anlässen wird das Mittelstück zuweilen noch mit einem kleinen weißen, seidenen Kissen ausgefüllt, das gewölbt ist und in Gold- oder Silberverzierung eine entsprechende Widmung trägt. Da durch den Versand die Form leiden würde, werden derartige Artikel in flache Kartons verpackt geliefert und eignen sich vornehmlich zur Versendung als Drucksache oder Muster ohne Wert.

Die *Haussegen,* welche der lithographischen Technik ihre Herstellung verdanken, eignen sich vorzüglich zum Ausschlachten vorhandener Lithographien. Dadurch, daß diese in anderer als der bereits einmal verwendeten Form erscheinen und durch Reliefprägung oder Hinzufügung einzelner neulithographierter Teile ein anderes Kleid anlegen, können sie das darunter verdeckte Alter für den aufmerksamen Beobachter nicht ganz verbergen, um so mehr, als die verwendeten Teile periodisch, wenn auch in etwas veränderter Form, immer wiederkehren.

Wir finden die bekanntesten Bibelstellen als religiöse Hinweise für diejenigen Volksklassen verwendet, denen die Religion das höchste aller Güter ist, und ebenso wie die Heiligenbilder in den Augen gewisser Schichten des Publikums, besonders in den lateinischen Ländern, Gefühle der Ehrfurcht und religiöser Befriedigung zu wecken bestimmt sind.

Neben weltlichen Sinnsprüchen ist auch für die Kinderstube gesorgt. Kindliche Sprüche, wie sie einstmals die Mutter ihrem Liebling vorsprach, schmücken die als Kinderhaussegen gedachten Erzeugnisse das Wohnzimmer der kleinen Schützen vom ABC.

Bei den Haussegen ist die Unterbringung, Zusammensetzung und Wahl der Sprüche nicht schwer, da es sich mehr oder minder um stets gleichbleibende Sinn- oder Bibelsprüche handeln wird, die je nach der Art des durch die bildliche Darstellung geschaffenen Raumerfordernisses immer wieder entsprechend verwendet werden.

Nebenbei soll erwähnt werden, daß Wandsprüche stets zum Hängen mit einer Seidenschnur versehen werden, wovon nur selten abgegangen werden dürfte, durch Anbringung einer anderen Hängevorrichtung vermittels einer an einer Lasche befestigten Öse.

Für die erstgenannten Arten sind meist ornamentale Zeichnungen mit Blumen das Leitmotiv. Die Schrift wird entweder in Steindruck oder in Preßvergoldung, in Gold- oder Silberpressung hergestellt. Bei den Steindrucktexten wird auf die Verzierung der Initialen sehr großer Wert gelegt. Tiefbrand-Initialen werden sehr häufig als Haussegentexte angewendet. Die Form der Haussegen ist im großen ganzen die rechteckige, hier und da wohl auch die runde, seltener finden wir die Kreuzform vertreten.

Auch aufgelegte Blumen in Verbindung mit lithographischem Unterdruck oder mit der Schablone vorgezeichnete und dann hochgeprägte Konturen finden mehr und mehr im Handel Verwendung. Die Blumen sind aus Plüsch oder Samt geschnitten und gepreßt, werden auf die vorgezeichnete oder dazu bestimmte Fläche aufgeklebt, und die ornamentalen Beigaben dann ausgemalt.

Nicht unerwähnt wollen wir ferner lassen, daß sich durch Blindprägung des Kartons mit einem dazu geeigneten Muster und Gegenspritzung der Farbe oft die schönsten Wirkungen erzielen lassen. Die Schriften werden in Gold- oder Silberimitation eingepreßt.

Sehr wirkungsvoll ist der Unterdruck der Umrisse oder Tiefen des darzustellenden Dessins vermittels Bronze, wodurch die Herstellung eine plastische Gestalt annimmt, während das Gesamtbild eine gewisse künstlerisch durchdachte Form erhält.

Bei Besprechung des Wandschmuckes, den wir als Haussegen kennen, muß auf die verschiedenen Arten der Anbringung von Texten hingewiesen werden. Die mehr oder minder großen Textflächen, die zur Aufnahme der Bibeltexte oder Sinnsprüche dienen, müssen in ihrer Grundfarbe der Technik Rechnung tragen, in welcher die Texte hergestellt werden. Chromolithographische Wandsprüche, bei denen der Text bei der Auflage gleich mitgedruckt wird, werden wohl ausnahmslos aufgehellte Textfelder haben, um die dunkler gehaltenen, meist braunen, Tiefbrand imitierende Schriften zur entsprechenden Wirkung zu bringen, die, wie nebenbei erwähnt werden soll, meist ungeprägt bleiben, während die anderen Teile des sie umgebenden ornamentalen Schmuckes durch Reliefprägung dem Auge des Beschauers gefälliger gemacht werden. Beim Preßvergoldverfahren haben wir es mit der Verwendung von Bronzeschlagmetall zu tun. Um dieses zur Wirkung kommen zu lassen, müssen die Grundtöne dunkler gehalten sein, sonst kommen die Schriften nicht vom Untergrund los.

Wenn wir nun noch ein besonderer Erwähnung wertes Erzeugnis aus dem unendlich vielseitigen Industriegebiete herausgreifen wollen, so sei es die *Topfhülle.* Für das große Gebiet der chromolithographischen Erzeugnisse ist die Topfhülle ein dankbarer Artikel, da deren Bedarf seitens des Publikums nicht zu unterschätzen ist.

Wenn auch die Kreppapiermanschette diesem Artikel einigen Abbruch tut, da sich diese leichten Umhüllungen der Blumentöpfe besonders zu Geschenkzwecken bekanntlich einer großen Beliebtheit erfreuen, so wird die Kartonhülle durch letzterwähnte aus dem dünnen Seidenpapier doch nicht ganz zu verdrängen sein. Sie besitzt vor ersterer gewisse Eigenschaften, wie längere Haltbarkeit und größeren Widerstand bei etwaigen schädlichen äußeren Einflüssen, die wir bei den Seidenpapiermanschetten vermissen, die bei der geringsten Unachtsamkeit einreißen und dadurch unansehnlich werden und ihren Wert verlieren.

Die Darstellungen auf den bedruckten Topfhüllen sind mannigfacher Art. Bevorzugt werden natürlich Blumenstücke sein, wie Obstblüten, Mohn, Kornblumen, Veilchen, Maiglöckchen, Lilien, Krokus, kurz alle die Dessins, welche sich vornehmlich zur Stilisierung eignen und zur Füllung und Ausschmückung größerer Flächen dankbare Möglichkeiten bieten.

Die Saisonmoden lassen sich ebenfalls vorzüglich zum Ausdruck bringen, So finden wir die Biedermeierrichtung und den Empirestil in ihren Eigenheiten vertreten. Figürliche Darstellungen schalten ganz bei diesen Artikeln aus, da sie sich für diese Zwecke nicht eignen. Ein um so größeres und unbeschränkteres Feld bietet sich dem Künstler daher für die unendlich abwechslungsreiche Ornamentik.

Die Formen der Topfhüllen passen sich dem Zwecke an, dem sie zu dienen bestimmt sind. Wir finden sie meist in 4 bis 5 Größen vertreten, die sich auf jede Serie beschränken; groß, klein, mittel, und ganz klein.

Da helle Grundflächen für diesen Zweck nicht angebracht erscheinen, finden wir meistens als Hintergründe des ornamentalen Schmuckes als zweckentsprechende Ausstattung dunkle Flächen: tiefes Violett, Dunkelbraun, kräftiges, nicht zu grell leuchtendes, vielleicht durch Beigabe von Braun abgeschwächtes Rot. Auch durch Bronzeflächen lassen sich, wenn mit Geschick der Hervorhebung entsprechender Dessins angewendet, schöne Wirkungen erzielen, die um so nachhaltiger sein werden, je ruhiger der Charakter der Darstellung in Form und Farbe gekennzeichnet wird.

Je mehr das soeben Gesagte befolgt wird, je besser die Technik des Druckes ihre Vorzüge zur Geltung kommen läßt, um so weniger wird auch die gewünschte Wirkung hinter den Erwartungen zurückstehen.

„Schreiende" Farbengegensätze sind längst bei dem ästhetisch fühlenden und empfindenden Publikum verpönt und gehören solche Erzeugnisse nicht auf den Markt.

Die Wirkung der Topfhüllen läßt sich noch ungemein beeinflussen, wenn die Dessins durch Reliefprägung herausgeholt und dadurch die plastischen Formen der Konturen zur besseren Geltung gebracht werden, so daß sie von dem Untergrund abgehoben werden.

Die Formen der Topfhüllen an der dem Beschauer zugewandten oberen Kante sind fast ausnahmslos etwas phantastisch gestaltet, um das Auge nicht durch glatten, abwechslungslosen Schnitt zu ermüden, sondern, wenn auch in ihrer stets wiederkehrenden Form, durch verschieden gezackte Formen doch wenigstens einige Abwechslung zu bringen als ruhender Pol in der Erscheinungen Flucht.

Die zuletzt besprochenen Gattungserzeugnisse sind Sondergebiete der graphischen Industrie, welche für das Luxusbedürfnis das denkbar Beste schaffen, abgesehen von den vielen für das tägliche Leben erforderlichen und praktischen Gebrauchsartikeln.

Gehen wir in die Wohnung des kleinen Mannes, oder in die Salons der vornehmen Welt, hier wie dort werden wir den jeweiligen Verhältnissen angepaßte Erzeugnisse der Papierindustrie antreffen.

Dort sehen wir einen Haussegen, der als Motiv einen Sinnspruch führt, hier wieder in dem Salon des Wohlhabenden fallen unsere Blicke auf einen Überschlag- oder Abreißkalender, der auf kunstvoll geschmückter, ausgestanzter Rückwand den Block trägt, das Ganze an einer schweren Seidenschnur befestigt. Unsere Blicke hängen liebevoll an der feinen, kunstvoll durchdachten und durchgeführten gediegenen Ausführung, und oft wird der denkende Geist darauf gelenkt, welch eine Fülle von Arbeit nach vorausgegangenen Erfahrungen dazu gehörte, um derartige Erzeugnisse in die Welt zu setzen, um den Hersteller als Gegenwert für den aufgewendeten Fleiß zu belohnen.

Ein ganz besonders den Ansprüchen vom Standpunkte der Kunst genügendes Handelsobjekt sind die *Malstudien,* die nicht ausschließlich als Vorlagen zu Studienzwecken dienen, sondern aufgezogen auch als künstlerischer Zimmerschmuck Verwendung finden. Sie verkörpern eine wirkliche Kunstrichtung. Blumen- und Tierdarstellungen sind es wohl hauptsächlich, die den Markt beherrschen. Figürliche Sachen eignen sich zur Wiedergabe nicht so gut und finden daher weniger Liebhaber, weil es nicht jedem gegeben ist, selbst nach Vorlagen Porträts nachzumalen. Es erfordert das immer eine gewisse verständige Beherrschung der Technik und Erfahrung in der Ausübung der Malkunst, die man Außenstehenden nicht ausnahmslos zumuten kann. Bei der Schaffung von Vorlagen zu Blumenstudien sind der Laune und der Phantasie des Künstlers keine Grenzen gezogen, hier können sie sich ausleben.

Aus Wald und Flur, die Blumen des Gartens und des Feldes, die Seelandschaft in allen ihren Reizen und vieles andere sind dankbare Motive.

In mehr oder minder dekorativ ausgestatteten Mappen, meist zu Serien von 2 bis 6 Stück, werden die Malstudien abgegeben und finden bei *dem* Publikum Aufnahme, das wirklich etwas von Kunstschöpfungen versteht.

Krepp- und Seidenpapierwaren

Während man heute noch gewöhnliche Kreppapiere, wie Toilettenkrepp und auch einige Sorten Packpapiere, direkt in der Papiermaschine herstellt, um ihre Preise nicht wesentlich zu verteuern, hat man für die Herstellung besserer Kreppapiere, wie solche für Verpackungs- und Dekorationszwecke, Hand- und Tischtücher, Blumentöpfe usw. Verwendung finden, eine besondere Maschine konstruiert.

Eine derartige Kreppmaschine besteht in der Hauptsache aus einem Leim- bzw. Farbbad, dem Kreppzylinder mit Kreppschaber und einem oder mehreren Trockenzylindern.

Als Leimbäder gibt es 2 verschiedene Ausführungen, einmal eine sogenannte Unterfärbvorrichtung. Diese ist unmittelbar unter dem Kreppzylinder angeordnet und besteht aus einer in einer Kupfermulde laufenden Gummiwalze mit seitlichen Gummimanschetten. Die Walze nimmt die Farbe mit und bildet an dem Kreppzylinder eine Farbflotte, durch welche das Papier hindurchgeführt und von der Walze

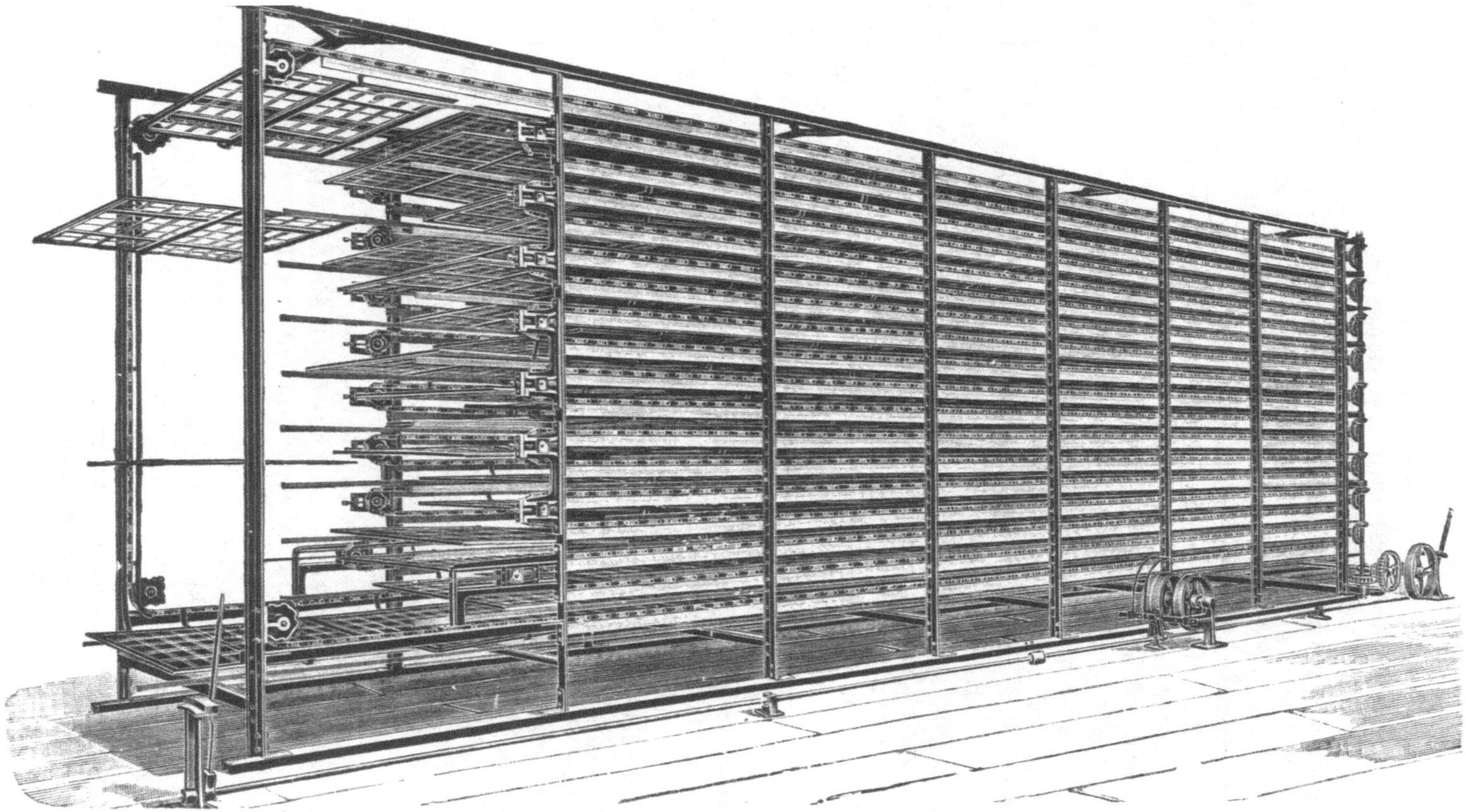

Abb. 79. Kreppapier-Maschine der Firma Aug. Koebig, Maschinenfabrik, Radebeul

an den Zylinder angepreßt wird. Für starke und schwer saugfähige Papiere bedient man sich der sogenannten Vorfärbvorrichtung, die vor dem Kreppzylinder angeordnet ist. — Hier läuft ebenfalls eine Gummiwalze in gleicher Ausführung wie oben in der Farbmulde und hat als Gegenwalze eine Hartgummiwalze. Die Mulde ist je nach Bedarf verschieden lang ausgeführt und kann in einer Länge bis zu 2 und mehr Meter ausgeführt werden. Es ist weiterhin die Möglichkeit vorgesehen, die Papierbahn mehrere Male hin und her zu führen. Diese Anordnung ist auch ein Vorteil, wenn besonders intensiv gefärbt werden soll, da hier dem Papier genügend Zeit gegeben wird, sich vollständig vollzusaugen.

Als Zusatz zu der Farbflüssigkeit wird ein gewisser Prozentsatz Leim gewählt, und zwar verwendet man für Papiere, die einen weichen Griff erhalten sollen, wie Toilette-, Tisch-, Handtuch- usw. Kreppe, Pflanzenleim, während man für andere Kreppapiere, von denen man ein gewisse Steifigkeit erfordert, Tierleim als Zusatz wählt.

Je nach den in der Hauptsache zu verarbeitenden Papieren erhalten die Kreppzylinder einen Durchmesser bis zu 1 Meter und Trockenzylinder von 1 m bis 1,5 m Durchmesser. Je stärker die Rohpapiere sind, um so größer empfiehlt es sich den Kreppzylinder zu wählen.

Hinter dem Kreppzylinder ist der Kreppschaber leicht auswechselbar angeordnet. Die Feinheit der Kreppung richtet sich in erster Linie nach der Stärke des Schabers, je dünner dieser ist, um so feiner wird die Kreppung; außerdem ist dieselbe aber noch von der Temperatur des Zylinders und der Stellung des Schabers abhängig.

Der Kreppvorgang erfolgt in der Weise, daß das mit Leimwasser gesättigte Papier durch die Wärme des Kreppzylinders und die hierdurch hervorgerufene Verdunstung des Wassers auf dem Zylinder festklebt, ehe es aber vollkommen getrocknet ist, wird es von dem Kreppschaber abgestoßen und so entsteht die dem Kreppapier eigene Struktur. Man unterscheidet Kreppungen bis 1 : 6, bei denen also 6 m eingelaufenes Papier 1 m fertiges Kreppapier ergeben. Die mehr oder weniger starke Kreppung ist von der Geschwindigkeit des Kreppzylinders abhängig und ist zu diesem Zwecke ein Reguliergetriebe in die Maschine eingebaut, welches durch einfache Drehung eines Handrades gestattet, die Geschwindigkeit des Kreppzylinders und dadurch des Papiers zu beschleunigen oder zu verzögern. Unmittelbar hinter dem Kreppschaber wird das noch feuchte Papier von dem Trockenfilz des Trockenzylinders aufgenommen und von diesem um den Trockenzylinder herumgeführt und getrocknet. Die Papierbahn kann dann entweder direkt aufgerollt oder auch vorher durch einen Längsschneider in mehrere Bahnen unterteilt werden. In einigen Fällen hat man noch direkt anschließend einen rotierenden Querschneider vorgesehen, der die Bahn in Formate unterteilt.

Bei größeren Geschwindigkeiten empfiehlt es sich, die Papierbahn direkt in der Maschine aufzurollen und auf einem besonderen Umroller weiterzuverarbeiten. Dieser hat eine Haspel bis zu 5 m Umfang. Auf dieser werden 25 oder 50 Lagen aufgewickelt und dann getrennt. Hierdurch erhält man Lagen von 25 oder 50 Stück Bogen in beliebiger Länge.

Der Verbrauch von Seidenpapier in seiner verschiedenartigen Stoffzusammensetzung kommt, wenn wir von der Spezialverwendung zu Zigaretten ganz absehen, dem an sonstigen Papiersorten allerdings in keiner Weise gleich, und dennoch hat die Nutzbarmachung des Seidenpapiers einen nicht zu verkennenden Einfluß auf den geschäftlichen Erfolg der einschlägigen Papierfabriken, die diese Sonderheit erzeugen, ausgeübt. Das Seidenpapier hat sich vermöge der unverkennbaren Vorzüge seiner Verwendungsarten immer weitere Kreise des verbrauchenden Publikums erobert und diese für sich einzunehmen verstanden, sowohl aus Billigkeits- als auch aus Zweckmäßigkeitsgründen. Eine der bekanntesten Verwendungsarten des Seidenpapiers dürfte die eingangs erwähnte, zur Befriedigung des Tabak rauchenden Publikums sein, wobei das Seidenpapier als Mittel zum Zweck, nämlich als Material dient für den Massenkonsumartikel in der altbekannten Gestalt der Zigarette.

Des weiteren dürften die Tafelgarnituren der praktischste und gebräuchlichste Verwendungszweck des Seidenpapiers darstellen, die sich in den Kreisen der Verbraucher außerordentlicher Beliebtheit aus mannigfachen Erwägungen heraus erfreuen, einmal infolge der Billigkeit, andererseits aus Zweckmäßigkeitsgründen.

Wo früher zartes Leinen das Auge des Beschauers erfreute, da sehen wir sehr häufig dieses durch das wesentlich billigere Seidenpapier verdrängt in seinen mannigfachen Verwendungsformen.

Tischläufer, Tellerdeckchen, Papierservietten, alles, was zur Tisch- und Tafeldekoration gehört, finden wir durch das Seidenpapier in der Unerschöpflichkeit seiner Formen und des Farbenreichtums ersetzt, sofern die gesellschaftliche Form — und der „persönliche Etat" es erforderlich machen, zu dieser harmlosen Form des Ersatzes kostbareren, echten Materials, wie es echtes Leinen darstellt, überzugehen.

Es macht besonders für das weniger bemittelte, kauflustige Publikum ziemlich viel aus, das verhältnismäßig teure Leinen durch Seidenpapier zu ersetzen.

Der Vorzug bei Gebrauch dieses Materials besteht darin, daß die Einkaufspreise den Stoffgeweben gegenüber bedeutend geringere sind und den Käufer in die Lage setzen, die Muster öfter zu wechseln, was eine dankenswerte Abwechslung der äußeren Ausstattung der Erzeugnisse zur Folge hat und auch infolge häufigeren Erneuerungsmöglichkeit vom hygienischen Standpunkt nicht ganz ohne Bedeutung ist.

Die Papierserviette gehört zu den bekanntesten Erzeugnissen der papierverarbeitenden Industrie. Wenn auch der Einführung dieses Handelserzeugnisses manche Schwierigkeiten gegenüberstanden, so hat die Papierserviette doch besonders da, wo deren Benutzung eine recht rege ist, wie beispielsweise in Kaffeehäusern, Konditoreien usw., siegreichen Einzug gehalten.

Der Wirt eines solchen Unternehmens hat einen doppelten Vorteil bei der Verwendung von Papierwäsche. Erstens ist die einmal benutzte Serviette leicht durch eine neue zu ersetzen, ohne die Kosten scheuen zu müssen, ein anderes Mal eignet sich die Fläche der Serviette, soweit dieselbe nicht durch gedruckte Verzierungen vollkommen ausgenutzt ist, als brauchbarer Platz für eine empfehlende Geschäftsreklame.

Bei Gesellschaftsabenden besserer Kreise wird man natürlich seinen Gästen keine Papierservietten mit Reklame vorsetzen können, dagegen eignen sie sich für den Vertrieb in Hotels, Pensionen usw. sehr gut.

Die nicht zu geschäftlichen Empfehlungen benützte Serviette dürfen wir ohne weiteres jedem anbieten. Zu Obst wird sie wohl stets gegeben, auch in besseren Familien. Das künstlerische Verständnis des Gastgebers prägt sich nicht in letzter Linie in den Dingen aus, die er der Aufmerksamkeit des Beschauers darreicht. Daher soll man nicht irgendein beliebiges Dessin wählen. Die Industrie hat sehr viele ansprechende Dessins geschaffen, die ihren Herstellern in jedem Falle Ehre einlegen. Bis zu 8 verschiedenen Farben können wir jetzt auf diesen Sondererzeugnissen der Papierindustrie gedruckt sehen und zuweilen sind die Darbietungen als ganz besonders gut gelungen zu bezeichnen. Auch der Bronzedruck fehlt nicht neben der plastischen Auflage.

Die pekuniären Bedenken spielen bei der Verwendung von Papierservietten kaum eine Rolle. Wie macht sich das unangenehm in den soeben erwähnten Stätten bemerkbar, wenn in den Stoffservietten Obstflecken sind.

Die Heimat der Papierserviette dürfte wohl zweifellos Japan sein und wer bis zum Kriegsausbruche etwas von diesen Erzeugnissen hörte, der dachte unwillkürlich an dieses Ursprungsland. Es ist bekanntlich aber nicht alles Gold, was glänzt. Es wird bisher auf dem Gebiete der Serviettenherstellung auch viel gesündigt. Die Ausfuhr unbedruckten Seidenpapiers seitens der deutschen Industrie war bis zum Kriege ziemlich bedeutend, besonders nach Japan, von wo aus es uns dann zuweilen als *japanische* Servietten wieder angeboten wurde, eine Erscheinung, die wir ja auch von vielen anderen Erzeugnissen her kennen. Es soll unbestritten bleiben, daß echt japanisches Papier, das ausschließlich dort erzeugt wurde, von einem Laien nur schwer von dem nachgeahmten Erzeugnis zu unterscheiden ist. Die Einfuhr japanischen Papiers dürfte nach einer statistischen Notiz ungefähr ½ Million Mark im Jahre erreicht haben.

Was andere Länder im Laufe des Jahres einführten, war nicht der Rede wert; während der deutsche Ausfuhrhandel an diesem Rohmaterial nach den Ländern des europäischen Kontinents sowie darüber hinaus nicht zu unterschätzen war.

Wenn wir uns nun den neueren Erzeugnissen aus Seidenpapier zuwenden, so haben wir zunächst die Tischläufer zu erwähnen, welche im täglichen Gebrauch neben der Serviette die größte Rolle besonders im Haushalte spielen. Die dekorative Ausstattung dieser Erzeugnisse ist stets sehr reich gehalten und beträchtliche Aufwendungen an Gold, besonders als Rand- oder ornamentale Verzierungen, tragen nicht wenig dazu bei, dem Aussehen dieser Erzeugnisse einen hohen Reiz zu verleihen. Doch muß sich wie stets, so auch hier, jeder Fabrikant vor dem Zuviel des Guten hüten, da leicht der Eindruck des Überladenseins hervorgerufen wird. Das wirkt allemal sehr unschön, besonders auf das zartbesaitete Gefühl solcher Leute, die davon etwas verstehen.

Wir werden nun in unserer Besprechung der Krepp-Papiererzeugnisse fortfahren:

Die Tellerdecken schließlich, welche zu einer Garnitur unbedingt gehören, dienen wohl ausschließlich nur praktischen Zwecken. Die Fläche ist an und für sich zu klein, um irgendwelche künstlerischen Triumphe in bezug auf dekorativen Schmuck feiern zu können. Diese kleinen Decken werden meist zu Obst und als Eisdeckchen benutzt. Zu einer Garnitur von Kreppartikeln gehören Servietten, Tischläufer und Tellerdecken, deren Verpackung sich je nach dem erzielten Preise richten und eine dementsprechend verschiedene sein wird. Luxuspackungen dieser Artikel finden wir selten, weil diese den Vorteil der Billigkeit der Papiere wieder hinfällig machen würden und schließlich die Erzeugnisse selbst, nicht ihre Verpackung eine ausschlaggebende Rolle spielen. In vielen Fällen erfolgt der Verkauf dieser Erzeugnisse in Mappen, deren eine Seite mit einer durchsichtigen Gelatinedecke versehen ist, um die äußere Ausstattung des Inhalts zur vollen Geltung kommen zu lassen, ohne diesen selbst der Verpackung entnehmen zu müssen, um ihn den Kunden zu zeigen. Die Schachtelpackung zu 25/25 oder 50/50 wird meist nur für Servietten und Tellerdeckchen gewählt, während Tischläufer in langen flachen Kartons zu 2 bis 3 Stück auf den Markt kommen.

Hiermit ist die Reihe der Verwendung von Seidenpapiererzeugnissen noch keinesfalls erschöpft. Wir kommen nunmehr zu einem sehr wichtigen Erzeugnis, nämlich dem Taschentuch aus Seidenpapier. Dasselbe besitzt vor dem gleichen Zwecken dienenden Zeugtuch einen nicht zu unterschätzenden hygienischen Vorzug, insofern, als es nach Benützung sofort durch ein neues ersetzt werden kann. Die Mode, auch auf diesem Gebiete, wird noch im Laufe der Zeit viel schaffen. Wir haben heute schon Seidenpapiertaschentücher, die mit ausgezackten Rändern und mit Monogrammen in farbiger Lackprägung versehen werden. Die gegenwärtigen Erzeugnisse halten sich streng an die äußere Form der Zeugtücher, sie haben zuweilen auch gepreßte Ränder oder zeigen schmale Randverzierungen. Vorherrschend sind dagegen solche Sorten, welche keinen Schmuck tragen und den Anspruch größtmöglichster Einfachheit, verbunden mit ihrem praktischen Werte, für sich in Anspruch nehmen. Als Grundstoff wird ein leichtes, weißes, gut saugfähiges Papier genommen, welches vor allem sehr schmiegsam sein muß.

Der billige Preis dürfte wesentlich dazu beitragen, verbunden mit den eben kennengelernten Vorteilen, diesem vielversprechenden Erzeugnis den Weg zu bahnen.

Der Ausstattung der Kreppapier-Artikel wollen wir noch einige Worte widmen.

Durch Anwendung mehrerer Farben werden natürlich sehr abwechslungsreiche Wirkungen zu erzielen sein, wodurch die Möglichkeit geboten erscheint, den Anforderungen der Mode hinsichtlich der koloristischen Wirkung zu entsprechen.

Was die Industrie auf diesem Gebiete leistet, davon kann sich jeder leicht selbst überzeugen, wenn er einmal die Auslagen in den Papierhandlungen und einschlägigen Geschäften betrachtet. Die großblumigen Dessins werden viel verlangt: Klatschmohn, Rosen, das nie fehlende Veilchen, Schwertlilien und Spalierblüten werden besonders gerne gezeigt, weil sie den Raum vermöge ihrer Größe recht vorteilhaft ausfüllen. Streublumen werden wir dagegen als Motiv nur selten finden, meist wohl nur zur Verbindung der großen Blüten und Blütenranken untereinander.

Bei dem Bedrucken dieser Erzeugnisse wird stets der eine Umstand bei einer kritischen Bewertung, von künstlerischen Gesichtspunkten aus betrachtet, ins Gewicht fallen, daß eine Vermeidung der ständigen Wiederholung des Musters infolge der technischen Herstellung vermittels des Walzendruckes nicht vermeidbar ist.

Dadurch, daß der dekorative Schmuck mehr nach der Mitte des auszustattenden Artikels hin, sei es nun eine Serviette, ein Tischläufer u. a. m., verlegt wird, kommt dieser besser zur Geltung. Außerdem haben, was bei Tischläufern nicht außer acht gelassen werden darf, die Gläser auf dem unbedruckt gebliebenen äußeren Teil des verzierten Untergrundes Platz. Da die Farben bei der Berührung mit Wasser leicht ausfließen, so ist die Beachtung der angeführten Möglichkeit insofern von Nutzen, als das Unansehnlichwerden des Läufers, hervorgerufen durch das Auslaufen der Farbe bei der Berührung mit einer Flüssigkeit, dadurch vermieden wird.

Bei der Ausstattung der Tischläufer können wir ebenfalls den jeweiligen Stand der Mode verfolgen. Entweder werden solche Läufer ganz glatt geliefert, oder sie werden mit weißen oder farbigen plissierten Rüschen versehen, wodurch recht ansprechende Wirkungen zu erzielen sind, wenn der Hersteller es versteht, dabei wirkungsvolle und vor allem harmonische Farbenzusammenstellungen zu wählen, sofern nicht nur eine einzige Farbe für Rand und Untergrund vorgesehen ist.

Die weitere Verwendung des Seidenpapiers besteht in der Nutzbarmachung desselben zu Hüllen für Blumentöpfe.

Diese Erzeugnisse, die auch noch heute zum großen Teil auf starkem Karton auf chromolithographischem Wege in den Handel gebracht werden, sind für das große Publikum von besonderer Wichtigkeit.

Die Verwendung der einfachen Manschette (ein- oder mehrfarbig), zuweilen in allen Regenbogenfarben schillernd, haben wir bereits erwähnt. Wir werden uns nunmehr mit einem Zweige zu befassen haben, der ausschließlich der Geschicklichkeit und dem Sinn für wirksame Farbenzusammenstellungen das Gelingen zu seiner Bestimmung verdankt, als eine künstlerische Ausstattung zu gelten in allen Teilen, in Form, Farbe und Verwendung. Eine solche Manschette hat allerdings eine begrenzte Dauer hinsichtlich ihrer Haltbarkeit und Ansehnlichkeit, da die Farben, in denen die Seidenpapiere im Stoff eingefärbt sind, unecht sind, mithin im Laufe der Zeit ihre Leuchtkraft und mithin ihre Farbenfreudigkeit einbüßen. und das um so rascher, je mehr sie ungeschützt den Sonnenstrahlen ausgesetzt sind.

Rosa und blaue Papiere, und wie sie alle heißen mögen, die vielen unendlich verschiedenen Farbenzusammenstellungen sehen wir heute als Schmuck um den Blumentopf gelegt, um dem Ganzen dadurch ein festliches, farbenprächtiges Ansehen zu geben.

Vier Zipfel ragen kunstvoll in die Höhe, zwischen denen die oft weniger als die Manschetten ansprechende Blume sich sehr schön macht. Die lebhafte Farbe, die im Gegensatz steht zu der der Blume selbst, trägt ungemein zu einer dekorativen Wirkung bei. Glatte Seidenpapiere finden wir für diesen Zweck weniger vertreten als gekreppte Stoffe, da diese infolge ihrer weniger ruhigen Flächenwirkung Leben in das Ganze bringen.

Diese Ansprüche soll die verzierte Manschette erfüllen. Zur Herstellung dieser Sonderheit werden entweder 2 in der Färbung entgegengesetzte Papiere (grün und weiß) oder 2 in gleicher Farbe verwendet, die nur in der Tönung verschieden sind (hell- und dunkellila). Die Verwendung des gekreppten Seidenpapiers zu diesen Blumentopfmanschetten gehört gewissermaßen zu den Obliegenheiten eines jeden besseren Kunst- und Handelsgärtners. Bei der Herstellung der schwierigen Papierdekorationen für ein Blumenarrangement in Form einer Topfpflanze ist wie bei kaum einem anderen Dekorationsobjekt persönlicher Geschmack und vor allem Geschicklichkeit die erste Bedingung, um hervorragende Wirkung zu erzielen. Die soeben angeführte Wahl der Doppelfarben kommt in der Weise zur Verwendung, daß aus den aus mindestens 2 Bogen zusammengeklebten Kreppapierbogen zunächst einmal entsprechende Schleifen geschnitten werden. Auf den breiteren Streifen wird dann ein schmälerer gelegt, der hinsichtlich seiner Färbung den obigen Ausführungen entspricht. Die eine Seite der Papierstreifen wird genau zueinander passend gelegt und dann vermittels in der Praxis erworbener Fingerfertigkeit zusammengerollt, wodurch eine völlige Haltbarkeit bei dem dann folgenden Umschlagen bzw. Umwickeln um den Topf, Korb, Bügel, oder den Stiel der Pflanze selbst gewährleistet wird. Durch eine wendeltreppenförmige Form des Papierarrangements, das noch mit der Hand in Falten gezogen wird, wodurch der Rand wie plissiert erscheint, was bei dem leicht ausziehbaren Kreppapier, das nicht in seine ursprüngliche Lage zurückgeht, möglich ist, wird eine ganz besondere Wirkung erzielt, die ein Beweis für die Geschicklichkeit des Dekorateurs ist.

Zuweilen werden auch die gekreppten Papiere nur in Streifen um den Topf geschlungen und dann vermittels Bänder aus dem gleichen Papier (sowie Papierband, Seiden- oder Stoffbänder usw.) festgehalten.

Das Umlegen dieser Kreppapierstreifen erfordert ebenso wie das der gewöhnlichen fertig gekauften Blumentopfmanschetten, mit den in die Höhe ragenden Zipfeln keine besondere Geschicklichkeit, weil bei dem Kauf der Umhüllung die Grundform derselben bereits in dem Kaufobjekt gegeben ist.

Wabenpapiere

Die wabenförmig zusammengeklebten, dann mittels Stanzeisen erzielten Ausschnitte spielen in der Luxuspapierwarenerzeugung keine geringe Rolle. Wäre der Krieg nicht dazwischen gekommen, so hätten wir es mit einem Exportartikel zu tun gehabt, der noch ungeheure Absatzmöglichkeiten gehabt hätte. Die Wabenpapiere werden zu Erzeugnissen der Luxuspapier-Industrie in mannigfachsten Formen als Schmuck in der Form von plastischen Gegenständen aller Art, wie Hüten, Eiern u. a. m., verwendet.

Die Wabenpapiere dienen vornehmlich zur Ausstattung von Kalendern, Wandtaschen, Reklameplakaten, doch auch andere Formen finden wir, je nach der phantasievollen Gestaltung der Erzeuger, die allerdings eine kritische Würdigung von rein künstlerischen Gesichtspunkten aus schwerlich vertragen.

Die Bezeichnung „Wabenpapiere“ ist auf die Art der Klebung der Seidenpapierlagen zurückzuführen. Mehrere Lagen von Seidenpapierbogen werden zusammengeklebt, und zwar nur strichweise in bestimmten Abständen voneinander. Diese Abstände können sehr verschieden sein, je nachdem die Maschen des geklebten Papiers sein sollen. Wenn enge Maschen notwendig sind, müssen die Klebestreifen entsprechend nahe aneinander, und je nach Bedarf für weitere Maschen weiter auseinander gerückt werden.

Schneidet man nun vermittels eines Messerschnittes aus solchen zusammengeklebten Lagen Stücke heraus und zieht dieselben wie eine Harmonika auseinander, so glaubt man in das Innere eines Bienenkorbes zu sehen, da die Lagen große Ähnlichkeit mit den von den Bienen verfertigten Waben haben.

Die Nutzbarmachung dieser Papiere in der Papierindustrie ist zwar keine ganz neue Erscheinung. Was alles auf diesem Gebiete geleistet wird, ist mit wenigen Worten nicht wiederzugeben.

Wie das bei Industrieerzeugnissen, die in Massen auf den Markt geworfen werden, fast ausnahmslos der Fall ist, gibt es auf dem Gebiete der mit Wabenpapieren geschmückten Erzeugnisse neben einigen guten Ideen auch viel Schund, wenn in dessen Erzeugung auch nicht gar so viel gesündigt wird, wie etwa früher auf dem Gebiete der Ansichtskartenerzeugung.

Schönheit und Formensinn wirken bei sinnreicher Verwendung dieser Wabenpapiere auf den Beschauer, dem oftmals Gegenstände wirklich dekorativer Wirkung geboten werden. Das ist beispielsweise bei einer Gattung von Artikeln der Fall, die eine Art Nachahmung von Gebrauchsgegenständen vorstellen sollen, z. B. bei Schalen, deren Grundform aus Wabenpapier gefertigt ist, aus der dann Blumen herausragen. Auch die Klappkarten bieten ein großes Feld für die Verwendung der Wabenpapiere, wenn auch deren Erscheinen auf dem Markte bei weitem nicht mehr den Umfang hat, wie vor einer Reihe von Jahren. Durch das Auseinanderklappen solcher Karten werden die Seidenpapierbogen, welche je nach der Konstruktion der Erzeugnisse oder der Innenwand solcher Klappkarten festgeklebt sind, auseinander gezogen und dadurch die Wirkung hervorgebracht, die sich uns als Rosenblüten oder Blumentöpfe u. a. in plastischen Formen darbieten.

Für Blumentopfhüllen ist ebenfalls die Wabenpapiermode in Schwung gekommen; allerdings mit einiger Verbesserung bezüglich des zur Verwendung kommenden Herstellungsmaterials. Gewöhnliches Seidenpapier leidet unter der Nässe und dieser ist es doch mehr oder weniger bei Blumentopfhüllen ausgesetzt. Man hat daher aus extra starkem, äußerst haltbarem Zellulose-Wabenpapier die Hüllen gefertigt, welche, mit farbigen Seidenpapierblümchen respektive Einsätzen dekoriert, neben der hübschen Ausstattung auch noch den Vorzug haben, daß sie zusammenlegbar sind.

Bei der Verwendung zu Reklameartikeln, bei denen nur die Rücklage des Wabenpapiers fest auf den auszuschmückenden Gegenstand aufgeklebt wird, wird die Vorderansicht durch Aufkleben eines sich den Formen des Seidenpapiers anpassenden Pappstückes vor Beschädigung geschützt. Um ein rohes Aussehen zu vermeiden, wird die Pappe vorher mit entsprechend gefärbtem, dünnem Papier überklebt. Blechklammern sorgen für eine Befestigung des ausgezogenen Papiers auf dem zu dekorierenden Gegenstand.

Zu den besten Erzeugnissen dieser Art der Verwendung des Seidenpapiers gehört zweifellos die Nachbildung plastischer Gegenstände: Früchten (besonders als Tischkarten), Körben und selbst Hüten, die jedoch irgendeinen praktischen Wert wegen der Durchlässigkeit der Maschen des Papiers nicht haben, und ihren Zweck vielmehr lediglich als Scherzartikel erfüllen.

Im übrigen ist die Anwendung dieses Schmucks bereits so ungemein vielseitig, daß irgendwelche neuen Schöpfungen auf diesem Gebiete wohl kaum noch zu erwarten sein dürften.

Wir wollen noch bemerken, daß einfarbige, aus Maschen gebildete Schmuckstücke durch Fächer verziert werden können. Diese werden zusammengepreßt (also so, wie sie aus dem Stück vermittels des Messers gestanzt worden sind) und an der Seite vermittels in Spiritus gelöster Farbe angestrichen. Um eine gewisse Gewähr dafür zu haben, daß nicht zu viel Farbe in die Lagen der Maschen dringt, preßt man überschüssige Farbe nach erfolgtem Einfärben durch einfachen Fingerdruck aus dem ausgeschnittenen Material heraus. Das nur ganz schwach geleimte Seidenpapier ist für das Eindringen der Farbe in den Papierstoff besonders vorbereitet, und bei dem Auseinanderziehen der Maschen ergibt sich dann die gewünschte Farbenzusammenstellung. Nebenbei soll erwähnt werden, daß selbst mehrere Farben, wenn auch gerade nicht unmittelbar nebeneinander, so doch auf dem gleichen Gegenstand Anwendung finden können, je nachdem es die jeweiligen Umstände erfordern.

Die zur Verwendung kommenden Wabenpapiere können weiß im Stoff gefärbt oder aber schon in Bogen zusammengeführt worden sein, und zwar derart, daß auf eine oder mehrere Lagen weißes gleiche Lagen farbiges Papier kommen. Die geschnittenen Waben, welche bei der Verarbeitung um eine feststehende Achse bewegt werden können, oder sich teilweise um eine solche herumlegen lassen, werden an der Umschlaglinie durch einen Schirting- oder Leinwandstreifen zusammengehalten, um einen festen Halt für die Umdrehung zu gewinnen und Ausreißen der geklebten Lagen an den Umdrehungsstellen zu vermeiden.

Die Ausschlageisen, welche zu den Wabenverzierungen verwendet werden, müssen selbstverständlich den Konturen der Formen der darzustellenden Gegenstände angepaßt sein.

Das Befestigen der Wabenverzierungen erfolgt auf dem zu dekorierenden Gegenstand durch Aufkleben, während der freibleibende bewegliche Teil, wie erwähnt, durch Bekleben mit Pappstücken vor Beschädigungen geschützt wird. Zu solchem Futterzuschnitt verwendet man Holzpappe, aus der man vermittels eines Stanzeisens oder durch die Stahlplatte auf der Balancier- oder Kniehebelpresse die jeweils erforderliche Form ausschneidet. Von kleinen Formaten lassen sich bequem mehrere Stücke zu einer Schnittplatte vereinen. Solche Zuschnitte müssen bei entsprechenden Bestellungen immer bei der Hand sein, bevor der Buntdruck fertig ist, da das für ein rasches Arbeiten einen großen Vorteil bedeutet.

Das Anbringen von Blechklammern zum Zwecke der dekorativen Wirkung des Wabenpapierzuschnittes erfolgt auf verschiedene Weise und richtet sich nach der Art der Herstellung; die einfachste Art erfolgt durch Biegen und Aufdrücken der Blechklammern auf die damit zu versehenden Gegenstände, selbstredend kann das Aufdrücken auch auf maschinellem Wege erfolgen.

Die Erzeugung der Papierblumen und -blätter

Im nachfolgenden soll eine Anleitung gegeben werden, wie Blumen jeglicher Art aus Papier erzeugt werden. Da jede kunstgewerbliche Tätigkeit einige Geschicklichkeit und eine gewisse Naturanschauung bedingt, so setzen wir diese beiden Bedingungen als etwas Selbstverständliches voraus, ganz gleich, ob sie aus Liebhaberei oder als Erwerb betrieben wird.

Wer Papierblumen aus Liebhaberei anfertigt, hat dabei die denkbar geringsten Anschaffungen nötig, hingegen derjenige, der aus der Herstellung einen Broterwerb machen will, schon etwas weiter ausholen muß; wer sie aber gar fabrikmäßig herstellen will, der wird gut tun, sich hierzu die neuesten Erfindungen auf dem Gebiete der Blumenstanz-, Preß- und Färbe- bzw. Malmaschinen zunutze zu machen. Zunächst wollen wir uns hier über die erste Herstellungsmethode verbreiten.

Als Werkzeuge dienen: eine Schere, ein Falzbein (auch Beinstäbchen), das möglichst gewölbt ist, eine 1 cm starke, 10 cm breite und 12 cm lange Gummiplatte, einen Pfriem, ein Riefer, auch genügt eine starke Stricknadel, eine Pinzette, 2—3 Höhler, das sind kleine Hölzer, an deren Enden Kugeln gedrechselt sind in Größe von ½—1½ cm. Man kann hierzu auch Metallkugeln an Stäbchen (sogenannte Drükker) verwenden, die noch den Vorzug genießen, daß sie sich erwärmen lassen, was von großem Wert bei besseren Blumen ist, wie wir später sehen werden. Alsdann werden noch benötigt: Gummiarabikum mit Pinsel und ein Gefäß (Glasschale) zum eventuellen Färben.

An Materialien sind erforderlich: gutes Seiden-, Krepp-, eventuell auch Samtpapier in den verschiedensten Farben. Einige Proben Anilinfarben, Blumendraht und künstliche Staubgefäße. Letztere sind z. B. bei Margaretenblumen in Form von Fruchtböden der Kamille oder des Steinbrechts zu verwenden.

Da wir hier unmöglich die Grundformen für künstliche Blumen alle im Bilde wiedergeben können, so sei vorweg bemerkt, daß uns die Grundform (Modell) jede Naturblüte gibt, indem wir sie zerlegen, d. h. einzelne Blütenblätter, auch Kelche, abpflücken und uns diese als Vorbild dienen lassen. Aber nicht immer werden wir so ein Naturvorbild für die Kunst gebrauchen können, so würde z. B. die Herstellung einer gefüllten Nelke, einer Kornblume, ja selbst einer Margarete nach dem Originalblütenblatt unsägliche Zeit und Mühe kosten. Hier hilft man sich, indem man soviel Naturblütenblätter aneinander reiht, bis dieselben einen Kreis beschließen (siehe Abbildung).

Abb. 80 a

Die Blütenblätter werden vorteilhaft ausgeschnitten, indem man das Papier zehnfach übereinanderlegt und dann nach Skizze (die in Pappe herzustellen ist) aufzeichnet und ausschneidet. Bei den Modellen a, b und c ist in der Mitte ein Loch mittels eines Pfriem einzudrücken zwecks Durchführung des Blumendrahtes. Bei Schnitten, wie Abb. d und e, erübrigt sich dasselbe, wir werden dies aus einer später gegebenen Erklärung herauslesen.

Die so hergerichteten Schnitte (auch sind solche unter dem Namen „Blumenausschläge“ in Kunstblumenhandlungen käuflich) werden, wenn sie noch nicht den richtigen Farbton haben, nun erst gefärbt, und zwar in einer Anilinlösung. Die betreffende Anilinfarbe oder ähnliche, in Wasser oder Spiritus lösliche Farben werden mit siedendem Wasser aufgelöst und dann werden dieser Lösung 10 vH Spiritus beigefügt. In diese Lösung werden die zehnfachgeschichteten Ausschnitte bzw. Ausschläge entweder ganz getaucht (z. B. bei weißem Papier) oder nur mit dem Rande oder je nachdem, wie es uns die Natur oder Phantasie vorschreibt. Soll sich die Farbe gut, d. h. ohne Rand über die Fläche verteilen bzw. schwach auslaufen, so ist zu empfehlen, die Päckchen zuvor gänzlich einmal in reinen Spiritus zu tauchen, auszudrücken und sofort färben. Will man Pünktchen oder gemengte Farben auf eine Unterfarbe auftragen, so muß der zur Färbung bestimmte Schnitt trocken sein; am besten ist es, man färbt sich ganze Bogen Papier extra für solche Zwecke, und zwar einzeln, da trockenes Papier den Farbstoff nicht so gleichmäßig durchläßt wie das mit Spiritus befeuchtete. Für Kelche bzw. Kelchblätter verwendet man etwas stärkeres Papier, sogenanntes Wachsblumenpapier oder auch leichtes

Abb. 80 b

Abb. 80 c

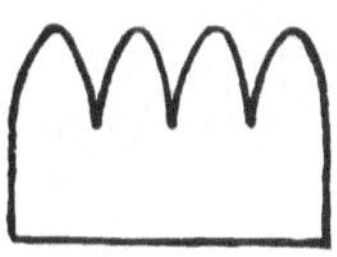

Abb. 80 d

Kartonpapier oder — was noch besser ist — man bezieht fertige Kelche. Diese sind aus Masse gefertigt und geben der Blume gleichzeitig einen guten Halt.

Nach dem Färben werden die Päckchen auf einem nicht rostenden Drahtsieb zum Trocknen gelegt. Sind dieselben vollends trocken, so kann man mit dem Formen, also Drücken, Riefen, Höhlen, Falzen usw. beginnen. Zu diesem Zwecke legt man die Schnitte einzeln oder zu dreien auf die Gummiplatte. Schnitte für bessere Rosen werden mit dem entsprechend großen Drücker je einmal, mehr oder weniger stark, an jedem Bogenrand gedrückt. Schnitt c hingegen wird mit dem Riefer in der Mitte längs und Schnitt d quer gedrückt. Sollten sich die Formen nicht genügend ausprägen, so muß das Riefen bzw. Drücken auf warmem Wege geschehen.

Ein Schnitt wie e wird weder gedrückt nach gerieft, sondern gerollt, und zwar nimmt man hierzu eine Schere in die rechte Hand, bringt einen Zacken des Schnittes zwischen Scherklinge und Daumen, drückt ziemlich fest an, hält mit der linken Hand den Schnitt fest und macht nun mit der rechten Hand einen Zug auf jeder gerundeten Ecke; hierdurch entsteht eine Wölbung. Sind nun alle Zacken gleichmäßig gerollt, so beginnt man an einem Ende damit, den Streifen tütenartig zusammenzuraffen, und zwar so, daß man die gerade Seite nach außen nimmt. Hat man auf diese Art die Rosenform herausgebracht, so nimmt man einen Blumendraht und wickelt ihn einigemal recht fest um die untere geraffte Partie, und die Phantasierose ist fertig.

Rosen oben angeführter Art lassen sich auch schöner herstellen, indem *nicht* eine ganze Reihe gleichmäßiger Zacken dazu verwendet, sondern stets nur je drei Zacken und dann verschieden in der Größe und die einzelnen Dreizackenschnitte möglichst jede um einen Farbenton heller, so, daß der hellste Ton nach außen und der dunkelste für das Innere verwandt wird.

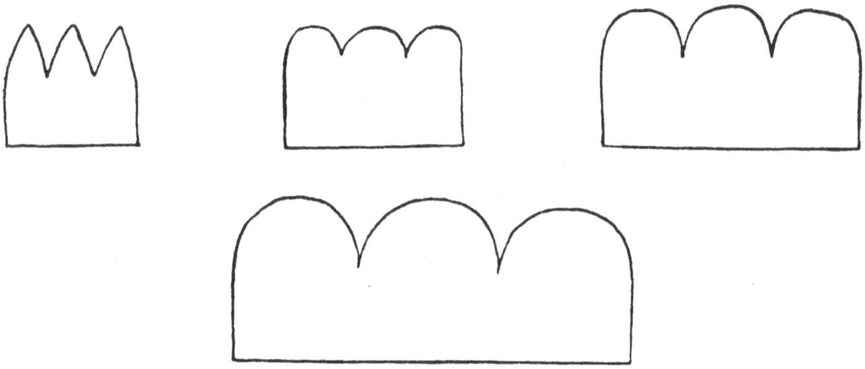

Abb. 80e

Die Zusammenstellung ist genau wie bei der beschriebenen Phantasierose, nur — bevor man den Draht herumlegt, lege man um die Rose einen aus grünem Papier strahlenartig geschnittenen Kelch herum und befestige nun erst den Draht, welch letzterer mit einem schmalen Streifen grünen Papiers vom Befestigungspunkt an nach unten zu umwickelt wird.

Einfache naturähnliche Rosen, z. B. Teerosen, fertigt man nach Skizze b und c, indem man von jeder Form drei verschiedene Größen schneidet. Die Schnitte mit den spitzen Zacken werden von der Innenseite gerafft, die Schnitte mit den runden Zacken hingegen werden wie die Zacken bei der Phantasierose behandelt. Ist dies geschehen, so nimmt man den für die inneren Blätter einen kleinen, für die größeren auch einen größeren Höhler und preßt diesen in die Mitte des Schnittes. Selbstverständlich wird dieses Pressen auf einer Gummiplatte oder in der hohlen Hand vollführt. Sind so alle Formen und Größen fertig — die wiederum nach Farbenstufen gesetzt werden, nimmt man einen langen starken Blumendraht, biegt an diesem oben eine Öse, nimmt einige Dutzend Staubfäden, befestigt sie mittels Zwirnfaden oder klemmt sie in die Öse fest und steckt den Draht nunmehr durch die fertig gerollten bzw. gerieften Schnitte, legt ein Kelchblatt oder besser einen aus Masse gefertigten Kelch, streift auch diesen auf und umwickelt ebenfalls mit grünem Papier den Drahtstiel.

Noch bessere, schönere, naturähnlichere Rosen fertigt man aus einzelnen Blütenblättern, wie sie uns die Natur zeigt. Diese werden am besten aus dreifachem Seiden- oder noch besser aus dreifachem Kreppapier geschnitten. Um recht schöne Farbtöne zu erzielen, legt man zwischen zwei hellen Farben stets einen etwas dunkleren Ton gleicher Farbe. Diese Blätter werden, wenn nötig, mit Klebstoff zusammengeklebt, alsdann einzeln um die am Draht befestigten Staubfäden mit einem Faden gewickelt. Soll auch der Stiel natürlicher erscheinen, so streift man über den Blumendraht einen grünen Gummischlauch und steckt mit etwas Klebstoff einige grüne Rosenblätter hinein und die Rose ist fertig montiert.

Wir haben bisher vorwiegend von der Herstellung der Rosen gesprochen, und zwar mit Absicht, denn wer diese nach Angabe — von der einfachsten Phantasierose bis zur naturähnlichen Rose — anzufertigen imstande ist, wird ohne Frage auch andere Blüten und Blätter nachbilden können.

Weitere Hilfsmittel zur Erzielung höchster Naturtreue z. B. ist die Verwendung von kleinen Teilchen der Gansfeder als Staubfäden bei Nelken.

Zur Formung schöner Rosen- und anderer Knospen verarbeitet man Packwatte, die dann mit Papierformen überklebt wird.

Bei Vergißmeinnicht, Veilchen und ähnlichen Blumen, die eine kleine gelbe Mitte haben, bereitet man sich einen Brei aus gelber Farbe, Dextrin und Mehl oder Schlemmkreide, die mit Wasser angerührt wird, und betupft damit die Mitte der Blüten, nachdem man dieselben auf steifes Garn, Kordel oder Stoffstielen aufgespießt hat. Dieser Brei dient somit als Kleb- und Farbstoff. Mit diesem Brei fertigt man auch kleine und kleinste Knospen. Man schneidet sich zu diesem farbigen dünnen Bindfaden, Garn oder umsponnenen Draht in kurze gleichmäßige Enden, klemmt davon einen Teil gleichmäßig in eine Akten- bzw. Papierklammer und taucht dieselben nur mit dem äußersten Ende in die Masse. Werden die sich bildenden Knötchen vom einmaligen Tauchen noch nicht dick genug, so taucht man sie nach jedem Trockensein nochmals ein. Auf diese Weise stellt man sich selbst auch die Staubfäden her. Der Brei ist nach Bedarf und Farbe anzurichten.

Wer den Blumen nun noch einen Überzug geben will, der dieselben gegen Feuchtigkeit schützt bzw. dieselben abwaschbar präparieren will, der kaufe sich Wachsmasse (Paraffin mit weißem Wachs) in einer Drogerie, zerstückele die Masse, lege sie in ein Gefäß, stelle dasselbe in einen Kochtopf mit Wasser und dann auf Feuer. Sobald die Wachsmasse flüssig ist, tauche man die fertigen Papierblumen vorsichtig hinein und ziehe sie sogleich—aber ebenso vorsichtig—wieder heraus, spritze sie ein- bis zweimal ab und achte darauf, daß die Form die alte geblieben ist. Sollten die Blütenblätter zusammengeklappt sein, so öffne man sie mit einem Stab oder einer Scherenspitze.

Will man nun wiederum Natürlichkeit erzielen, so überschütte man die gewachsten Blüten mit Kartoffelmehl, wodurch der unnatürliche Glanz des Wachses gedämpft wird.

Wie bereits eingangs erwähnt, nehme man für Blumen, die gewachst werden sollen, starkes Seidenpapier, sogenanntes Wachsblumenpapier, zum mindesten aber dünnes Seidenpapier doppelt.

Den fertig gewachsten Blumen wird der Drahtstiel zu einem Haken gebogen und auf Schnüre zum Trocknen aufgehängt.

Wir hätten nun noch der Herstellung des Laubes und deren Montierung am Stiel zu berücksichtigen; denn erst durch das Laub wird die Blüte zu ihrer Schönheit kommen, durch sie erst wird die Blüte zur Blume.

Genau wie bei der Blume, ist auch hier die Natur stets das beste Vorbild. Wir müssen zugeben, daß die handmäßige Herstellung des Laubes unsäglich viel Mühe kostet, wenn man Naturähnlichkeit erzielen will; weil da sind: sehr viele Formen, Größen, Farben usw. Besonders werden die gezackten und gezähnten Blätter Zeit und Genauigkeit erfordern. Um so stolzer aber wird man darauf sein können, wenn es gelingt, die Natur getreu kopiert zu haben.

Aber nicht nur Laub für Blüten läßt sich schaffen, sondern auch schöne Laubzweige an sich; auch Laubranken. Man denke nur einmal an die malerischen Ranken des wilden Weines im Herbst.

Nun zur Herstellung selbst. Man nehme steifes, wenn möglich schwaches Kartonpapier, zeichne sich mit einem nach der Natur geschnittenen Modell die Konturen auf und schneide — nachdem man das Papier mehrfach übereinander gelegt hat — die Form aus. Zu bemerken ist, daß man sich von jeder Gattung Blätter wenigstens drei Größen anfertigt. Nun beginne man mit dem Färben, vorausgesetzt, es handele sich nur um grünes Laub, so nehme man grünes Papier und trage alsdann mit einem feinen Tuschpinsel die Hauptadern mit dunkelgrüner Tusche auf.

Für Blätter, wie die von Begonien, Alpenveilchen usw., die sehr markante Farbzeichnungen aufweisen, fertige man sich am besten eine Schablone aus steifem Karton an und trage die entsprechenden Farben auf.

Herbstliche Schattierungen bringe man besser vor dem Ausschneiden zu Papier, und zwar in der Art, wie bei der Färbung der Nelken beschrieben.

Will man nun noch weiter in der „Natürlichkeit“ gehen, wie z. B. von Raupen gefressene Blätter nachahmen, so nehme den Riefer (oder irgendeinen starken, runden Eisendraht), mache ihn glühend und senge damit mehrmals dicht nebeneinander, auch an den Rändern der Blätter, Löcher hinein. Die Wirkung dieses „Vandalismus“ ist mehr denn originell.

Nun erfolgt das Prägen der Blätter. Hierzu nehme man in Ermangelung von Matrizen, wie die Fabriken sie verwenden, den Rücken der Scherspitze, erwärme diese und versuche von der Rück- und Vorderseite die Haupt- und Nebenadern zu prägen.

Sind Formen und Farben des Laubes fertig, so beginne man mit dem Hinterlegen bzw. Anstielen desselben. Ein nachgeahmtes Rosenblatt hat wohl einen Stiel, er ist aber ohne Hinterlegung völlig haltlos; während ein Fliederblatt oder gar ein Akazienblatt ohne Drahtstiel undenkbar ist. Die Hinterlegung geschieht wie folgt: Man nehme übersponnenen, weichen Blumendraht, schneide denselben in erwünschte gleichmäßig lange Enden, bestreiche diese Enden mit Klebstoff (am besten Fischleim) und lege sie längs in der Mitte der Rückseite des Blattes und streife (drücke) denselben mit dem Fingernagel fest. Sind die zu hinterlegenden Blätter groß, so tut man gut, über dem Draht noch einen schmalen Streifen grünen Seidenpapiers zu kleben, und zwar so, daß er rechts und links vom Draht noch das Blatt faßt. Gefiederte oder zusammenzusetzende Blätter, wie Kastanienblätter, werden einzeln hinterlegt und dann in der Basis zusammen an einen oder mehrere starke Drähte befestigt. Um nun solche Stiele natürlicher erscheinen zu lassen, umwickelt man dieselben schwach mit Watte oder Resterstreifen von Kreppapier und nun mit Wickelpapier, das die gleiche Farbe aufweist wie das Blatt.

Das Montieren (Zusammensetzen) von Blattzweigen oder -ranken geschieht in gleicher Weise wie das Verdicken der Stiele, indem zwischen den Blättern bzw. Zweiglein (Triebe) allemal Watte oder Papier und Wickelpapier gewickelt wird. Sollte durch das bloße Anlegen oder Umwickeln der Blattstiele um den starken Draht nicht genügend Halt in den Zweig kommen, so daß sich die Blätter drehen, so ist notwendig, jedes einzelne Blatt mit ganz dünnem Draht (Wickeldraht) zu befestigen.

Soweit über die Herstellung der Papierblumen und -blätter mit der Hand. Wohl ließe sich die Beschränkung noch dahin ergänzen, wie diese und jene Blume oder jenes noch besonderer Schnitte und Kniffe usw. bedarf, doch erschien uns dies überflüssig, da man erfahrungsgemäß sehr bald selbst dahinter kommt, ist nur erst der Anfang gemacht.

Im großen und ganzen ist der Gang der Herstellung bei der fabrikmäßigen Herstellung derselbe wie der zuvor beschriebene. Nur bedient man sich beim Herrichten der Schnitte nicht der Schere, sondern des Ausschlageisens oder der Stanzmaschine.

Mittels des Ausschlageisens — das nebenbei bemerkt sehr sauber und genau gearbeitet sein muß — lassen sich mit einem Schlage ein bis zwei Dutzend Schnitte bzw. Ausschläge herstellen. Während hier der Druck vom Schlage des Holzhammers, neuerdings verwendet man vorteilhaft Lederklöppel, herrührt, besorgt ihn bei der Stanze die Maschine. Stanzeisen für die Maschine sind ohne Aufschlaggriff. Wird der Auswurf der Ausschläge aus dem Eisen beim Ausschlageisen mittels Pflöckels besorgt, so besorgt ihn bei der Maschine eine automatische Feder.

Die Prägungen der Blütenblätter sowohl wie ganzer Blüten (Winden, Enzian, Glockenblumen) usw., desgleichen die Aderprägungen des Laubes werden von der sogenannten Matrize erledigt. Die Matrize ist ein aus Messing gearbeitetes Prägeinstrument, das genau so arbeitet wie ein Prägestempel, also aus einem Negativ und einem Positiv besteht (letzteres nicht ausgearbeitet, sondern aus Filz bestehend, in dem sich das Negativ eindrückt), nur ohne Griff. Da der Druck von der Presse erledigt wird, ist zu bemerken, daß die Negative vor dem Pressen auf heißen Platten erhitzt werden. Ferner ist es aus zwei Gründen wichtig, die zu prägenden Blätter vorher anzustielen; denn erstens würde der Stiel schlecht auf dem geformten Blatt zu befestigen sein, zweitens wäre das Herausnehmen des Blattes aus der Matrize ohne Stiel eine sehr zeitraubende Sache. Sämtliche Farbtöne, bei Blättern sowohl wie bei Blüten, werden vor dem Pressen aufgetragen.

Wir wollen hierbei nicht zu bemerken vergessen, daß man zum Färben der Blätter wie Blüten sich vielfach der Luftmalapparate bedient und Farbeneffekte damit erzielt hat, die eine ganz neue Richtung auf dem Gebiete der Koloratur zeitigten. Die Mal-, richtiger Spritzweise, wird, nebenbei bemerkt, bei fertig geprägtem Laub bzw. Blüten angewendet, denn gerade durch die durch Prägung entstandenen Unebenheiten kommen die schönsten Farbenspiele zustande.

Die so gefertigten Blätter werden — falls dieselben zum Montieren besserer Zweige dienen sollen — nun einzeln in warmes Wachs getaucht, abgespritzt und locker hingeworfen, brauchen also nicht einzeln auf Schnüre gehängt werden, wie dies zuvor von den Blüten gesagt wurde.

Sollen ungewachste eventuell auch ungestielte Blätter verwendet werden (für billigste Zwecke), so falzt man das Blatt nur an der Basis der Länge nach ein und wickelt oder klebt das Blatt an die erwünschte Stelle.

Ähnlich verfährt man auch mit Blumen größerer Dimensionen, z. B. Riesenmohn oder Blüten, die für besondere Zwecke: Reklame, Lichtschirme, Nadelkissen, Maskeraden, Attrappen usw. in natürlicher

Größe hergestellt werden müssen. Die Blütenblätter werden dann meist zu 12 Stück, mit der warmen Kreppschere gekreppt, mit der Plisseemaschine plissiert oder mit großen warmen Drückeisen gedrückt.

Die Farbtöne derartiger übernatürlich großer Blüten und Blätter erzielt man am billigsten und einfachsten durch Verwendung verschiedenfarbiger Papiere. Will man z. B. zartrosa Rosen machen, so legt man beim Stanzen bzw. Kreppen usw. immer einen weißen Bogen auf kräftigrosa. Sollen die Farbtöne nach der Mitte hin kräftiger sein als an den Rändern, so legt man vor dem Drücken usw. ein entsprechend kräftigfarbiges Stück Papier ein.

Große billige Blüten werden am besten auf von einem Wattedraht angestielten Stück Pappe geklebt, der Kelch unterseits angeklebt, während das Laub an den Wattedraht — dieses sind mit Stoff und Papier umsponnene Drähte — mittels feinsten Haardrahtes, Garn oder Klebstoff befestigt wird. Soll der Stiel dicker und länger werden, so legt man den Draht entsprechend mehrfach an.

Für Massenfabrikation lohnt sich auch die Anschaffung einer Drahtschneidemaschine oder einer größeren, anschraubbaren Drahtschere mit langem Hebel.

Offene, auch halboffene Blüten, die außer den Staubgefäßen — letztere kann man aus Papierschnitzeln herstellen — noch einen sogenannten Fruchtboden aufweisen müssen, arbeitet man um letzteren herum. Für Mohnblüten kommen z. B. die natürlichen leeren Mohnköpfe in Betracht. Für andere Blüten verwendet man fast durchweg Balais, eine hierzu besonders fabrizierte Watteart. Balais wird meist mit umsponnenem Draht in der Mitte derart umklammert, daß er tief einschneidet und nicht zum Vorschein kommt. Muß der Fruchtboden sehr groß sein, wie beispielsweise bei Sonnenrosen oder großen Margariten, so fügt man mehrere nebeneinander oder klebt entsprechende Partien ein. Den Fruchtboden der Blüte einer Sonnenrose würde man am besten aus gelbem, den einer Skabiose aus dunkelrotem Balais fertigen. Muß der Fruchtboden bunt sein wie bei der einfachen Aster, der einfachen Georgine usw., so betupft man das Balais mit Klebstoff und streut gefärbten Gries oder gefärbte Grütze darauf, die Natürlichkeit ist verblüffend; auch Erika wird auf diese Weise mittels Chenille hergestellt. Zum Färben von Gries verwendet man Spiritusfarben.

Dies wären die wichtigsten Angaben über die Erzeugung der Papierblumen und Papierblätter bzw. Zweige usw.

Daß man Blüten und Blätter durch Wachsen wasserfest machen kann, wurde bereits anfangs bemerkt. Auch gibt es ein chemisches Verfahren, mittels dessen man Blüten und Blätter feuerfest macht, doch sind dies teils Geheimnisse der betreffenden Chemiker, die die dazu nötige Flüssigkeit nur lizenzweise abgeben, oder es sind Geheimnisse der Papierfabriken, die Asbeststoffe u. dgl. dabei verwerten.

Zum Schluß sei noch der Herstellung der zusammenlegbaren Papiergirlanden gedacht, die spezielle Verwendung bei Saal- und Straßendekorationen finden, und zwar aus Gründen der Haltbarkeit, der Billigkeit und der Leichtigkeit des Gewichts. Hinzu kommt noch die bequeme Handhabung und Versandfähigkeit. Alles Vorzüge gegenüber der Naturgirlande.

Die Herstellung als Massenartikel ist ganz besonders empfehlenswert, eigentlich als solcher erst lohnend. Nehmen wir an, es soll eine Eichenlaubgirlande von gleichmäßig runder Form (Boaform) gefertigt werden, so denke man sich fünf Eichenblätter derart in einen Kreis gelegt, daß sich die Stielenden der Blätter auf einem Punkte treffen. Hiervon entwerfe man eine Schablone, die ein ganzes, also ein fünfblättriges Eichenblatt darstellt und in der Mitte ein kleines Loch erhält. Von dem Modell wird eine gleichartige Stanzform angefertigt. Von diesen aus dunkelgrünem Papier gewonnenen Blättern klebe man immer je zwei Schnitte an ihren fünf äußersten Spitzen zusammen, ziehe die fertigen auf eine Schnur (10 bis 20 geklebte Teile je nach Größe genügen für einen Meter) und klebe diese aufgezogenen Teile nun erst mit ihren äußeren Seiten in der Mitte zusammen, so daß dieselben beim Auseinanderziehen wie eine Harmonika erscheinen. Am Anfang und Ende der Girlande wird ein aus Pappe gestanztes Blatt aufgeklebt, der Bindfaden verknotet, und die Girlande ist fertig.

Derartige Girlanden lassen sich selbstverständlich durch andere Formen, Farben sowie durch Dazwischenfügen bzw. -kleben von Blüten, Wimpeln, Lampions usw. abwechslungsreich herstellen.

Blüten, die man zwischen die Laubgirlanden anbringen will, sind derart zu falzen, daß stets vier (beispielsweise) Rosenschnitte je zweimal geknifft werden und die vier gekniffen Schnitte — mit ihrer Basis zusammengeklebt — je eine Blüte zum Zwischenfügen ergeben, ähnlich der Blüten, wie man sie bei Aufstell-Gratulationskarten macht.

Girlanden, die auf diese Art hergestellt sind, würden bei einer ausgezogenen Länge von 5 m im zusammengelegten Zustande höchstens einen Raum von 10 zu 10 cm ergeben; woraus sich wiederum ergibt, daß dieser Handelsartikel einen vorzüglichen Versandartikel abgibt.

Was man alles aus Papier machen kann [1])

Daß man Scherz- und Kotillonartikel, Trinkbecher und Zigarrenspitzen aus Papier herstellt, das weiß wohl jeder; daß es aber auch ganze Anzüge, Küchengeräte, Maschinenteile usw. aus Papier gibt, das dürfte wohl weniger allgemein bekannt sein. Es gibt kaum einen Industriezweig, dessen Erzeugnisse oder Materialien nicht auch aus Papier hergestellt werden können. Auch dem Schuhmacher pfuscht der Papierer ins Handwerk und fertigt papierene Schuheinlagen, Kappen, Gelenkstücke u. a. Seligen Gedenkens sei auch an die Papiergarne erinnert, die spinnfähig hergestellt wurden und die während der Kriegszeit als Ersatz für die verschiedensten Textilien ihren Zweck unter dem Zwange der Notwendigkeit erfüllen mußten. Auch Watte für das Krankenzimmer, Zellstoffwatte mit und ohne Mulleinlage, Zahnarztröllchen u. dgl. m. gibt's aus Papier. Seide, Zwirn, Garn, Roßhaar, Flechtstroh, in allen Stärken und Farben, können künstlich aus Papier hergestellt werden und daneben allerhand gewebte, gesponnene und geflochtene Gebrauchs- und Luxusartikel, als da sind: Teppiche, Läufer, Wandstoffe, Stores, Matratzenstoffe, Handtücher, Servietten, Taschentücher, Schürzen und wie vorhin angedeutet, ganze Anzüge, Röcke, Kleider, dazu Säcke, Marktnetze, Wäscheleinen, Packbindfaden u. v. a. Über die Dauerhaftigkeit derartiger Artikel sind auf Grund der gewonnenen Erfahrungen die Ansichten allerdings geteilt. Für gewisse Gebiete jedoch wird das Papier bzw. der Papierstoff zweckdienlich zu verwenden sein. Man fertigt allerhand kleine Gegenstände als Ersatz teurer Rohstoffe heute aus Papier, wie Portierenringe, Werkzeughefte, Kannengriffe, Puppenbälge und Glieder, selbst Federhalter und Bleistifte, zierlich gepreßte und gemusterte Stuhlsitze, Papierkörbe u. a. m. Man könnte sich schon einen ganzen „papiernen" Haushalt zusammenstellen, denn auch Eimer und Schüsseln aus Papier gibt es, wie auch besonders hergerichtete Kochbeutel, die man mit den zu kochenden Speisen in heißes Wasser taucht.

Aber auch für den technischen Bedarf liefert das Papier manches, gewisse Maschinenteile, Spulen für Webstühle, Isolierscheiben für elektrische Anlagen usw. und dem Modelleur ist im Papierstuck [*]) ein brauchbarer Stoff entstanden, der sehr vorteilhaft statt Gips verwendet wird. All diese verschiedenartigen Gegenstände entstehen aus

---

1) Interessenten für die Verwendungsmöglichkeiten für Papier sei auch das kleine Büchlein „Umgang mit Papier, ein launiges Lehrbüchlein für jedermann" empfohlen, das der Verein der Papierfabrikanten, Charlottenburg, Neue Grolmanstraße 5/6, abgibt.

*) Interessenten finden hierüber aufschlußreiche Mitteilungen in dem Buche: Heß, Pappenverarbeitung und Papiermaché. Techn. Verlag M. Krayn, Berlin W 35, Genthiner Straße 32.

dem üblichen Papierbrei, der zuerst zu dünnen Papierbogen wird und der sich dann in vielverzweigter Weiterverarbeitung allmählich zu einem Stoffe verändert, der selbst Eisen zu ersetzen vermag.

Neue Verwendungsarten für Papier

„The Worlds Paper Trade Review". So wird altes Zeitungspapier als Innenbekleidung für Häuser in Java verwendet und ist dadurch zu einem neuen Ausfuhrartikel von Portland geworden. Zu diesem Zweck wurde aus San Franzisko Zeitungspapier nach Java verschifft. Das Material ist trotz der Transportkosten billiger als andere Stoffe. Eine andere Papierverwendung betrifft die Herstellung wasserdichter Regenschirme. Sie bestehen aus einem inneren und einem äußeren Kegel, die auf einen Stock gesteckt und durch ein Geheimverfahren wasserdicht gemacht sind. Sie widerstehen stärkstem Wind, kosten 25 Cents und können wiederholt benutzt werden. Ferner sollen die neuen Fordwagen einer Nachricht aus Detroit zufolge aus Papiermaché hergestellt werden. Leim, Baumwolle und Formaldehyd sollen die Hauptbestandteile des neuen Stoffes sein. Die General Paper Products Company in Philadelphia erzeugt jetzt Fetthülsen aus Papier, die mit Schmieröl gefüllt und in die Schmiervorrichtung von Automobilen eingeführt werden. Die Hülse hat die Form einer Gewehrpatrone, sie verhindert das Verspritzen von Öl und das Beschmutzen der Hände beim Füllen der Schmiervorrichtung. Die Patrone soll nach patentiertem Verfahren sich selbst füllen können.

Aus dem Journal für Buchbindereien, Pößneck-Leipzig.

Milchflaschen aus Papier

Papiermilchflaschen werden von einer der großen *Londoner* Molkereien ausprobiert. Aber man wird noch abwarten müssen, ob sie sich als die ideale Milchflasche, nach der der Handel schon lange sucht, herausstellen werden.

Auf den ersten Anhieb scheinen die Glasmilchflaschen eine befriedigende Lösung des Problems darzustellen, doch Glas bricht, und z. B. in London gehen der Wirtschaft im Jahr über 250 000 Mark durch die Empfindlichkeit des Materials verloren. Aber die Glasflaschen zerbrechen nicht nur, ein großer Teil *verschwindet,* weil sie wegen ihrer guten Verwendbarkeit für alle möglichen anderen Dinge gebraucht werden und nicht an die Molkerei zurückgehen.

Nicht zuletzt wird auf die teure Prozedur des Reinigens der Flaschen hingewiesen und auf die großen Verluste, die durch das Sauerwerden der Milch bei mangelhafter Ausführung dieser Arbeit entstehen. Beides würde bei Verwendung von Papiermilchflaschen wegfallen, da man sie selbstverständlich *nur einmal gebrauchen* kann, eine Tatsache, die natürlich den Betrieb wieder wesentlich verteuert. Es ist also die Frage, ob die Herstellung der Papiermilchflaschen so billig durchgeführt werden kann, daß letzten Endes doch noch eine Ersparnis zu verzeichnen ist und ob in diesen billigen Flaschen die Milch auch lange genug, ohne durchzuweichen, stehen kann.

Aus dem 12-Uhr-Blatt, Berlin.

Hygienische Trinkbecher

Ein amerikanischer Arzt hat bereits seit einer Reihe von Jahren die öffentlichen Trinkbecher als gesundheitsschädlich erklärt. Jetzt ist es ihm nun aber gelungen, in dem Pennsylvania Capitol zu Harrisbury Maschinen einrichten zu lassen, welche hygienische, aus Paraffinpapier hergestellte Trinkbecher liefern. Zwei Arten von Maschinen sollen eingeführt werden. Die eine ist eine öffentliche Verkaufsmaschine, von welcher jeder Durstige für zwei Pfennige einen hygienischen Becher erhalten kann. Die andere Art Maschine ist dieser ersten sehr ähnlich, verteilt aber die Becher kostenfrei; die Automatenmaschine soll in den Gängen bei den öffentlichen Brunnen aufgestellt werden, und die umsonst liefernden Maschinen sollen ihren Platz in der für die Arbeiter bestimmten Abteilung bekommen. Die Becher beider Art von Maschinen werden die Form eines gewöhnlichen Wasserglases haben.

Kurzwaren aus Papier

Eine eigenartige Industrie, die sich auf die Herstellung von Knöpfen, Schnallen und Hutschmuckartikeln aus Papier verlegt, bildet sich, wie die Zeitschrift „Kunststoffe" (München, Verlag J. F. Lehmann) berichtet, in *Österreich* aus. In verschiedenen Betrieben verarbeitet man mittels Handhebelpressen Hart- oder Kartonpapier, die durch Tauchung besondere Oberflächenveredlung erfahren. Als Überzugsschicht verwendet man bei der Tauchung Gelatine und auch Lacklösungen, die durch Zusätze von Farben getönt sind. Die Leimüberzüge erfahren Härtung im Formalinbade, damit der Überzug auch gegen Feuchtigkeitseinwirkungen unveränderlich bleibt.

Aus dem Allgemeinen Anzeiger für Buchbindereien, Stuttgart.

Sonnen- und Regenschirme aus Papier

Eine Mitteilung des italienischen Industrieministers regt die italienischen Fabrikanten an, Schirme aus Papier herzustellen, wie sie in den ostindischen Besitzungen der Niederlande von fast jederman verwendet werden. Sie bestehen aus Papier, das durch Tränken mit geeignetem Stoff wasserundurchdringlich gemacht und dabei genügend fest ist. Der Handgriff und das Gestell sind aus Bambus. Das italienische (wohl auch das deutsche?) Konsulat in Batavia gibt nähere Auskünfte und Muster.

Knöpfe aus Papier

Knöpfe, Schnallen und andere, beim Garnieren von Hüten nötige Verzierungen, werden jetzt nach einem neuen Verfahren aus Pappe hergestellt. Man formt die gewünschten Gegenstände aus der knetbaren Masse, tränkt sie mit Gelatine oder einer Firnislösung und härtet die Preßlinge schließlich in einem Bade von Formaldehyd. Man kann aber auch zunächst die Pappe in der geschilderten Weise imprägnieren und dann die verschiedenen Gegenstände stanzen.

Dachziegel aus Papier

Gerbstoffhaltiges Papier von starker Faser wird mit einer Lösung von 30 Teilen Ammoniumsulfat, 6 Teilen Zinkchlorid, 10 Teilen Natriumsilikat und 10 Teilen Borsäure in 400 Teilen Wasser gut durchtränkt und dann getrocknet. Dann wird es mit einer Mischung von 30 Teilen Asphalt, 40 Teilen Steinkohlenteer, 10 Teilen eines trockenen Öles, 10 Teilen Graphitstaub und 10 Teilen Asbestpulver bestrichen und mit Graphitpulver gestäubt. Schließlich wird es getrocknet.

Aus der Kartonnagen- und Papierwaren-Zeitung, Dresden.

Papier-Hausschuhe

Papier ist ein Allerweltstoff. Es wird zu tausenderlei Dingen verarbeitet, und es spielt schon lange auch auf dem Gebiete der Bekleidung eine Rolle. Selbst bei der Erzeugung von Stiefeln und Schuhen wird es vielfach herangezogen.

In U. S. A. bewährt es sich, wie die „Papierwelt" meldet, seit einiger Zeit zur Herstellung eines recht nützlichen Geschenkes, das viele amerikanische Gasthöfe ihren Gästen widmen. Man bekommt dort nämlich ein Paar Hausschuhe oder Pantoffeln, untergebracht in einem hübschen Reiseetui, ins Zimmer gestellt.

Pantoffeln wie Etui bestehen aus japanischem Papier, sind tadellos gearbeitet und von gefälligem Aussehen. Die Sohlen sind aus mehreren Papplagen gearbeitet, die den Fuß warm halten. Die neuartige Fußbekleidung ist bequem und so elastisch, daß sie auch paßt, wenn sie an sich für den betreffenden Fuß ein wenig zu groß ist.

Steife und Spitze sind kräftig, die Steife zum Umschlag eingerichtet. Gesäumt ist der Schuh bzw. der Pantoffel durch eine geflochtene Papierschnur. Auf dem Oberteil ist Reklame angebracht. Das haltbare Etui wird durch einen Druckknopf verschlossen.

Natürlich begrüßen die Reisenden das Geschenk und die dadurch gebotene Bequemlichkeit dankbar, und mancher von ihnen wird die ihm zur Verfügung gestellten Pantoffeln oder Hausschuhe gern mitnehmen, was ja auch erlaubt und beabsichtigt ist, damit dieses Geschenk seinen Reklamezweck noch eine Zeitlang erfüllen kann. Zweifellos wird die Einführung derartiger Hausschuhe in Hotelbetrieben willkommen geheißen werden.

Papierwelt, Pößneck.

Kohlensäcke aus Papier

Die guten Erfahrungen, die man bei der Verwendung von Papier für den Zementversand gemacht hat, haben neuerdings in England dazu geführt, auch für die Beförderung von Kohle und Koks auf kleinere Entfernungen Papiersäcke zu benutzen. Diese haben sich, nachdem sie durch ein besonderes und vorläufig noch geheim gehaltenes Verfahren außerordentlich zähe und widerstandsfähig gemacht worden sind, in geradezu erstaunlicher Weise selbst der gröbsten Behandlung und stärksten Inanspruchnahme gewachsen gezeigt. Damit kann als erwiesen gelten, daß diese Art Säcke auch noch verschiedenen anderen Verwendungszwecken dienstbar gemacht werden können. Als besonderer Vorteil der Papiersäcke wird aus Verbraucherkreisen gepriesen, daß sie gegenüber den aus Textilgeweben hergestellten Säcken den Vorteil größter Dichtigkeit und Undurchlässigkeit besitzen.

R. S.

Panamahüte aus Papier

Die Japanpapier-Importgesellschaft Drißler & Co., Frankfurt a. M., zeigt einen derartigen aus Papier gefertigten Panamahut als Muster eines Sondererzeugnisses der Japan-Paper-Industry Co., Ltd., Osaka, des größten Japanpapier-Konzerns. Diese Toyo-Panamas machen, wie das Muster ausweist, tatsächlich einen vorzüglichen Eindruck. Für das Auge desjenigen, der nicht gerade genauer Kenner von echten Panamahüten ist, werden sie von solchen nicht zu unterscheiden sein. Man wird ihnen vor allem nicht ansehen, daß sie aus Papier bestehen. Sie sind leicht von Gewicht und sauber gearbeitet. Gegen Feuchtigkeit, selbst gegen Regen, sollen diese Hüte nahezu unempfindlich sein. Es läßt sich annehmen, daß sie auch auf den deutschen Märkten eine erhebliche Rolle spielen werden, denn sie erscheinen als Hüte sowohl für Damen wie für Herren durchaus geeignet. — Außer dem Panamahut bemustert die Firma Drißler & Co. noch ein Papiergewebe, gleichfalls aus Japan stammend, das schon im vergangenen Jahr viel zu feinen Damenhandschuhen verarbeitet worden ist. Das Papiergewebe ist außerordentlich haltbar; es dürfte sich auch zur Herstellung von Damenhandtaschen und dergleichen eignen. — Auf alle Fälle handelt es sich hier um sehr bemerkenswerte Sondererzeugnisse, die die Aufmerksamkeit der Fachgenossen verdienen.

Papierwelt, Pößneck.

Faltenschirme für Beleuchtungskörper

Der Faltenschirm aus Papier mit stützender Pappscheibe und einer Schnur samt Troddel aus Kunstseide ist große Mode geworden und der Bedarf darin steigt von Tag zu Tag, zumal nun auch das Ausland, vor allem Amerika und die nordischen Länder nach und nach daran besonderen Gefallen finden. Die Kartonnagenerzeuger Deutschlands tun gut daran, dieser Moderichtung Rechnung zu tragen und sich auf diese einfache Erzeugung einzurichten.

Faltenschirme lassen sich in mannigfaltiger Musterung aus den verschiedensten Papieren herstellen. Man kann dazu spezielle Falzmaschinen oder auch Handarbeit verwenden. Die Klebestellen müssen ebenso wie die Ausstanzungen für den Eingriff der Papp-Stützscheibe und für das Durchziehen der Seidenschnur in sehr sauberer Weise erzeugt werden. Als Material für den Faltenschirm eignet sich besonders holzfreies gutes Druckpapier von 60 bis 80 g/m², wenn es sich um Schirme mittlerer Preislage handelt. Dieses Papier erhält man mit allen denkbaren Mustern bedruckt als spezielles Lampenschirmpapier in den einschlägigen Papiergeschäften. Zumeist sind diese Papiere maschinenglatt, seltener satiniert. Für bessere Lampenschirme werden holzfreie Zeichenpapiere verwendet, welche handbemalt, dem Kunstgewerbe guten Verdienst bringen. Man hat auch mit Seidenpapier gefütterte Papierschirme oder Schirme aus künstlerisch gemusterten matten Chromo-Papieren mit Zaponlacküberzug. Da diese Faltenschirme sich sehr gut verpacken lassen, nützt man auch den

Frachtraum vorzüglich aus. Neuestens benützt man diese Schirme als Schutz gegen den schwarzen Staub an den hellen Decken über den sogenannten Deckenlampen. Die Ursache dieser schwarzen Staubbildung ist das elektrische Spannungsfeld, welches sich um jede brennende elektrische Lampe bildet und das den Staub der Luft um die Lampe auf der Decke als Kathode niederschlägt. Auf dieser Beobachtung gründete der Deutsche Möller jenes elektrische Staubabscheidungsverfahren, welches bezeichnenderweise später aus Amerika kommend, als das Cotterel-Möller-Verfahren in die deutsche Industrie (Schwefelsäure-, Zellstoff-, Metallhütten-, Zement- usw. Industrie) Eingang fand.

Durch Einschaltung der kleinen Papier-Faltenschirme zwischen Lampe und Decke erfolgt die Niederschlagung des schwarzen Staubes nicht auf der Decke des Lokales, sondern auf der Oberseite des Papierschirmchens. Man erhält dadurch die Decke selbst rein und hat nur von Zeit zu Zeit nötig (ein- bis zweimal im Jahr), die Faltenschirmchen auszuwechseln oder gründlich abzustauben, was wesentlich einfacher und billiger ist, als wenn man den in der Decke förmlich eingefressenen schwarzen Staub mit einem Stahlschaber abkratzen und die Decke an diesen Stellen frisch vergipsen muß. Von einem Kaffeehaus diesbezüglich angestellte Versuche hatten das beste Resultat, auch an gasgefüllten, sehr starken Lampen, nur mußten die Faltenschirme den großen Lampen entsprechend genügend groß gewählt werden.

Direktor Ing. Belani, Villach.

Sprachrohre aus Papier

Wie aus *Amerika* berichtet wird, wirbt eine dortige Papierwarenfabrik neuerdings für ihre aus Papier hergestellten Sprachrohre, die in allen möglichen Farben und Ausführungen zu haben sind. Diese papierenen Sprachrohre sind, wie der „Papier-Zeitung“ berichtet wird, in der Hauptsache für den Sport bestimmt, und zwar wird als Hauptzweck das Anfeuern der Mannschaften bei sportlichen Wettkämpfen genannt. Es heißt in der Werbedrucksache, die sich selbst in der Gestalt eines solchen papierenen Sprachrohres zeigt: *„Schreien gewinnt die Spiele! Wie aber kann man schreien, wenn nichts hat, womit man schreien kann?“* — Diese papierenen Sprachrohre sollen das gesprochene Wort über den ganzen Sportplatz weitertragen. Wie es heißt, ist das papierene Sprachrohr sehr billig, es kann mit Reklame bedruckt sein und wird am Eingang des Sportplatzes an Stelle der Eintrittskarten verkauft. In gleicher Weise bildet es ein hübsches Erinnerungsgeschenk. — Sicherlich würde sich dieses papierene *„Schrei-Werkzeug“* auch für deutsche Verhältnisse anwenden lassen.

Allgemeiner Anzeiger für Buchbindereien, Stuttgart.

Regenschirme aus Papier in Amerika

Einer amerikanischen Blättermeldung zufolge wird die United Paper Board Company of New York demnächst die Fabrikation von Regenschirmen aus Papier auf breiter Basis aufnehmen, welche unter der Bezeichnung „Parella" in den Handel kommen werden. Diese Regenschirme sollen aus einem Material bestehen, das gegen Feuchtigkeitseinflüsse außerordentlich widerstandsfähig sein soll. Es wird behauptet, daß sich der Preis eines solchen Regenschirms auf nicht mehr als 15 Cents das Stück stellen wird, und es wird angenommen, daß sie im Hinblick auf diesen außerordentlich niedrigen Preis einer ungewöhnlich starken Nachfrage begegnen werden. Die Fabrikanten nehmen an, daß diese Regenschirme vornehmlich in Fällen plötzlichen Hereinbrechens eines Platzregens viel gekauft werden würden, und sind davon überzeugt, daß Geschäfte der verschiedensten Branchen und nicht zuletzt die großen Warenhäuser zu ihrer Kundschaft zählen werden. Bislang sind nur in Japan Regenschirme aus buntem oder gelacktem Papier hergestellt worden, doch bewegt sich der Preis der japanischen Artikel zur Zeit noch auf 47 bis 90 Cents das Stück.

Dr. E. P.

Wochenblatt über Pappe- und Papierverarbeitung, Dresden-A.

Die Fabrikation von Papierregenschirmen in China[1])

Nach der Papier- und Schreibwaren-Zeitung, Wien, stellt die Fabrikation von Papierschirmen einen ganz bedeutenden Teil der papierverarbeitenden Industrie Chinas dar. Zur Zeit wird die Produktion dieser aus Ölpapier bestehenden Regenschirme allein im Fabrikationsmittelpunkt Fukau (Foochow) von nicht weniger als 150 Firmen betrieben, welche insgesamt über 6000 Arbeiter beschäftigen. Ein sehr großer Teil der chinesischen Erzeugung wird im Inlande konsumiert, doch gelangen alljährlich sehr bedeutende Mengen zum Export, und zwar jetzt in der Hauptsache nach den Straits Settlements und dem Philippinen-Archipel. Bis vor wenigen Jahren haben diese Erzeugnisse auch in Europa und in den Vereinigten Staaten einen guten Absatz gefunden, neuerdings jedoch ist die von diesen Seiten ausgehende Nachfrage außerordentlich gering geworden.

Aus dem Distrikt Fukau haben im verflossenen Jahre 1 201 930 Papierregenschirme ihren Weg nach dem Auslande genommen, welche Ziffer mehr als das Dreifache des Jahres 1919 ausmacht, in welchem 407 120 Regenschirme zum Export gelangt sind. Das Exportgeschäft der Industrie von Fukau hat mit dem Anwachsen des Papierregen-

[1]) Aus Nr. 41 der Kartonnagen- und Papierwaren-Zeitung, Dresden 1929.

schirmhandels in ganz China somit mehr als gleichen Schritt gehalten. Im Jahre 1919 machte die Ausfuhr aus Fukau 15 Prozent der chinesischen Gesamtausfuhr aus; im Jahre 1927 hat sie sich bereits auf 25 Prozent der in diesem Jahre insgesamt 5 164 180 Schirme betragenden chinesischen Gesamtausfuhr belaufen, welche im übrigen in der Hauptsache nach Siam, den Straits Settlements, nach Holländisch-Ostindien und nach den Philippinen gerichtet gewesen ist, welche Märkte insgesamt 2 951 000 Stück im Werte von rund 1,8 Millionen Reichsmark aufgenommen haben.

Ein großer Nachteil bei diesen Schirmen ergibt sich dadurch, daß die chinesischen Fabrikanten es ganz allgemein nicht verstehen, das Öl, mit welchem die Schirme wasserdicht gemacht werden, ordentlich zu trocknen, wodurch die untere Papierschicht sich an die obere anklebt und beim Öffnen des Schirmes reißt. Überdies verbreitet das Öl in diesem schlechtgetrockneten Zustande einen sehr penetranten, üblen Geruch. Um diesen Schwierigkeiten zu begegnen, machen die chinesischen Fabrikanten schon seit längerer Zeit Versuche mit verschiedenen Stoffen, welche diesen Ölgeruch beseitigen sollen, doch haben sie bislang in dieser Richtung keine nennenswerten Erfolge erzielen können. Dagegen sollen die neuesten Experimente mit dem Zweck, eine gründliche Trocknung der Schirme zu erzielen, bereits sehr befriedigende Resultate gezeitigt haben.

Sehr bemerkenswert ist die Tatsache, daß einige chinesische Papierschirmfabrikanten, um den Klagen zu begegnen, die auch hinsichtlich der Qualität des zur Verwendung gelangenden Papieres hervorgebracht werden, sich in zunehmendem Maße darauf verlegen, das nationale Papier durch Kraftpapier ausländischer, und zwar vornehmlich amerikanischer Herkunft zu ersetzen. Daß die Verwendung des Importpapiers nicht schon in weit stärkerem Grade um sich gegriffen hat, liegt an dem Widerstand des lokalen chinesischen Papierhandels, der jedoch mit der Zeit überwunden werden dürfte.

Herstellung von Papierflaschen [1]

Zur Herstellung der Papierflaschen verwendet man in der Hauptsache gutgeleimtes Stroh- und Holzschliffpapier. Zum Wasserdichtmachen verwendet man dabei verschiedene Stoffe, so zum Beispiel defibriertes Blut, Kalkpulver und schwefelsaure Tonerde. Die Papierblätter werden mit dieser Mischung bestrichen und dann zu einer Pappe aufeinandergeklebt, die dann durch Heißpressung zu einer halben Flasche geformt wird. Je zwei solcher Flaschenhälften werden dann an den Kanten abgeschrägt, durch wasserfesten Leim oder

[1]) Entnommen Nr. 44 der Kartonnagen- und Papierwaren-Zeitung, Dresden 1928.

harten Kautschukkitt zusammengeklebt und schießlich innen mit Wachs oder Paraffin ausgegossen. Neuerdings verwendet man aber dazu immer mehr das Pappengußverfahren, das aus flüssigem Papierstoff unter Verwendung besonderer Formen Hohlkörper, wie Flaschen und dergleichen, vollkommen nahtlos in einem Arbeitsgang herstellt. Die Wasserdichtmachung solcher Flaschen, für die man meist reinen Holzschliff als Rohstoff wählt, erfolgt dann mit den verschiedensten Lacken, aber auch mit Wachs, Paraffin und ähnlichen Stoffen je nach der späteren Verwendung der Gegenstände. Diese Pappengußverfahren lassen sich auch mit größtem Vorteil für die verschiedensten anderen Hohlkörper aus Papierstoff, auch aus wieder aufgelöstem Altpapier verwenden. Sie stellen zum Teil eine Verbesserung der alten Papiermachéverfahren dar.

Papierfässer [1])

Die Papierfässer, die auch heute noch in größeren Mengen hergestellt werden, finden weitgehende Verwendung. Sie dienen in der Hauptsache zum Transport von pulverförmigen, seltener von flüssigen Materialien. Der Preis der Papierfässer ist meist höher als der von Weichholzfässern, aber stets niedriger als der von Hartholzfässern. Ein besonders großer Vorzug dieser Papierfässer besteht in dem außerordentlich geringen Gewicht. Meistens haben sie eine zylindrische, seltener eine ausgesprochene Faßform. Bei der Herstellung der Papierfässer kommen nun verschiedene Verfahren zur Anwendung, wobei entweder Papier oder auch Pappe als Rohmaterial zur Verwendung kommen. Fässer aus Papier stellt man her, indem man endloses, auf einer Seite mit Klebstoff versehenes Papier so lange auf eine dem Durchmesser des Fasses entsprechend dicke Walze aufrollt, bis die erforderliche Wandstärke des Fasses erreicht ist. Dann wird der Zylinder von der Walze, die sich verengen läßt, abgenommen, getrocknet, dann stark erwärmt und mit Böden versehen. Diese Böden werden entweder in einer innen eingedrehten Nut oder zwischen zwei innen eingeklebten Pappenstreifen befestigt oder auch in der Weise angeordnet, daß an einem inneren Reifen ein Blatt des ausgebauchten Pappendeckels angeheftet, auf dieses eine zweite Lage oder eine dicke Pappenscheibe gesetzt und das Ganze durch eine breite Querleiste aus Holz oder Pappe festgemacht wird. Das Faß erhält dann meist noch Außenreifen aus Pappe, um ihm eine größere Festigkeit zu erteilen, die feucht aufgezogen werden und nach dem Trocknen vollkommen festsitzen. Fässer, die zum Verpacken von feuchten Materialien dienen sollen, erhalten eine mit Öl getränkte Leinwandeinlage, die zwischen die

[1]) Entnommen Nr. 44 der Kartonnagen- und Papierwaren-Zeitung, Dresden 1928.

Papierlagen gewickelt wird. Nach einem anderen Verfahren werden Fässer aus Holzschliff in folgender Weise hergestellt: Der Holzschliff läuft auf einer Ausdehnungswalze so lange auf, bis der Zylinder die erforderliche Wandstärke erreicht hat, dann wird der Walzendurchmesser verengt und der Holzzylinder abgenommen. Dann erfolgt das vorsichtige Trocknen und schließlich das Einsetzen der Böden. Nach einem anderen Verfahren werden zwei vollkommen gleiche Faßhälften, die aus je einer halben Faßwand und einem halben Boden bestehen, in einer Presse hergestellt. Die beiden Hälften werden dann durch Reifen miteinander verbunden, wobei zwischen die Kanten Dichtungsmittel eingelegt werden. Neuerdings stellt man auch Fässer und ähnliche Hohlkörper nach dem Pappengußverfahren und vollkommen nahtlos und mit größerer Widerstandsfähigkeit her. Trotz dieser sehr brauchbaren Erzeugnisse haben aber die Papierfässer wenigstens in Deutschland bei weitem nicht die Verbreitung gefunden, die sie verdienten, in Amerika schenkt man ihnen mehr Aufmerksamkeit und verwendet sie mehr. Es ist aber anzunehmen, daß die neueren Pappengußverfahren eine stärkere Verwendung der Papierfässer zur Folge haben werden.

Unverbrennbare Schallplatte aus Papier

Erst vor mehreren Monaten war, wie die „B. Z. am Mittag" berichtete, von drei Wiener Ingenieuren ein Verfahren zur Herstellung unzerbrechlicher Schallplatten, die weitaus billiger als die üblichen sein sollten, erfunden worden. In diesen Tagen wurde einem kleinen Kreis von Interessenten eine Schallplatte vorgeführt, deren Grundstoff Papier ist und die imstande sein soll, bei dauernder Haltbarkeit nach Belieben oft benutzt werden zu können.

Die Platte hat die Dicke eines stärkeren Blattes Papier, ist biegsam wie Pergament und sieht auch im geprägten Zustand wie Pergament aus. Das Material der bespielten Platte ist unverbrennbar und jedem Druck gewachsen. Im Gewicht entspricht sie einem Zehntel der Hartgummiplatte, in der Herstellung stellt sie sich auf ungefähr ein Fünftel der Kosten der üblichen Schallplatten. Vollkommen neu ist die Möglichkeit, die Fläche der Unterschicht oder die bereits geprägte Schicht nach jedem beliebigen Verfahren zu bedrucken.

Nach dem Patentanspruch wird die aus Pappe bestehende dünne Platte mit einer etwa 1—1½ Zehntel Millimeter dünnen Schicht, beispielsweise aus Kunsthorn beliebiger Art, bestrichen. Die Verbindung geschieht mit jenen Mitteln, die für das betreffende Material in Betracht kommen, bei Zelluloid z. B. dadurch, daß die Unterlage mit Kasein bestrichen und mit einem Hauch von Azeton überzogen wird.

Durch Zusammenpressen dieser Schichten wird eine innige Verbindung erzielt. Auf diese Platte wird dann in der üblichen Weise die Tonrillung eingeprägt.

Der Klang der fertigen Platte steht in nichts dem der bisher gebräuchlichen Schallplatten nach, auch kann für die Vorführung der unzerstörbaren Platte immer der gleiche Stift benutzt werden.

B. Z. am Mittag, Berlin. Nr. 258 vom 21. 9. 1929.

Filme aus Papier

Neuerdings ist es einem Berliner Chemiker nach langjährigen fruchtlosen Bemühungen gelungen, auf dem Gebiete der Papierindustrie eine wertvolle Idee in der Herstellung eines nicht nur unentflammbaren, sondern auch bis 700 ° unverbrennbaren Papiers, das gleichzeitig einen äußerst schlechten Wärmeleiter darstellt, zu verwirklichen. Bisher gibt es zu diesem Zweck nur mit Asbest gemischte oder mit anorganischen Salzen imprägnierte papierartige Massen, während es sich bei dieser Erfindung um echtes Papier handelt. Bekannt ist, daß mit großem Eifer, aber ohne rechten Erfolg, auch in anderen Ländern schon lange an diesem Problem gearbeitet worden ist und hohe Preise für ein geeignetes Verfahren ausgesetzt wurden. Dabei ist die Herstellung an sich einfach und erfolgt, ohne Anwendung irgendeiner komplizierten Apparatur, unter Einschaltung eines chemischen Reagensprozesses, weiterhin in der sonst üblichen Weise. Die aus dem Papierkocher kommende breiige Zellulose wird einer besonderen chemischen Behandlung durch Druck usw. unterworfen, die die mikroskopischen Zellulosefasern so beeinflußt, daß nach der späteren Fertigstellung des Papiers äußerlich keine Merkmale der stattgehabten Behandlung zu erkennen sind. Infolge dieser chemischen Maßnahme ist die Zellulose bzw. das Papier unbedingt feuerfest und kann hohen Hitzegraden ausgesetzt werden, ohne zu verkohlen. Die große Bedeutung dieser Erfindung liegt in der nunmehr möglichen Herstellung von unverbrennbaren Dokumenten, wie notariellen und behördlichen Urkunden aller Art, wichtigen literarischen Arbeiten usw. Dabei ist das Verfahren noch ausbaufähig, und der Erfinder will unter anderem versuchen, die Papiermasse zu „zwirnen“, zwecks Fabrikation unentflammbarer Webstoffe.

Berliner Morgenpost. Nr. 48 vom 24. 2. 1929.

*　　*
*

Gegenwärtig sind *Versuche* im Gange, um *Filme aus Papier herzustellen.* Wie verlautet, beschäftigt sich ein *Berliner Ingenieur* bereits seit etwa vier Jahren mit diesem Problem, zu dessen Durchführung augenblicklich Versuche in *Berlin* und in einer Papierfabrik in der Nähe von Schwerin gemacht werden. *Der neue Film soll ebenso lichtempfindlich wie der Zelluloidfilm und zugleich unverbrennbar sein.* Dabei ist die Herstellung dieses Papierfilms *erheblich billiger* als ein Zelluloidfilm.

Die Versuche, Papierfilme herzustellen, sind bisher nicht nur von jenem Ingenieur allein, sondern auch von zahlreichen anderen Stellen und Persönlichkeiten seit vielen Jahren schon gemacht worden. Es hat auch schon Leute gegeben, die auf Verfahren zur Herstellung von Papierfilmen *mehrere Patente* erhielten, *ohne daß es möglich gewesen wäre, den Papierfilm in größerem Umfange in der Praxis einzuführen.* Die Schwierigkeiten, die einer umfangreichen Anwendung von Papierfilmen in der Praxis entgegenstehen, sind *erheblich* und zahlreich. Vor allem ist die Durchführung des Problems bisher in der Hauptsache daran gescheitert, daß man *kein durchsichtiges Papier* gefunden hat, wie es zur Projizierung von Bildern größeren Formats erforderlich ist.

Bei der Verwendung undurchsichtigen Papiers als Filmstreifen können jedoch *nur kleinere Bilder* wiedergegeben werden, was dann durch ein *besonderes Spiegelungsverfahren* bewirkt wird. Ein derartiger Papierfilm ist dann aber *nicht für die großen Kinematographentheater,* sondern nur für Zwecke *geeignet,* bei denen der Film von einer oder doch nur wenigen Personen, etwa zu Hause, betrachtet wird. *An der Frage der Durchsichtigkeit* des Papiers sind *die meisten bisherigen Versuche gescheitert.* Man hat im übrigen auch vor einigen Jahren Experimente mit *Aluminiumfilmen* gemacht, doch haben sich auch diese, ebenfalls wegen der Frage der Durchsichtigkeit, in der größeren Praxis nicht weiter durchführen lassen.

Das Problem ist einmal, das Papier glasklar zu machen, so daß das Bild auch *sauber* und *ohne Anwendung des Spiegelungsverfahrens projiziert* werden kann. Nimmt man selbst an, daß die von dem Berliner Ingenieur angestellten Versuche bereits das Ergebnis hatten, durchsichtiges Papier zu verwenden, so sind damit noch längst nicht alle Schwierigkeiten überwunden. Denn man muß bedenken, daß zur Verwendung von Filmen ein *außerordentlich zähes Material* notwendig ist, da sich ein solcher Film vor allem durch das sogenannte *Maltheserkreuz* und die *Zahntrommel,* die sich an den Apparaten befinden, außerordentlich strapaziert wird. *Papier aber wird nach Ansicht unterrichteter Kreise niemals ein so zähes Material geben können, wie es bei dem Zelluloid der Fall ist.* Dabei muß berücksichtigt werden, daß die Lochungen an der Seite der Filmstreifen das Material, wenn es nicht außerordentlich zäh ist, sehr beeinträchtigen und schnell unbrauchbar machen können. Der *Papierfilm* kann nach Ansicht in unterrichteten Kreisen *demnach nur für solche Filme in Frage kommen, die für ganz kurze Zeit oder nur wenige Male vorgeführt werden sollen.* Dabei ist man der Auffassung, daß der Papierfilm, wenn alle in Frage kommenden Probleme gelöst worden sind, vor allem *bei den kleinern Kinoapparaten,* die beim Heimkino verwendet zu werden pflegen, gebraucht werden könne. Aber auch bis zu diesem Ziele werden, wie man glaubt, noch eine Anzahl Jahre vergehen.

8-Uhr-Abendblatt, Berlin 1929.

Fliegenfänger [1]

Es soll ein billiger Massenartikel in seinen Eigenschaften und in seiner Herstellung beschrieben werden und es wird gezeigt, welche Verdienstmöglichkeit darin liegt.

Unscheinbare, spottbillige Papierwaren und Kartonnagen sind es, die wir als Fliegenpapiere oder Fliegenfänger belächeln; aber nur wenigen ist es bekannt, welche ungeheuren Mengen davon jährlich verbraucht werden. Wenn man z. B. erfährt, daß von dem weltberühmten kanadischen „Tangle-foot“, dem giftigen Fliegenpapier, welches 21 × 36 cm groß in den Handel kommt, 1924 viele Hunderte Waggonladungen in alle Teile des britischen Imperiums versandt wurden, oder daß die Schweiz mit ihrer hochentwickelten Fremdenindustrie viele Millionen Stück Band- und Tütenfänger aus Deutschland, Österreich und Italien einführt, so kommt einem die Sache schon weniger spaßhaft vor. Die Fliegenfänger sind ein Jahreszeiten-Massenartikel geworden, welche in China und auf Hawai ebenso gerne gekauft werden wie in Hamburg, im Provinznest oder sonstwo, vorausgesetzt, daß sie ein gutes Fabrikat darstellen, das seinen Zweck durchaus erfüllt.

Leider wird mit diesem Welt-Massenartikel noch immer viel Schwindel getrieben, wenngleich durch erwachsenden Wettbewerb darin gegen die früheren Jahre schon eine merkliche Besserung eingetreten ist.

Abgesehen von den elektrisch betriebenen Fliegenfängern und solchen aus Glas, Draht usw. erfreut sich der billige Papier- oder Kartongegenstand, den wir allgemein als Fliegenfänger bezeichnen, ständig steigender Beliebtheit und Ausbreitung.

Welches sind nun die Eigenschaften, die man von einem guten Fliegenfänger fordern muß?

1. Das Papier, welches zur Herstellung verwendet wird, muß den Charakter und die Festigkeitseigenschaften eines guten Zellstoff-Papieres vom Typ der lichten Packpapiere (Superior) haben.

[1]) Von Direktor Ingenieur E. Belani, Villach (Österreich).

2. Seine Farbe wird allgemein als diejenige des ungebleichten Zellstoffes gewählt, wenngleich die Amerikaner halbgebleichte Zellstoffe für ihre „Tangle-foot" benutzen.
3. Da die Papiere mit Fliegenleim bestrichen werden, sind sie ganz geleimt zu beziehen, sonst saugen sie zuviel von dem teueren Klebstoff ein.
4. Bei Fliegenpapieren, welche ohne Fliegenleim-Auftrag verwendet werden, ist gutes Löschpapier erforderlich. Dies deshalb, weil diese Papiere mit Lösungen getränkt werden. Je mehr nun ein solches Papier davon aufsaugen kann, desto wirksamer ist es.
5. Die Farbe dieser Fliegenpapiere ist heute zumeist ein sattes Blau-Violett und derjenigen gewisser blau-violetten Lippenblütler zu vergleichen. (Man machte sich hierin die Resultate der Insektenforschung zunutze, welche ergab, daß die meisten Fliegen solche Blumen bevorzugen, deren Blüten ein sattes Blau-Violett oder ein prächtiges Rot aufweisen.)
6. Ein guter Fliegenfänger muß, sofern er zur Klasse der mit Fliegenleim bestrichenen Konstruktionen zählt, vor allem gut fangen.
7. Er muß aber auch praktisch und einfach in seiner Erzeugung, Aufbewahrung, Versand und Verwendung sein.
8. Er muß möglichst billig sein und damit einer Hauptforderung eines Massenartikels entsprechen.

Welche Fliegenfänger-Bauart ist zu bevorzugen? Theoretisch ist es diejenige der größten Fangfläche. Dieser Forderung kommen die flachliegenden Fliegenpapiere, wie z. B. „Tangle-foot", am nächsten. 21 × 36 cm ist ein praktisches Format sowohl für die Aufbewahrung, den Versand und die schließende Verwendung. Er ist millionenmal in der ganzen Welt als zweckmäßig erprobt. Aber kaum eine deutsche Fliegenpapierfabrik bequemt sich heute zu dieser Norm. Jede geht in den Formaten ihre eigenen, oftmals merkwürdigen Wege. Auch hier empfehle ich übrigens die Normalisierung nach Din-Formaten.

Nach den Fliegenpapieren sind es die „Tütenfänger", welche in puncto Oberfläche am besten abschneiden. Diese Form ist in Berlin sehr beliebt und bildet dort der Tütenfänger im Frühjahr und Sommer einen Gegenstand lebhaften Straßenhandels und eine gute Einnahmequelle. Ich will den Tütenfänger hier skizzieren (Abb. 1), da ja nicht alle Menschen nach Berlin kommen. Er ist zum Stehen oder Hängen eingerichtet. Es gibt auch die sogenannten „Diabolo" oder Doppeltütenfänger (Abb. 2) in senkrechter und horizontaler Form.

In der Gegend von Trautenau in Böhmen und auch in Kottbus sah ich die „Tütentraube" (Abb. 3), welche aus den unbrauchbaren Spinnhülsen (Papier) gefertigt wird.

In Dresden bot man mir „Etagen“ (Abb. 4) zum Kauf, welche aus den Scheiben beschädigter, elektrischer Schalterklappen (Preß-Span) hergestellt werden. Sie lassen sich Scheibe auf Scheibe zusammenlegen. Zieht man kräftig an der Schnur, so trennen sich die Scheiben.

Eine originelle Sache sah ich in Ellwangen-Jagst (Württemberg). Dort verwenden fixe Jungens die Abfälle einer Kunstdarm-Fabrik zu

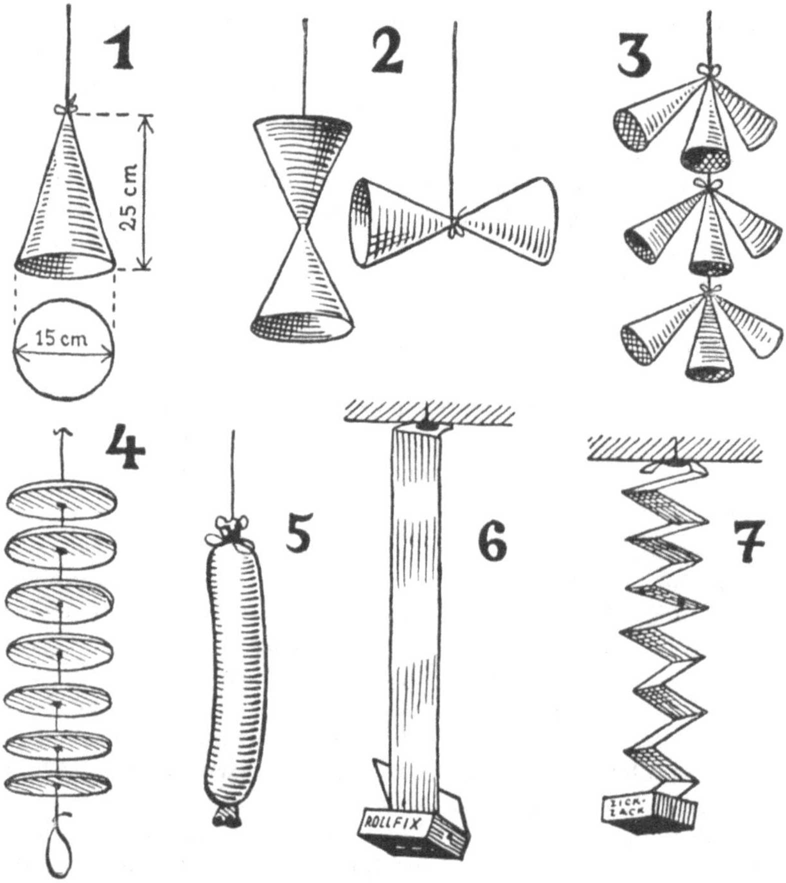

Abb. 81. Fliegenfänger

Fliegenfängern in Form von Würsten (Abb. 5). Auch diese „Fliegenwurst“ bietet eine große Fangfläche.

Im Großhandel hat sich jedoch der Bandfänger „Roll-Fix“ erfolgreich durchgesetzt. In einem kleinen Karton befindet sich eine Rolle mit beleimtem Fliegenpapier und ein Reißnagel. Man öffnet den Karton, ergreift das Rollenende mit Reißnagel, zieht das Papier ab und befestigt das Ganze nach Abb. 6 an der Zimmerdecke oder sonstwo.

Sehr praktisch, billig und einfach ist auch „Zick-Zack" (Abb. 7). Er besteht aus einem schmalen, dünnen, gut geleimten Kartonstreifen, welcher geritzt, gerillt oder genutet in einem kleinen Falt-Papp-schächtelchen zusammenlegbar Platz findet. Ein Reißnagel dient auch hier zur Befestigung des Streifens an der Zimmerdecke.

Von größter Wichtigkeit sind für Fliegenfänger die Tränkungsmittel und der Leim-Auftrag. Es gibt giftige und giftfreie Lösungen und Fliegenleime.

Zu den besonders von kanadischen Fliegenpapierfabriken bevorzugten hochgiftigen Tränkungsmitteln und Zusätzen gehört vor allem das arsensaure Kali. Da dieses starke Gift auch dem Menschen gefährlich werden kann, ist das „Tangle-foot" Kindern nicht zugänglich zu machen.

Die deutschen Fliegenpapierfabriken verwenden zumeist giftfreie Quassiaholz-Extrakte, welche jedoch den Fliegen sehr schlecht bekommen. Die Rezepte für die Erzeugung des Leim-Auftrages sind sehr mannigfaltig und zumeist ängstlich gehütete Fabrikgeheimnisse, wenn es sich um wirklich erstklassige Leime handelt. Billigere aber auch weniger gute Leime werden durch Verdünnung von im Handel erhältlichen „Vogelleimen" gewonnen. Der Nachteil der billigen Leime ist das rasche Nachlassen ihrer Klebkraft infolge verschiedener Oxydationsprozesse. Gute Fliegenleime müssen sich auch in den Tropen jahrelang fangfähig erhalten, ohne zu verderben. Dies wird durch bestimmte Zusätze von Tymol erreicht. — Auf Wunsch bin ich in der Lage, ein bewährtes Fliegenleim-Tropen-Rezept abzugeben.

Ein guter Fliegenleim muß mit speziellen Riechstoffen versetzt sein, denn außer den Farben wirken auch noch spezifische Gerüche anlockend auf die Insekten.

Die Einrichtung für die rationelle Erzeugung von Fliegenpapieren und Bandfängern für den Export liefern deutsche Spezialfabriken, deren Anzeigen in der Papier-Zeitung und im Bezugsquellenteil des Papier-Adreßbuches von Deutschland stehen.

Aber auch für Heimarbeit ist der Fliegenfänger ein recht einträgliches Geschäft, sobald es sich um eine Stadt von 100 000 Einwohnern aufwärts handelt. Amerikanische Firmen stellten fest, daß annähernd 15 vH der Einwohner als Käufer für Fliegenfänger in Betracht kommen.

Der Heimarbeiter hat bei einiger Findigkeit gegen eine Fabrik den Vorteil, daß ihm weitaus billigeres Rohmaterial in den verschiedenen Abfällen der Städte zur Verfügung steht, wogegen die Fabrik nur erstklassiges, fabrikneues Material benutzen muß, sofern sie dem Auslande gegenüber konkurrenzfähig sein will.

Herstellung von Luftschlangen

Zur Verwendung kommt ein billiges, etwa 45 g/qm schweres, stark holzhaltiges Papier, welches in Rollen von etwa 75 cm Breite und etwa 600 mm Durchmesser unter dem Namen Luftschlangenpapier auf den Markt gebracht wird. Auf unserer hierzu geeigneten Spezial-Rollenschneidmaschine wird die Originalrolle in voller Breite verarbeitet mit

Abb. 82. Original Jagenberg Serpentin- (Luftschlangen-) Schneid- und Wickelmaschine der Jagenberg-Werke Düsseldorf

etwa 100 Messern. Der erwünschte Durchmesser der Luftschlangen kann vorher eingestellt werden, auch nach Meterzahl.

Nachdem die Originalrolle auf eine Abwickelachse gebracht und mit derselben in die Abwickellager eingehangen ist, erfolgt der Gang der Herstellung folgendermaßen:

Die Papierbahn wird über einige verstellbar angeordnete Leitwalzen mit großem Durchmesser faltenfrei in die Messerpartie eingeführt (letztere ist ausgerüstet mit etwa 100 Messern) und dort in Streifen von 8 oder 9 mm Breite geschnitten. Der Anfang der Papierbahn wird auf der Aufwickelachse mit einem Span in einer Nute festgeklemmt und dann die Maschine, nachdem etwa 2 Umwicklungen mit Langsamgang hergestellt sind, durch Fußtritt auf Vollgang eingeschaltet.

Ist die gewünschte, vorher eingestellte Meterzahl erreicht, so setzt sich die Maschine selbsttätig still. Durch einen Pinselstrich wird nun die geschnittene Papierbahn mit Klebstoff versehen und nach einer weiteren Umdrehung mit einer eingelegten Kordel durchschnitten. Danach wird die Aufwickelachse aus der Maschine herausgenommen und eine neue eingelegt.

Eine zweite Bedienungsperson zieht den Span der Aufwickelachse seitlich heraus, wonach dann auch die Aufwickelachse selbst leicht zu entfernen ist. Letzterer Vorgang erfolgt in einer besonders dazu vorhandenen Mulde.

Die so hergestellten Luftschlangen werden nun zu je 20 Stück in ein Pergaminpapier eingerollt. Besonders einfach und rationell geschieht dies mit dem Jagenberg-Randgummierapparat, indem jedes Blatt beim Abziehen vom Stapel einen Klebstoffstreifen erhält.

Die Durchschnittstagesleistung einer Serpentin-Schneidemaschine beträgt 50 bis 60 000 Stück (Abb. 82).

Herstellung von Konfetti

Zur Verwendung eignen sich jegliche Papierabfälle, Ausschußpapiere, Restrollen usw. in Bogen oder Rollen. Die Papierbahn kann in mehreren Lagen verarbeitet werden.

Über einen Einführtisch wird die Papierbahn bzw. der Bogen vermittels eines Vorzugwalzenpaares automatisch in die Maschine eingeführt und in ein Stanzwerkzeug geleitet; letzteres arbeitet mit auf- und absteigenden Punzen.

Das gestanzte Konfetti fällt in einen unter dem Stanzwerkzeug befindlichen Trichter und gelangt in eine rotierende Trommel, wo dasselbe entstaubt und entblättert wird. Die Mündung dieser Trommel reicht in einen Behälter (Kiste), wo das entblätterte Konfetti hineingeschleudert wird. Sodann wird dasselbe in farbige Pergamin-Spitztüten, Bodenbeutel oder in Säcke von Hand verpackt.

Die Durchschnittstagesleistung einer solchen Konfettimaschine beträgt, je nach Arbeitsbreite, 200 bis 360 kg (Abb. 83).

Über den Ursprung der Papierkonfetti

berichtet „L'Exportateur Français“: In *Italien* und *Südfrankreich* bewarf man sich auf den Faschingsfestzügen mit Körnchen aus Gips in Nachahmung von Zuckerwerk. Man nannte diese Körnchen Konfetti. Es kamen infolge dieser kleinen Wurfgeschosse häufig Unfälle vor, und um diese zu vermeiden, wurden im Jahre 1855 in *Pau* zuerst die runden Pappscheibchen, die aus dem Jacquardkarton ausgestanzt werden, an Stelle der Gipskonfetti verwendet. Erst im Jahr 1890 sah der Leiter der *Pariser* Vergnügungsstätte „Casino de Paris" auf dem Karneval in *Mailand,* daß die Gipskonfetti durch Pappabfälle ersetzt wurden, die in der *Lombardei* in großen Mengen beim Stanzen von kleinen Löchern in die Papptafeln gewonnen werden, die man für Seidenraupenzucht verwendet. (Durch die Löcher werden die Exkre-

Abb. 83. Jagenberg-Konfettistanze der Jagenberg-Werke, Düsseldorf

mente der Seidenraupen hinuntergefegt.) Dieselben Abfälle verwendete der Direktor dann in seinem Pariser Vergnügungslokal. Ein Zuschauer meldete darauf schnell ein Patent auf eigens für Karnevalszwecke hergestellte Papierscheibchen an, das er sofort an einen Papierverarbeiter für das nette Sümmchen von 25 000 Frs. verkaufen konnte. Die Beliebtheit der Konfetti dauerte jedoch nicht sehr lange, denn die Unsitte, daß man die bereits zu Boden gefallenen Papierblättchen noch einmal verwendete, machte sie unappetitlich und unbeliebt. Deshalb werden zur Karnevalszeit Konfetti nur noch selten verwendet, und die Luftschlangen beherrschen das Feld.

Ostertüten

Die Herstellung von Ostertüten ist ziemlich einfach und kann bei einigem guten Geschmack, der allerdings hierzu notwendig ist, ohne Maschine von jedem Buchbinder, von jeder Kartonnagen- und Papierwarenfabrik besorgt werden. Die Hauptsache ist eben, wie bei allen anderen dem Luxus dienenden Gegenständen, daß man immer wieder etwas Neues zu bieten sucht.

Im nachstehenden sei die zweckmäßigste und einfachste Herstellungsweise der verschiedenen Ostertüten beschrieben und auch einige Andeutungen zu neuer, moderner Ausschmückung gegeben.

Die Herstellung der Ostertüte, die beliebig groß sein kann, geschieht wie folgt: Zunächst hat man sich eine Form aus Pappe zu bilden, über welcher die Ostertüten geschlossen werden. Man nimmt grauen oder braunen dünnen Lederschrenz und zeichnet den Viertelkreisausschnitt dreimal nebeneinander; schneidet ihn dann aus, rundet ihn und klebt das Ganze tütenförmig übereinander. Diese Form kann und soll man noch mit einem starken Packpapier überziehen, damit sie gehörig fest und für den Gebrauch widerstandsfähig genug wird.

Der eigentliche Zuschnitt, Mantel oder Grundbau zu einer Tüte wird an den geraden Längsseiten 1 bis 2 cm breit abgeschärft, damit der Schlußteil nicht zu stark aufträgt und sich nicht im Überzug unschön markiert. Zum Mantel der Tüte benutzt man in der Regel dünne, etwa 200er oder 250er Holzpappe; man kann indessen auch grauen oder Lederschrenz dazu verwenden und denselben vorher mit einem beliebigen Papier kaschieren. Nachdem man den Mantel gebildet, geht es an das Zurichten des Überzuges, der sehr verschieden sein kann. Man kann z. B. den Überzug ringsum in drei Teilen halten von verschiedenfarbigen, gut miteinander harmonierenden Papieren und demzufolge die Teile schneiden. Oder aber, man kann die Tüten auf der einen Hälfte mit dunklen, auf der anderen Hälfte mit hellen Phantasiepapieren überziehen und demnach den Überzug in zwei Hälften teilen. Es wird sich ferner immer empfehlen, auch den Mantel vor dem Zusammenschließen mit einer entsprechenden Vorzeichnung zu versehen, damit die Überteile richtig und passend aufgeklebt werden können.

Wie schon einmal erwähnt, können diese Tüten in ihren Preislagen sehr verschieden gehalten werden und richtet sich eben danach der Überzug und die Art der Bearbeitung. Eine verhältnismäßig billige, aber geschmackvolle Tüte ist erstmalig mit rahm- oder elfenbeinfarbenem Gelatinepapier überzogen. Die zungenförmigen Teile sind später aufzukleben. Man kann ferner diese Teile mit Goldzacken ringsum bordieren, oder man kann die Teile auch glatt lassen. Der untere Teil kann mit einem zelluloidierten Bild, welches gleichfalls bordiert oder mit einem Goldornament versehen ist, ausgestattet werden. Die Tüte erhält der Billigkeit wegen eine Papiermanschette. Diese kann weiß oder bunt sein und ist oben mit dem Bogeneisen ausgebogt und mit dem Locheisen ringsum zur weiteren Verzierung ausgeschlagen. Nach dem Füllen der Tüte bildet diese umgeschlagene Papiermanschette den Verschluß.

Auf die an der Tüte angesetzte Papiermanschette ist wiederum eine Borde zu setzen, und zwar kann man recht wirkungsvoll Borden dieser Art, die immerhin 1 bis 1½ cm breit sein müssen, aus Goldkarton herstellen; man läßt die Streifen durch zwei schmalgeriefte Kreppwalzen laufen. Auch unten an der Tüte ist eine solche Borde anzubringen. Die Spitze der Tüte ist indessen für sich zu bilden, und das gilt auch für alle anderen Tüten; denn es wird selten und nur mit ziemlich viel Zeitaufwand gelingen, einen Tütenmantel aus dem Ganzen, d. h. mit einer tadellosen Spitze zu schließen. Aus diesem Grunde kommt es auch beim Schließen des Tütenmantels durchaus nicht darauf an, wenn derselbe unten stumpf, also offen ist. Bei einer billigen Tüte wird man eine Spitze schließen, die aus Schrenz oder dünnster Holzpappe geschnitten ist; diese Spitze wird mit geprägtem oder auch nur mit glattem Papier überzogen. Für bessere Tüten fertigt man eine Prägeform an, die man sich selbst herstellen kann, und prägt die Tütenspitzen aus dünnem Goldkarton. Diese Tütenspitzen kann man überdies auch als Christbaumtüte verwenden, indem man oben eine kleine Manschette von Seidenpapier und einen Henkel einklebt. Um diese Tütenspitzen bzw. die Kleintüten schnell schließen zu können, läßt man sich vom Drechsler ein Holz drehen. Der untere Teil bildet den Handgriff. Bemerkt sei noch, daß dieses Holz auch sehr praktisch zum Schließen von kleinen Christbaumtüten von bunter Gelatine ist und deshalb vielfach gebraucht werden kann. Das Ende des großen Tütenmantels wird nun, wenn es fertiggestellt, mit starkem Leim versehen und desgleichen die Tütenspitze oben und beides dann zusammengesteckt. Nur auf diese Weise erhalten wir eine tadellose, spitz verlaufende Tüte.

Eine verhältnismäßig teurere Ostertüte sei wie folgt beschrieben. Die Teile werden besonders vorgezeichnet und mit einer halbrunden Pappwulst versehen; über diese Pappwulst ist Atlas in Puffen anzubringen. Der obere Atlasstreifen kann ein wenig breiter sein als der untere. Der Überzug ist aus Strohgeflecht, sogenanntem Bast, gedacht, und dieser kann mit einem gemalten Blütenzweig versehen sein. Der untere Teil ist Papier, und zwar Elfenbein- oder ein sonstiges zartes Papier. Der Beutel ist gleichfalls aus dem gleichfarbenen Atlas wie die Puffen gebildet und mit einem Zug bzw. mit Schnüren und Quasten versehen. Die Spitze unten ist aus Goldkarton geprägt. Die einzelnen

Abteilungen bzw. Zusammenschlüsse der Überzüge sind mit breiten Goldborten zu bedecken. Selbstverständlich kann man auch einen anderen beliebigen Überzug zu den Atlasfalten verwenden, und anstatt Atlas kann man auch die bekannte dünne Chinaseide in Frage ziehen. Die letztere Seide sei namentlich für Tüten kleinerer Gestalt empfohlen.

Eine neue Anregung besteht, um eine Abwechslung in den Herstellungsarten zu bringen, in einer eckigen Tüte. Diese wird geritzt und kann aus zwei Teilen hergestellt sein. Der Überzug ist je nach Belieben zu wählen. Die Ecken werden bortiert, dagegen sind die Flächen mit runden oder ovalen Ausschnitten versehen, die mit weißer oder bunter Gelatine, die durchsichtig ist, hinterklebt sind, damit der Inhalt sichtbar ist. Man kann anstatt der Gelatine auch Gold- oder Silbergaze verwenden und das mittelste Feld auch mit einem Bild bedecken oder mit einem flach gepolsterten Atlaskissen, auf welchem der Tag und das Jahr des Schuleintritts, der Name, ein Spruch oder sonst eine Widmung in Goldschrift aufgeprägt ist.

Die Ausschmückung der Tüten kann eben äußerst vielseitig sein, und alle Arten und Sorten von Papieren und Stoffen haben Berechtigung zur Verwendung.

Patent-Eckenverbindemaschine mit Fingerschutz

Mod. „Schachtelhexe"

Modell „Vorwärts" 55 mit Untergestell

Papierbecher-Herstellung bringt Gewinn
GERINGE ANSCHAFFUNGSKOSTEN
HÖCHSTE WIRTSCHAFTLICHKEIT
ALBERT SCHMIDT
KARTONNAGENMASCHINEN UND WERKZEUGFABRIK
LEIPZIG Gegr. 1866 · Tel 30964
Sophienstraße 8
TELEGRAMMADR.: PRÄGESCHMIDT / VERLANGEN SIE WERBEBLÄTTER

Handkolorit
ausgeführt mit Schablonen
im
Atelier Zabel, Berlin-Neutempelhof, Kaiserkorso 151

SPEZIALFABRIK FÜR FARBENZERSTÄUBER

G·M·B·H

BERLIN S 42 / ALEXANDRINENSTRASSE 36

FERNSPRECHER: A 7 DÖNHOFF 474, 475

Fabrik- Flora Marke

UNSERE SPEZIALITÄTEN:

SPRITZAPPARATE

(Farbenzerstäuber) für alle Industriezweige in diversen Typen neuzeitlicher Konstruktion.

KOMPLETTE EINRICHTUNGEN

für jede Betriebsart in stationärer, fahrbarer und tragbarer Ausführung.

ANSTREICHMASCHINEN

zum Weißen von Räumen, Stallungen, zum Desinfizieren etc.

LUFTKOMPRESSOREN, WINDKESSEL, ÖL- und WASSERABSCHEIDER D. R. P., LUFTFILTER D. R. P.

Luftdruck-Reduzierventile sowie alle erforderlichen Pressluftarmaturen.

EXHAUSTOREN, VENTILATOREN,

Vollständige Absaugevorrichtungen.

Anfertigung von SPRITZSCHABLONEN

nach gegebenen und eigenen Entwürfen.

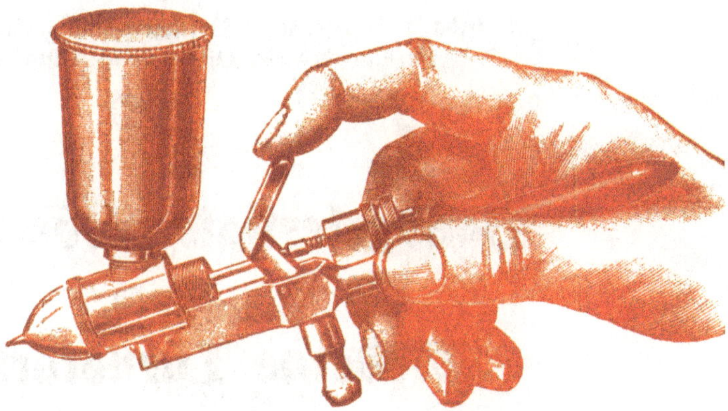

Umstehendes Bild wurde mit unserem „Flora" Farbenzerstäuber gespritzt!

Lieferantin der Spritzfarben war:

PHARMAZEUTIKON AKT.-GES., BERLIN-SCHÖNEBERG, HAUPTSTRASSE 26

Lieferantin der Spritzbronze war:

A. SCHWAHN, BERLIN S 42, RITTERSTRASSE 20

Buch- u. Kunstdruckerei G. Kahan
Berlin SO 36, Moript. 13495

MIX
Papier | Fördert gute Waldnutzung
FSC® C083411

Zeitfracht Medien GmbH
Ferdinand-Jühlke-Straße 7
99095 Erfurt, Deutschland
produktsicherheit@kolibri360.de